计算机科学丛书

原书第2版

计算机系统要素
如何从头构建一台现代计算机

[以] 诺阿姆·尼桑（Noam Nisan） 著
西蒙·朔肯（Shimon Schocken）

李清安 龚奕利 译

The Elements of Computing Systems
Building a Modern Computer from First Principles Second Edition

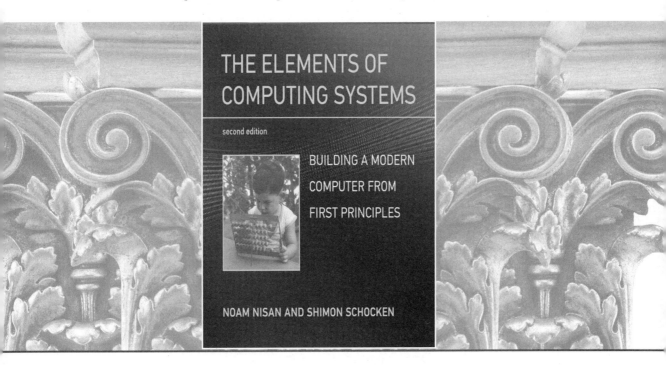

机械工业出版社
CHINA MACHINE PRESS

Noam Nisan, Shimon Schocken: The Elements of Computing Systems: Building a Modern Computer from First Principles, Second Edition(ISBN: 9780262539807).

Original English language edition copyright © 2021 by Massachusetts Institute of Technology.

Simplified Chinese Translation Copyright © 2024 by China Machine Press.

Simplified Chinese translation rights arranged with MIT Press through Bardon-Chinese Media Agency.

No part of this book may be reproduced or transmitted in any form or by any means, electronic or mechanical, including photocopying, recording or any information storage and retrieval system, without permission, in writing, from the publisher.

All rights reserved.

本书中文简体字版由 MIT Press 通过 Bardon-Chinese Media Agency 授权机械工业出版社在中国大陆地区（不包括香港、澳门特别行政区及台湾地区）独家出版发行。未经出版者书面许可，不得以任何方式抄袭、复制或节录本书中的任何部分。

北京市版权局著作权合同登记　图字：01-2021-3922 号。

图书在版编目（CIP）数据

计算机系统要素：如何从头构建一台现代计算机 / （以）诺阿姆·尼桑（Noam Nisan），（以）西蒙·朔肯（Shimon Schocken）著；李清安，龚奕利译 . -- 2 版 . -- 北京：机械工业出版社, 2024.12. -- （计算机科学丛书）. -- ISBN 978-7-111-76957-6

I. TP30

中国国家版本馆 CIP 数据核字第 2024TP3753 号

机械工业出版社（北京市百万庄大街 22 号　邮政编码 100037）

策划编辑：朱　劼　　　　　　　　　　责任编辑：朱　劼

责任校对：高凯月　张慧敏　景　飞　　责任印制：常天培

北京机工印刷厂有限公司印刷

2025 年 5 月第 1 版第 1 次印刷

185mm×260mm · 15.5 印张 · 1 插页 · 374 千字

标准书号：ISBN 978-7-111-76957-6

定价：79.00 元

电话服务　　　　　　　　　　网络服务

客服电话：010-88361066　　　机　工　官　网：www.cmpbook.com
　　　　　010-88379833　　　机　工　官　博：weibo.com/cmp1952
　　　　　010-68326294　　　金　　书　　网：www.golden-book.com
封底无防伪标均为盗版　　　　机工教育服务网：www.cmpedu.com

译者序

翻译背景

在计算机专业课程的教学旅程中，译者有幸遇到很多对知识充满渴望的优秀学生。他们以求知若渴的态度投入每一堂计算机专业课程的学习，期待深入挖掘知识。然而，即使他们如此努力，课程结束后，他们的心中依旧充满不安与困惑。他们自知没有完全理解计算机内部发生了什么，不能将所学知识融会贯通，以便构建出一个切实可用的系统，因此感到不安。同时，尽管对知识的理解尚浅，但期末考试的成绩颇为骄人。这不禁让他们陷入了困惑：到底应该学到何种程度？

面对学生的这些困惑，作为教师，我们自然感到一份责任，同时也会提出辩解：这并非我们的教学能力不足，而是计算机专业自身发展的复杂性所致。正如本书作者在前言中所说，在计算机科学的早期，系统组件之间的界线清晰、交互直观，人们能够轻松地把握计算机运作的完整流程，因此很容易满足好奇的探索者对整体图景的渴望。然而，自计算机问世以来，经过近八十年的飞速发展，这个领域的基础思想与技术已经被层层叠叠、错综复杂的抽象所覆盖，变得难以掌握。然而，如果学生仅仅满足于一知半解地学习一些现有的、有待改进的、架构在层层抽象之上的子系统，就有可能在耗费了大量精力之后，却只能做一些修补性的、追随性的开发和改进工作，而很难发现和把握突破性的创新机会。

亚里士多德在《形而上学》中说，所有事物背后一定存在某些根本的原理或原因，这称为"第一性原理"。埃隆·马斯克和黄仁勋便是以具备这种第一性原理思维而闻名的，他们不受限于现状，而是将问题拆解到最根本的层面，从最基础的原理出发，重新构建对问题的理解和解决方案。这种方法不仅使他们在各自领域取得了突破性的创新，也为我们提供了一种深刻的启示。

类似地，在计算机技术的发展历史上，无论是移动计算、云计算还是智能计算，每一次技术浪潮的兴起都是由突破性的创新所驱动的。这些技术潮流不仅急需那些能够运用第一性原理来分析和重塑计算机技术的人才，也为这些人才带来了丰厚的回报。因此，面对日益复杂的计算机系统，有抱负的学生需要对计算机科学的核心概念有系统性的、全景式的理解，才能更好地迎接未来技术进步所带来的挑战与机遇。

本书的副标题为"Building a Modern Computer from First Principles"，意为"从第一性原理出发构建现代计算机"。正如理查德·费曼所说："我不能理解一个我不能创造的东西。"作者认为，理解计算机的最佳途径是从零开始亲手构建一个。基于这一理念，本书支撑起了一门名为"从与非门到俄罗斯方块"的课程，课程内容涵盖了计算机硬件和软件的核心主题。在硬件部分，本书引导读者从与非门出发，逐步构建组合逻辑和时序逻辑，进而构建成一个包含 CPU 和内存的完整硬件架构，并在此基础上设计和实现了一套机器指令集（以及一个用于支持机器指令的符号化表示的汇编器）。在软件部分，本书指导读者设计和实现一个虚拟机（用于将虚拟机命令翻译成机器指令）、一个编译器（用于将一个类似 Java 的高级语言——Jack 语言，翻译成虚拟机命令），以及 Jack 语言依赖的操作系统（以支持便捷友好的编程环境）。在这一过程中，读者将利用 Jack 语言编写出类似于俄罗斯方块的应用程序，并在亲手构建的软硬件系统上成功运行。

本书精心地将数字逻辑、计算机组成与设计、虚拟机、面向对象编程、编译原理、操作系统、数据结构与算法、软件工程等关键课程的核心主题组织在一起。以一种既深入浅出又引人入胜的方式，将这些主题串联成一个完整的实验项目，宛如将散乱的珍珠巧妙地串成一条精致的项链。更难得的是，读者只需投入一个学期的学习时间，便可体验这一过程并实现自己的软硬件系统。

译者相信，通过阅读本书，读者能以有限的时间和努力，获得对计算机专业核心概念的整体图景，从而显著减轻在专业学习过程中可能遇到的困惑与不安。此外，本书对相关课程内容的引入和组织，与"新工科"教育的理念不谋而合：旨在加速培养能够适应并引领新时代科技革命和产业变革的杰出工程科技人才，构建全球工程创新的中心和人才的高地。正是基于这样的考虑，我们决定翻译本书，将这本优秀的著作呈现给广大的教师、学生和技术爱好者。

本书的适用性

- **读者群体**

本书面向的读者群体非常广泛，无论是本科生、研究生，还是自学者，都能从中获益。正如本书作者所说，从高中生到大学生，从编程训练营的学员到谷歌的工程师，本书都以其独到的视角和内容赢得了广大读者的青睐。事实上，阅读本书的唯一前提是具备基本的编程知识与技能。

- **学习时长**

本书的内容设计得恰到好处，可以在一个学期的课程中完成，既不会过于冗长，也不会仓促。现在，全球已有几百所高校将本书作为教材，开设了一个学期的"从与非门到俄罗斯方块"的课程，验证了其内容与时长的合理性和可行性。

- **广受欢迎**

根据作者官方网站上的信息显示，全球已有超过 400 所高校将本书纳入教学体系。特别值得一提的是，本书的硬件部分课程已在 Coursera 这一全球领先的在线学习平台上线，吸引了 20 多万名注册学员，并以 4.9 分（满分 5.0 分）的高评分获得了学习者的认可。

- **资源丰富**

本书的官方网站（https://www.nand2tetris.org/）是一个宝库，提供了丰富的学习资源，包括实验资料、实验工具及其使用方法，以及由志愿者维护的问答社区，为读者提供了全方位的学习支持。更令人钦佩的是，作者以开放源代码的形式，无偿分享了所有教学资源，让每个人都能够自由地学习或教授"从与非门到俄罗斯方块"这门课程。

致谢与声明

本书内容中涉及硬件的部分由龚奕利翻译，涉及软件的部分由李清安翻译。在翻译本书的过程中，我们深感本书作者深邃的思想与精妙的表达，以及对于教育事业的热忱投入，对此我们向作者表示敬意！

在本书的引进、翻译和出版过程中，我们得到了机械工业出版社的大力支持，特别感谢本书的各位编辑，她们对译稿的精心打磨和逐字逐句的细致审校，无疑大大提升了翻译的质量。

同时，我们也要向武汉大学的研究生李淋森、杨丰硕和本科生谷嘉良、周嘉维、李浙雨等同学表达深深的谢意。他们对译稿进行了细致的审阅，并提出了建设性的建议，这些宝贵的反馈对于提升译稿的质量和可读性非常重要。

翻译是一项充满挑战的工作，尤其是在传达复杂概念和保留原文风格之间寻找平衡点的过程中，不可避免地会遇到难题。由于译者水平有限，本书的中文版在某些细节上可能无法完全达到预期的精准度。我们诚挚地希望读者能够理解并宽容这些不完美之处，并提出宝贵的建议。我们将持续倾听读者的反馈，并在未来的版本中不断改进。

李清安　龚奕利

2024 年 12 月

前　言
The Elements Of Computing Systems

> 不闻不若闻之，闻之不若见之，见之不若知之，知之不若行之。学至于行之而止矣。
> ——荀子㊀（公元前 313—公元前 238）

人们普遍认为，21 世纪的聪明人应该熟悉 BANG 背后的基本思想，BANG 是比特（Bit）、原子（Atom）、神经元（Neuron）和基因（Gene）的缩写。尽管在利用科学手段揭示 BANG 的基本运行系统方面，已经取得了显著成功，但我们很可能永远不能完全理解原子、神经元和基因实际上是如何工作的。然而，比特以及计算系统整体构成了一个令人欣慰的例外：尽管它们的复杂性令人惊叹，但人们完全可以理解现代计算机系统的工作原理以及构建方式。因此，当我们心怀敬畏地凝视着周围的 BANG 时，令人愉悦的是，至少在这个"四重奏"中，有一个领域可以被人类完全理解。

事实上，在计算机发展的早期，任何好奇的探索者都可以对机器如何工作有整体的理解。硬件和软件之间的交互简单、透明，人们很容易对计算机的运行形成一幅连贯图景。然而，随着数字技术变得越来越复杂，这种清晰度几乎消失了：计算机科学领域中最基本的思想和技术（这个领域的本质）现在隐藏在层层叠叠的晦涩界面和封闭实现之下。这种复杂性的必然结果是专业化：对专门的应用计算机科学的研究成为许多专业化课程的追求，每个课程都只涵盖该领域的一个方面。

我们之所以写这本书，是因为我们发现许多计算机科学专业的学生"只见树木不见森林"。通常，计算机专业的学习者被要求学习编程、理论和工程等一系列课程，而没有机会停下来欣赏这门学科优美的整体图景。而在这门学科的整体图景中，硬件、软件和应用系统通过一系列抽象、界面和基于约定的实现紧密关联。

如果不能看清这一错综复杂的图景，许多学习者和专业人士会感到不安——他们并没有完全理解计算机内部发生了什么。这是令人遗憾的，因为计算机是 21 世纪最重要的机器。

我们认为，理解计算机的最佳方法是从零开始构建一台计算机。基于这个理念，我们提出了以下的想法：先描述一个简单但功能足够强大的计算机系统，并请学习者从头开始为其构建硬件平台和软件层次结构。并且，在构建过程中，我们要采取正确而有效的方法，因为从零构建一台通用计算机是一项巨大的工程。

因此，我们找到了一个独特的教育的契机，不仅要构建这台计算机，还要以动手实践的方式展示如何有效地规划和管理大规模的硬件和软件开发项目。此外，我们希望通过严谨的逻辑和模块化规划，帮助读者体验从零构建一个复杂而有用的系统这一令人激动与兴奋的过程。

这项努力的结果就是现在这门称为"从与非门到俄罗斯方块"的课程。这是一个动手实践的旅程，学生从最基本的逻辑门（与非门）开始，经历十二个实验之后，最终得到一个能够运行俄罗斯方块游戏以及任何能想到的其他程序的通用计算机系统。在经历过多次

㊀ 原书作者写的是"孔子"，但这段话实际上出自《荀子·儒效》。——译者注

设计、构建、重新设计和重新构建该计算机系统后，我们撰写了这本书，并希望让任何学习者都可以做同样的事情。我们还建设了 www.nand2tetris.org 网站，向任何想学习或教授"从与非门到俄罗斯方块"课程的人免费提供所有实验材料和软件工具。

我们很高兴地看到，这些工作的反响非常强烈。如今，"从与非门到俄罗斯方块"这门课程在世界各地的许多大学、高中、编程训练营、在线平台和黑客俱乐部中开设。这本书和我们的在线课程非常受欢迎，成千上万的学习者（从高中生到谷歌工程师）经常发布评论，称"从与非门到俄罗斯方块"课程是他们迄今为止获得的最佳教育经历。正如理查德·费曼曾经说过的："我不能理解一个我不能创造的东西。"这门课程就是让学习者通过创造来理解。显然，人们对这种创造者的心态充满激情。

自本书第 1 版出版以来，我们收到了许多问题、评论和建议。由于我们主要通过更新在线资料来解决这些问题，因此网站版本和书籍之间出现了差距。此外，我们觉得，书籍的多个章节由于在组织结构和表达清晰上的优势，对读者有更大帮助。因此，在多次拖延书籍的修订之后，我们终于决定动手编写第 2 版，就是现在的这本书。前言的其余部分会描述这个新版本的内容，并且将其与上一版进行对比。

范围

本书通过一系列硬件和软件的构建任务向学习者介绍了大量的计算机科学领域的知识。特别地，在动手实验中讨论了以下主题：

- **硬件**：布尔运算，组合逻辑，时序逻辑，逻辑门、多路选择器、触发器、寄存器、RAM 单元、计数器的设计与实现，硬件描述语言（Hardware Description Language, HDL），芯片模拟、验证和测试。
- **架构**：ALU/CPU 的设计和实现、时钟和周期、寻址模式、取指和执行逻辑、指令集、基于内存映射的输入/输出。
- **低级语言**：一个简单的机器语言（包括二进制版和符号版）的设计与实现、指令集、汇编编程、汇编器。
- **虚拟机**：基于栈的自动机、基于栈的算术运算、函数调用和返回、递归的处理、一个简单的虚拟机语言的设计与实现。
- **高级语言**：一个简单的面向对象的、类似 Java 的语言的设计与实现，涉及抽象数据类型、类、构造函数、方法、作用域规则、语法和语义、引用等内容。
- **编译器**：词法分析、语法分析、符号表、代码生成、数组和对象的实现、两层编译模型。
- **编程**：按照提供的 API 实现一个汇编器、一个虚拟机和一个编译器，可以使用任何编程语言完成。
- **操作系统**：设计和实现内存管理、数学库、输入/输出驱动程序、字符串处理、文本输出、图形输出和高级语言支持。
- **数据结构和算法**：栈、哈希表、列表、树、算术运算的算法、几何算法和运行时系统。
- **软件工程**：模块化设计、接口/实现的范式、API 设计和文档、单元测试、主动测试计划、质量保证和大规模编程。

"从与非门到俄罗斯方块"课程的独特之处在于，所有主题都有一个清晰、总体的目标，即从零开始构建现代计算机系统。事实上，这已经成为我们选择主题的标准：本书侧重于构建一个能够运行用高级面向对象语言编写的程序的通用计算机系统所必需的最小主题集。事实证明，这个关键的主题集中包括应用计算机科学中的大多数基本概念和技术，以及一些最优美的思想。

课程

"从与非门到俄罗斯方块"通常可以作为本科生课程，也可以作为研究生课程。该课程在自学者中也非常受欢迎。由于基于这本书的课程与典型的计算机科学课程是"正交"的关系，因此几乎可以在任何时候学习该课程。一种自然的安排是作为 CS-2 讲授，即作为编程入门课程之后的一门介绍性课程来讲授，另一种安排是作为 CS-99 课程，即作为毕业前的一门综合课程来讲授。前者是一门前瞻性的、面向系统的应用计算机科学的导论课程；而后者是一门综合的、基于实验的课程，用来填补先前课程留下的空白。

还有一种越来越流行的安排，是将它作为一门把传统的计算机体系结构课程和编译课程中的关键主题集成到同一个框架的课程。"从与非门到俄罗斯方块"可以使用不同的课程名字，包括计算机系统要素、数字系统构建、计算机组成等。无论基于什么样的考虑，课程的最终目标都是从零构建一台计算机，即"从与非门到俄罗斯方块"。

这本书及相关的实验都是高度模块化的，第一部分（硬件）和第二部分（软件）分别包括 6 章和 6 个实验。第三部分为大家提供进一步完善设计的建议。虽然我们建议完整学完本书，但实际上可以单独学习其中一个部分。本书及相关的实验可以支持两门独立的课程，每门课程的时长为六到七周。根据所选主题和学习进度的不同，教师可以开一个学期的课程，也可以开两个学期的课程。

这本书是完全自包含的：构建书中描述的硬件和软件系统所需的所有知识都会在本书各章和实验中给出。第一部分（硬件）不需要先修知识，因此任何学生和自学者都可以自学实验 1～6。第二部分（软件）及实验 7～12 需要先学习一门编程课程（可以使用任何高级编程语言）才能完成。

"从与非门到俄罗斯方块"课程不限于计算机科学专业的学生来学习。相反，它适用于任何学科的学习者，帮助学习者从实践的角度在一门课程中获得对硬件架构、操作系统、编译和软件工程的理解。再次强调，唯一的先决条件（指第二部分）是编程能力。事实上，许多学习"从与非门到俄罗斯方块"课程的学生都不是计算机科学专业的学生。他们学习过一门计算机科学导论课程，现在希望在不用学习多门课程的情况下学到更多的计算机科学知识。还有许多学习者是软件开发人员，他们希望"深入底层"了解支撑技术的工作原理，并成为更好的高级语言程序员。

由于硬件和软件行业的开发人员严重短缺，应用计算机科学领域对短期的专业人才培训项目的需求日益增长。因此，出现了大量编程训练营、系列在线课程，旨在为就业市场培训人才而不用经过完整的学位教育。这些培训项目必须至少提供有关编程、算法和系统的实际知识。"从与非门到俄罗斯方块"这门课程的独特性在于，在一个课程框架内涵盖了这些培训项目的系统要素。此外，"从与非门到俄罗斯方块"课程中的项目为综合实践从其他课程中学到的算法和编程知识提供了一种富有吸引力的途径。

资源

用于构建书中描述的硬件和软件系统所需的所有工具都可以在"从与非门到俄罗斯方

块"软件包中免费获得。这些工具包括一个硬件模拟器、一个 CPU 模拟器、一个虚拟机模拟器（全部开源）、教程，以及书中描述的汇编器、虚拟机、编译器和操作系统的可执行版本。此外，www.nand2tetris.org 网站上提供所有实验材料（约 200 个测试程序和测试脚本），可支持对 12 个实验进行增量开发和单元测试。这些软件工具和实验材料可以在运行 Windows、Linux 或 macOS 的计算机上直接使用。

结构

本书第一部分（硬件）包括第 1～6 章。在介绍布尔代数之后，第 1 章从基本的与非门开始，并在其上构建一组基本的逻辑门。第 2 章介绍组合逻辑，并构建一组加法器，最终形成一个 ALU。第 3 章介绍时序逻辑，并构建一组寄存器和存储器设备，最终形成一个 RAM。第 4 章讨论低级编程，同时用符号化形式和二进制形式规定了一种机器语言。第 5 章对第 1～3 章中构建的芯片进行集成，进而构建一个能够执行第 4 章介绍的机器语言编写的程序的硬件架构。第 6 章讨论低级语言程序的翻译，最终构建出一个汇编器。

本书第二部分（软件）包括第 7～12 章，学习这个部分需要具备计算机科学导论课程水平的编程背景（可以使用任何高级编程语言）。第 7、8 章介绍基于栈的自动机，并描述了类似 Java 虚拟机的构建方法。第 9 章介绍一个面向对象的、类似 Java 的高级语言。第 10、11 章讨论语法分析和代码生成算法，并描述了一个两层编译器的构建。第 12 章介绍各种内存管理、算术运算和几何算法，并将这些算法用于实践，从而构建出一个操作系统。该操作系统旨在弥合第二部分中实现的高级语言与第一部分中构建的硬件平台之间的鸿沟[⊖]。

本书基于一个抽象 – 实现的范式。每一章的开始都会给出一个**介绍**部分，描述相关的概念以及一个通用的硬件或软件系统。接着是**规范**部分，描述系统的抽象，即该系统预期提供的各种服务（what）。之后继续讨论如何实现这个抽象（how），在**实现**部分提出一种实现。接下来是**实验**部分，提供构建本章所描述的系统并进行单元测试的逐步指导、测试材料和软件工具。最后的**总结与讨论**部分总结本章中值得注意的问题。

实验

本书中从零开始构建的计算机系统是可以真正工作的。本书面向愿意亲自动手构建计算机的读者。如果你愿意花时间和精力去做，就能获得一种简单阅读无法比拟的深度理解和成就感。

在实验 1、2、3 和 5 中构建的硬件设备将使用一种简单的硬件描述语言（Hardware Description Language，HDL）来实现，并在提供的硬件模拟器上进行模拟。这正是行业中硬件架构师的工作方式。实验 6、7、8、10 和 11 中的汇编器、虚拟机和编译器可以用任何编程语言编写。实验 4 是用计算机的汇编语言编写的，实验 9 和 12 中简单的计算机游戏和基本的操作系统是用 Jack 语言编写的。这个类似 Java 的高级语言是通过在第 10 和 11 章中构建的编译器实现的。

本书共有 12 个实验。在一门典型的、严格的大学课程中，每个实验平均需要花费一周的时间来完成。这些实验是相互独立的，可以按照任何顺序完成或跳过。建议读者按照实验出现的顺序来完成所有 12 个实验，这样能够获得更完整的"从与非门到俄罗斯方块"的

⊖ 本书的第三部分为第 13 章，主要对进一步完善设计提供一些建议，以鼓励读者进一步探索。——编辑注

体验，不过这只是一种学习顺序的选择。

在一个学期的课程中是否有可能涵盖这么多内容？答案是肯定的，而且实践证明了这一点。超过150所高校开设了一个学期的"从与非门到俄罗斯方块"课程。学生的满意度非常高，"从与非门到俄罗斯方块"在线课程常常名列在线课程评级榜的前列。该课程成功的一个原因是专注。除了极少数情况，我们不关注优化，而是将这一重要主题留给其他更具体的课程。此外，我们允许学生假设输入是无误的，这样就不需要编写代码来处理异常情形，使得软件项目更加专注和可管理。当然，处理不正确的输入是至关重要的，但这个技能可以在其他地方培养，例如在扩展实验和专门的编程课程或软件设计课程中培养。

第 2 版

尽管"从与非门到俄罗斯方块"课程始终围绕两个主题展开介绍，但第 2 版更加明确了这种结构。第 2 版现在主要包括两个独立的部分——第一部分（硬件）和第二部分（软件）。每个部分包含 6 章和 6 个实验，并以新写的引言章节开篇，为各部分提供背景知识。重要的是，这两个部分是相互独立的。因此，本书的新结构非常适合开设半学期的课程，也适合开设一个学期的课程。

除了两个新的引言章节外，第 2 版还增加了 4 个新的附录。根据许多学习者的要求，这些附录集中呈现了第 1 版中分散在各章中的各种技术主题。附录 A 中增加了一个形式化的证明，即任何布尔函数都可以用与非运算符来构建，从而为那些硬件构建实验提供了一个理论视角。此外，书中还增加了许多新的小节、图和例子。

本书所有章节和实验材料都遵循抽象与实现分离的范式进行了重写，这是"从与非门到俄罗斯方块"课程的一个中心主题。我们特意添加了一些例子和章节，以回答多年来在"从与非门到俄罗斯方块"问答论坛中提出的成千上万个问题。

致谢

本书提供的软件工具是我们在以色列赫兹利亚跨学科研究中心（IDC Herzliya）[⊖]和希伯来大学的学生开发的。两位首席软件架构师是 Yaron Ukrainitz 和 Yannai Gonczarowski，开发者包括 Iftach Ian Amit、Assaf Gad、Gal Katzhendler、Hadar Rosen-Sior 和 Nir Rozen。Oren Baranes、Oren Cohen、Jonathan Gross、Golan Parashi 和 Uri Zeira 参与了工具开发其他方面的工作。与这些学生开发者一起工作是一种巨大的乐趣，我们为有机会在他们的教育中发挥作用而感到自豪。

我们还要感谢助教 Muawyah Akash、Philip Hendrix、Eytan Lifshitz、Ran Navok 和 David Rabinowitz，他们帮助管理这门课程的早期版本。Tal Achituv、Yong Bakos、Tali Gutman 和 Michael Schröder 在课程材料的各个方面提供了巨大的帮助，Aryeh Schnall、Tomasz Różański 和 Rudolf Adamkovič 提供了细致入微的编辑建议。Rudolf 的评论尤其具有启发性，我们非常感激。

世界各地有许多人参与了"从与非门到俄罗斯方块"课程的工作，我们无法逐一感谢他们。这里特别要感谢来自科罗拉多州的软件和固件工程师 Mark Armbrust，他已成为"从与非门到俄罗斯方块"课程学习者的"守护天使"。Mark 自愿负责管理我们的全球问答论坛，

[⊖] 2021 年更名为 Reihman 大学。——译者注

以极大的耐心和优雅的风格回答了大量问题。他的回答从未泄露解决方案，相反，他引导学习者自己努力并找到方案。因此，Mark 赢得了全球无数学习者的尊敬和钦佩。在为"从与非门到俄罗斯方块"课程提供服务的十多年里，Mark 写了 2607 篇帖子，发现了数十个错误，并编写了纠正的脚本和修复方案。在日常工作外做的所有这些事情，使得 Mark 成为"从与非门到俄罗斯方块"社区的支柱，而该社区也成为他的"第二故乡"。令人惋惜的是，Mark 在与心脏病顽强抗争了数月之后于 2019 年 3 月去世。在他住院期间，Mark 每天会收到数百封学习"从与非门到俄罗斯方块"的学生的电子邮件。来自世界各地的年轻人感谢 Mark 的无私付出，并分享他对他们的生活产生的影响。

近年来，计算机科学教育已成为个人成长和收入增长的强大推动力。回顾过去，幸运的是，我们早早地决定以开放源代码的形式免费提供所有的教学资源。简而言之，任何有需要的人都可以毫无限制地学习或教授"从与非门到俄罗斯方块"课程。在非营利的情形下，你只需要访问我们的网站，即可获取你需要的资源。这使得"从与非门到俄罗斯方块"成为一个可随时获得的工具，用于自由和公平地普及高质量的计算机科学教育。最终，无尽的善意催生了一个庞大的教育生态系统。我们衷心感谢世界各地帮助我们实现这一目标的人们。

目 录

译者序
前言

第一部分 硬件

- I.1 Hello，World 之下 ⋯⋯⋯⋯ 2
- I.2 从与非门到俄罗斯方块 ⋯⋯⋯ 3
- I.3 抽象与实现 ⋯⋯⋯⋯⋯⋯⋯ 4
- I.4 设计方法 ⋯⋯⋯⋯⋯⋯⋯⋯ 5
- I.5 前方之路 ⋯⋯⋯⋯⋯⋯⋯⋯ 6

第1章 布尔逻辑 ⋯⋯⋯⋯⋯⋯⋯ 7
- 1.1 布尔代数 ⋯⋯⋯⋯⋯⋯⋯⋯ 7
  - 1.1.1 布尔函数 ⋯⋯⋯⋯⋯⋯ 8
  - 1.1.2 真值表和布尔表达式 ⋯ 8
- 1.2 门 ⋯⋯⋯⋯⋯⋯⋯⋯⋯⋯ 9
- 1.3 硬件构造 ⋯⋯⋯⋯⋯⋯⋯⋯ 10
  - 1.3.1 硬件描述语言 ⋯⋯⋯⋯ 11
  - 1.3.2 硬件模拟 ⋯⋯⋯⋯⋯⋯ 13
- 1.4 规范 ⋯⋯⋯⋯⋯⋯⋯⋯⋯ 14
  - 1.4.1 与非门 ⋯⋯⋯⋯⋯⋯⋯ 14
  - 1.4.2 基本逻辑门 ⋯⋯⋯⋯⋯ 14
  - 1.4.3 基本门的多位版本 ⋯⋯ 15
  - 1.4.4 基本门的多路版本 ⋯⋯ 16
- 1.5 实现 ⋯⋯⋯⋯⋯⋯⋯⋯⋯ 17
  - 1.5.1 行为模拟 ⋯⋯⋯⋯⋯⋯ 17
  - 1.5.2 硬件实现 ⋯⋯⋯⋯⋯⋯ 18
  - 1.5.3 内置芯片 ⋯⋯⋯⋯⋯⋯ 19
- 1.6 实验 ⋯⋯⋯⋯⋯⋯⋯⋯⋯ 19
- 1.7 总结与讨论 ⋯⋯⋯⋯⋯⋯⋯ 20

第2章 布尔运算 ⋯⋯⋯⋯⋯⋯ 21
- 2.1 算术运算 ⋯⋯⋯⋯⋯⋯⋯⋯ 21
- 2.2 二进制数 ⋯⋯⋯⋯⋯⋯⋯⋯ 21
- 2.3 二进制加法 ⋯⋯⋯⋯⋯⋯⋯ 22
- 2.4 有符号二进制数 ⋯⋯⋯⋯⋯ 23
- 2.5 规范 ⋯⋯⋯⋯⋯⋯⋯⋯⋯ 24
  - 2.5.1 加法器 ⋯⋯⋯⋯⋯⋯⋯ 24
  - 2.5.2 算术逻辑单元 ⋯⋯⋯⋯ 25
- 2.6 实现 ⋯⋯⋯⋯⋯⋯⋯⋯⋯ 28
- 2.7 实验 ⋯⋯⋯⋯⋯⋯⋯⋯⋯ 29
- 2.8 总结与讨论 ⋯⋯⋯⋯⋯⋯⋯ 29

第3章 存储 ⋯⋯⋯⋯⋯⋯⋯⋯ 31
- 3.1 存储设备 ⋯⋯⋯⋯⋯⋯⋯⋯ 31
- 3.2 时序逻辑 ⋯⋯⋯⋯⋯⋯⋯⋯ 32
  - 3.2.1 时间很重要 ⋯⋯⋯⋯⋯ 32
  - 3.2.2 触发器 ⋯⋯⋯⋯⋯⋯⋯ 34
  - 3.2.3 组合与时序逻辑 ⋯⋯⋯ 34
- 3.3 规范 ⋯⋯⋯⋯⋯⋯⋯⋯⋯ 35
  - 3.3.1 数据触发器 ⋯⋯⋯⋯⋯ 36
  - 3.3.2 寄存器 ⋯⋯⋯⋯⋯⋯⋯ 36
  - 3.3.3 RAM ⋯⋯⋯⋯⋯⋯⋯⋯ 37
  - 3.3.4 计数器 ⋯⋯⋯⋯⋯⋯⋯ 38
- 3.4 实现 ⋯⋯⋯⋯⋯⋯⋯⋯⋯ 38
  - 3.4.1 数据触发器 ⋯⋯⋯⋯⋯ 38
  - 3.4.2 寄存器 ⋯⋯⋯⋯⋯⋯⋯ 38
  - 3.4.3 RAM ⋯⋯⋯⋯⋯⋯⋯⋯ 39
  - 3.4.4 计数器 ⋯⋯⋯⋯⋯⋯⋯ 40
- 3.5 实验 ⋯⋯⋯⋯⋯⋯⋯⋯⋯ 40
- 3.6 总结与讨论 ⋯⋯⋯⋯⋯⋯⋯ 41

第4章 机器语言 ⋯⋯⋯⋯⋯⋯ 42
- 4.1 机器语言概述 ⋯⋯⋯⋯⋯⋯ 42
  - 4.1.1 硬件单元 ⋯⋯⋯⋯⋯⋯ 42
  - 4.1.2 语言 ⋯⋯⋯⋯⋯⋯⋯⋯ 43
  - 4.1.3 指令 ⋯⋯⋯⋯⋯⋯⋯⋯ 44
- 4.2 Hack 的机器语言 ⋯⋯⋯⋯⋯ 45
  - 4.2.1 背景 ⋯⋯⋯⋯⋯⋯⋯⋯ 45
  - 4.2.2 程序示例 ⋯⋯⋯⋯⋯⋯ 48
  - 4.2.3 Hack 语言规范 ⋯⋯⋯⋯ 49

		4.2.4	符号 ·························	50
		4.2.5	输入/输出处理 ···············	52
		4.2.6	语法约定和文件格式 ··········	52
	4.3	Hack 编程 ·························		53
	4.4	实验 ·····························		55
	4.5	总结与讨论 ·······················		57

第 5 章　计算机体系结构 ············· 58

- 5.1 计算机体系结构基础 ············· 58
  - 5.1.1 存储程序的概念 ··········· 58
  - 5.1.2 冯·诺依曼体系结构 ······· 59
  - 5.1.3 存储器 ····················· 59
  - 5.1.4 中央处理单元 ············· 60
  - 5.1.5 输入和输出 ················ 61
- 5.2 Hack 硬件平台规范 ·············· 62
  - 5.2.1 概述 ······················· 62
  - 5.2.2 中央处理单元 ············· 62
  - 5.2.3 指令存储器 ················ 63
  - 5.2.4 输入/输出 ················· 63
  - 5.2.5 数据存储器 ················ 65
  - 5.2.6 计算机 ····················· 66
- 5.3 实现 ····························· 66
  - 5.3.1 中央处理单元 ············· 66
  - 5.3.2 内存 ······················· 68
  - 5.3.3 计算机 ····················· 68
- 5.4 实验 ····························· 69
- 5.5 总结与讨论 ······················· 70

第 6 章　汇编器 ························· 72

- 6.1 背景 ····························· 72
- 6.2 Hack 机器语言规范 ·············· 73
  - 6.2.1 程序 ······················· 74
  - 6.2.2 符号 ······················· 74
  - 6.2.3 语法约定 ·················· 75
- 6.3 汇编到二进制的翻译 ············· 76
  - 6.3.1 处理指令 ·················· 76
  - 6.3.2 处理符号 ·················· 76
- 6.4 实现 ····························· 77
  - 6.4.1 实现一个基本的汇编器 ···· 77
  - 6.4.2 完成汇编器 ················ 79
- 6.5 实验 ····························· 79
- 6.6 总结与讨论 ······················· 81

第二部分　软件

- II.1 Jack 编程初探 ···················· 85
- II.2 程序的编译 ······················· 87

第 7 章　虚拟机 I：处理 ·············· 89

- 7.1 虚拟机范式 ······················· 90
- 7.2 栈机器 ··························· 91
  - 7.2.1 入栈和出栈 ················ 91
  - 7.2.2 栈上的算术运算 ··········· 92
  - 7.2.3 虚拟内存段 ················ 94
- 7.3 虚拟机规范：第一部分 ·········· 94
- 7.4 实现 ····························· 95
  - 7.4.1 Hack 平台上的标准虚拟机映射：第一部分 ············ 96
  - 7.4.2 虚拟机模拟器 ············· 98
  - 7.4.3 有关虚拟机实现的设计建议 ··· 99
- 7.5 实验 ····························· 101
- 7.6 总结与讨论 ······················ 102

第 8 章　虚拟机 II：控制 ············· 105

- 8.1 高级魔法 ························ 105
- 8.2 分支 ····························· 106
- 8.3 函数 ····························· 108
- 8.4 虚拟机规范：第二部分 ········· 113
  - 8.4.1 分支命令 ················· 113
  - 8.4.2 函数命令 ················· 113
  - 8.4.3 虚拟机程序 ··············· 113
- 8.5 实现 ····························· 114
  - 8.5.1 函数调用和返回 ·········· 114
  - 8.5.2 Hack 平台上的标准虚拟机映射：第二部分 ··········· 115
  - 8.5.3 有关虚拟机实现的设计建议 ··· 117
- 8.6 实验 ····························· 118
- 8.7 总结与讨论 ······················ 120

第 9 章　高级语言 ······················ 122

- 9.1 例子 ····························· 122
- 9.2 Jack 语言规范 ···················· 126
  - 9.2.1 语法元素 ················· 126
  - 9.2.2 程序结构 ················· 127
  - 9.2.3 数据类型 ················· 128

9.2.4　变量 130
　　9.2.5　语句 130
　　9.2.6　表达式 130
　　9.2.7　子例程调用 131
　　9.2.8　对象的创建与清除 132
　9.3　编写 Jack 应用程序 132
　9.4　实验 133
　9.5　总结与讨论 134

第 10 章　编译器 I：语法分析 136
　10.1　背景 137
　　10.1.1　词法分析 137
　　10.1.2　语法规则 138
　　10.1.3　语法解析 139
　　10.1.4　解析器 141
　10.2　规范 142
　　10.2.1　Jack 语言的语法 143
　　10.2.2　Jack 语言的语法分析器 144
　10.3　实现 144
　　10.3.1　Jack 分词器 145
　　10.3.2　编译引擎 145
　　10.3.3　Jack 分析器 147
　10.4　实验 147
　　10.4.1　分词器 148
　　10.4.2　编译引擎 149
　10.5　总结与讨论 150

第 11 章　编译器 II：代码生成 151
　11.1　代码生成 152
　　11.1.1　变量的编译 152
　　11.1.2　表达式的编译 155
　　11.1.3　字符串的编译 157
　　11.1.4　语句的编译 157
　　11.1.5　对象的编译 159
　　11.1.6　数组的编译 165
　11.2　规范 166
　11.3　实现 166
　　11.3.1　虚拟机上的标准映射 167
　　11.3.2　实现指南 167
　　11.3.3　软件架构 170

　11.4　实验 172
　　11.4.1　实施阶段 172
　　11.4.2　测试程序集 173
　11.5　总结与讨论 174

第 12 章　操作系统 176
　12.1　背景 177
　　12.1.1　数学运算 177
　　12.1.2　字符串 180
　　12.1.3　内存管理 181
　　12.1.4　图形化输出 183
　　12.1.5　字符的输出 185
　　12.1.6　键盘输入 186
　12.2　Jack 操作系统规范 187
　12.3　实现 187
　12.4　实验 192
　　12.4.1　测试计划 192
　　12.4.2　完整测试 194
　12.5　总结与讨论 195

第三部分　进一步讨论㊀

第 13 章　探索更多乐趣 198
　13.1　硬件的实现 198
　13.2　硬件的改进 199
　13.3　高级语言 199
　13.4　优化 199
　13.5　通信 199

附录

附录 A　布尔函数综合 202

附录 B　硬件描述语言 206

附录 C　测试描述语言 217

附录 D　Hack 芯片集合 227

附录 E　Hack 中的字符集 228

附录 F　Jack 操作系统的 API 229

㊀ 原书并未将第 13 章单独列为一部分，为确保本书体系更完整、合理，将第 13 章列为第 3 部分。——编辑注

第一部分
The Elements Of Computing Systems

硬 件

真正的发现之旅，不在于寻找新的风景，而在于拥有新的眼光。

——马塞尔·普鲁斯特（Marcel Proust，1871—1922）

学习这本书是一次发现之旅。读者将学会三件事：计算机系统是如何工作的、如何将复杂问题分解为更容易处理的模块，以及如何构建大规模的硬件和软件系统。这将是一次实践之旅，因为你将从零开始构建一个完整且可运行的计算机系统。从系统构造过程中，你会学习到很多经验，这远比计算机知识本身更重要。根据心理学家卡尔·罗杰斯（Carl Rogers）的说法："唯一能对行为产生有意义的影响的学习方式是自我发现、自我拥有的学习——通过经验吸收真理。"作为引言，本章将简要介绍本书后面将向读者介绍的一些发现、事实和经验。

I.1 Hello, World 之下

如果你有一些编程经验，那么可能在过往的学习中遇到过类似下面的程序。如果没有编程经验，那么你可以猜猜这个程序在做什么：它会显示文本 Hello World，然后终止。这个特殊的程序是用 Jack 语言编写的，它是一种类似 Java 的高级语言：

```
// 编程入门的第一个实例
class Main {
    function void main() {
        do Output.printString("Hello World");
        return;
    }
}
```

像 Hello World 这样的简单程序看似轻松易懂，但你是否想过在计算机上**实际运行**这个程序会发生什么呢？让我们来深入了解一下。首先，这个程序实际上只是一个纯文本字符序列，存储在一个文本文件中。对于计算机来说，这种抽象的文本完全是个谜，因为计算机只能理解用机器语言编写的指令。因此，如果我们想要执行这个程序，首先必须解析组成高级语言代码的字符串，确定其语义（弄清楚程序的目的是什么），然后生成低级语言代码（使用目标计算机的机器语言重新表达这个语义）。这个复杂的翻译过程称为**编译**（compilation），编译过程将产生一个机器语言指令组成的可执行序列。

当然，机器语言也是一种抽象，是一组大家达成共识的二进制代码。为了使这种抽象具体化，必须由某种**硬件架构**（hardware architecture）实现它。而这种架构又由一组特定的芯片来实现，包括寄存器、存储单元、加法器等。现在，每一个这样的硬件设备都是由更低级别的**基本逻辑门**（elementary logic gate）构建而成的。而这些逻辑门，又可以由像 Nand（与非门）和 Nor（或非门）这样更基本的门构建。这些基本的门在层次结构中位于较低位置，而它们由若干**开关设备**（switching device）组成（通常由晶体管实现）。而每个晶体管又由……好吧，我们还是到此为止吧，因为这里就是计算机科学止步而物理学开始发挥作用的地方了。

读者可能在想："在我的计算机上编译、运行程序很简单——需要做的就是点一下这个图标，或者输入那个命令！"的确，现代计算机系统就像一座浮在水面的冰山：大多数人只看到了水面上的部分，而对计算系统知之甚少，只了解一些皮毛。然而，如果你希望探索系统这座"冰山"之下的部分，那么你真是幸运！这里有一个迷人的世界，有计算机科学中一

些最美妙的事物。能否深入理解这个"水下世界"是初级程序员与高级开发者之间的分水岭（高级开发者是那些能够创造复杂硬件和软件技术的人）。理解这些技术运作方式的最佳方法（我们所说的理解是理解到骨子里的）就是从零开始构建一个完整的计算机系统。

I.2 从与非门到俄罗斯方块

假设要从零开始构建一台计算机系统，应该建造哪种计算机呢？事实证明，每台通用计算机，包括个人计算机、智能手机或服务器，都是一台"从与非门到俄罗斯方块"（Nand to Tetris）计算机。首先，归根结底，所有计算机的基础都是基本的逻辑门，其中与非门是工业界广泛使用的（本书将在第1章中详细解释什么是与非门）。其次，每台通用计算机都可以编程运行俄罗斯方块游戏，以及任何你喜欢的程序。因此，与非门和俄罗斯方块都没有什么特别之处。正是"从与非门到俄罗斯方块"中的"到"这个字让这本书成为你即将踏上的神奇之旅：从一堆"裸"开关设备逐步构造出一台计算机，它具备你对通用计算机期望的所有引人入胜的功能，包括支持文本、图形、动画、音乐、视频、分析、模拟、人工智能等。因此，要建造哪种硬件平台和软件架构真的不太重要，只要它们是基于与现有计算系统相同的思想和技术就可以。

图 I.1 描述了"从与非门到俄罗斯方块"路线图中的关键里程碑。从图的底层开始，任何通用计算机的架构中都包括 ALU（算术逻辑单元，Arithmetic Logic Unit）和 RAM（随机访问存储器，Radom Access Memory）。所有 ALU 和 RAM 设备都由基本逻辑门组成。而且，令人惊讶而又幸运的是，正如我们即将看到的，所有逻辑门都可以仅由与非门制成。在软件层次结构方面，所有高级语言都依赖一套翻译器（编译器/解释器、虚拟机、汇编器），将高级代码一路翻译成机器级指令。一些高级语言是解释执行而不是编译执行的，而有些高级语言不使用虚拟机，但总体情况基本相同。这一观察结果是计算机科学中一个基本原则的体现，即丘奇—图灵论题，该论题的表述为：实际上，所有的计算机本质上都是等价的。

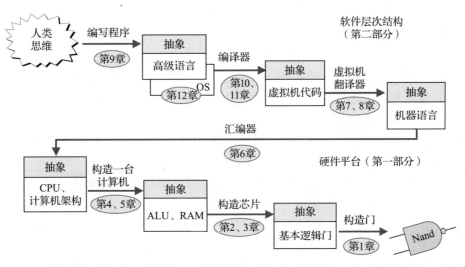

图 I.1 典型计算机系统的主要模块，由硬件平台和软件层次构成。每个模块都有一个**抽象视图**（也称为模块的**接口**）和一个**实现**。向右的箭头表示每个模块都是使用下一级的抽象构建块来实现的。每个圆圈中给出了涉及的章和实验

这样说是为了强调本书方法的通用性：读者在本书中会遇到的挑战、见解、技巧、技术和术语与实际的硬件和软件工程师所遇到的完全相同。从这方面来说，本书是一种启蒙：如果能完成这趟旅程，你将为成为一名"硬核"计算机专家打下良好基础。

那么，在本书中，我们应该构造哪种硬件平台和高级语言呢？一个可能的选择是构建一个工业级别、广泛使用的计算机模型，并为一种流行的高级语言编写编译器。我们不会这样做，原因有三。首先，计算机模型会不断出现再淡出，热门编程语言会被新的编程语言取而代之。因此，我们不想绑定到任何特定的硬件/软件配置上。其次，实际使用的计算机和编程语言中有许多教学价值有限但实现起来耗费时间的细节。最后，我们需要一个易于控制、理解和扩展的硬件平台和软件层次结构。综合考虑这些因素，我们提出了在本书第一部分中构建的计算机平台 Hack，以及在第二部分中实现的高级语言 Jack。

通常，计算机系统是用**自顶向下**（top-down）的方式描述的，展示高级抽象如何能够规约到更简单的抽象，或者以更简单的抽象来实现。例如，我们可以先描述计算机体系结构上执行的二进制机器指令如何被分解为微代码，再讲解这些微代码是如何在计算机架构上流动，并最终操控更低级别上的 ALU 和 RAM 芯片。计算机系统也可以用**自底向上**（bottom-up）的方式描述，先描述如何巧妙地设计执行微代码的 ALU 和 RAM 芯片，再描述这些微代码如何组合在一起形成二进制机器指令。自上而下和自下而上的方法都是富有启发性的，是从不同的视角来看待本书即将构建的系统。

在图 I.1 中，箭头的方向实际上就是自顶向下的路线。对于任何一对模块，向右的箭头都是将较高级别的模块与较低级别的模块连接起来。这个箭头的含义很明确：它意味着高级别的模块是由下一级的抽象构建块来实现的。例如，高级语言程序是通过将每条高级语言语句转化为一组抽象的虚拟机命令来实现的。接下来，每个虚拟机命令又进一步转化为一组抽象的机器语言指令，以此类推。在系统设计中区分抽象与实现是非常重要的，现在我们就来讨论这个问题。

I.3 抽象与实现

读者可能会很好奇，怎么在只有基本逻辑门的情况下，人工构造出一个完整的计算机系统。这一定是一项浩大的工程！解决这种复杂性的方法就是将系统分解为模块。在每个章节中分别描述一个模块，然后在专门的实验中构建这个模块。你可能还会好奇，怎么以独立的方式描述和构建这些模块呢？它们当然是相互关联的！正如我们将在本书中展示的那样，一个良好的模块化设计就是：你可以独立处理各个模块，完全不考虑系统的其他部分。实际上，如果系统设计得当，你可以以任何想要的顺序构建这些模块，甚至可以在团队合作时并行进行构建。

将复杂系统"分而治之"为易处理的模块，这种认知能力得益于另一种认知能力：我们能够区分每个模块的**抽象**和**实现**。在计算机科学中，我们将这些词具体化为：抽象描述模块的功能，实现描述模块如何实现这些功能。理解了这个区别，你就能理解系统工程中最重要的规则：在将模块（**任何模块**）用作构建块时，应该只专注于模块的抽象，而完全忽略其实现细节。

例如，我们看图 I.1 的下半部分，从"计算机架构"层开始。如图所示，该计算机架构的实现使用了多个来自下一级的构建块，包括 RAM。RAM 是一个神奇的设备。它可以包含数以亿计的寄存器，可以直接访问其中的任何一个寄存器，并且访问几乎瞬间完成。图 I.1 告诉我们，计算机架构师应该抽象地使用这个直接访问设备，而不用关心它实际是如何实现的。请忽略实现直接访问 RAM 的魔法，这是"**如何**"的问题，在**使用** RAM 时这些信息都是无关紧要的。

在图 I.1 中继续往下一级，我们现在要构建 RAM 芯片。该怎么做呢？沿着向右的箭头，可以看到 RAM 的实现是基于下一级的基本逻辑门和芯片。具体来说，RAM 的存储和直接访问功能将分别使用**寄存器**和**多路复用器**来实现。同样的抽象 – 实现原则再次发挥作用：我们将使用这些芯片作为抽象构建块，只关注它们的接口，而不关心**它们的**实现。以此类推，一直到 Nand 层。

概括来说，当你的实现要使用较低级别的硬件或软件模块时，都应将该模块视为一个现成的黑盒抽象：你只需要描述它可以**做什么**的模块接口文档，就可以开始工作了。你不用关注模块**如何**执行其接口所宣称的功能。这种抽象 – 实现范式有助于开发人员控制复杂度，保持思路清晰：通过将庞大的系统划分为定义明确的模块，可以将实现工作划分为易于管理的块，同时也将错误检测和纠正限制在了块内。这是硬件和软件构建项目中最重要的设计原则。

毋庸置疑，这个故事中的一切都依赖于**模块化设计**的复杂艺术：人类有能力将需要解决的问题分解为一组定义明确的模块，每个模块都有清晰的接口，代表着一个独立实现的合理的工作块，每个模块都能够独立进行单元测试。模块化设计确实是应用计算机科学的核心：每个系统架构师都会按照自己的习惯来定义抽象，有时被称为**模块**或**接口**，然后实现，或者要求他人实现。这些抽象通常是一层一层叠加构建的，得到越来越高级的功能。如果系统架构师设计了一套良好的模块，实现工作会行云流水；如果设计马虎草率，实现将注定失败。

模块化设计是一门习得的艺术，只有通过多看以及实现足够多设计良好的抽象才能磨炼而成。这正是在本书中会体验到的东西：读者将学会欣赏多种多样的硬件和软件抽象的优雅性和功能性。本书会指导你如何一步步地实现每一个抽象，逐渐创建越来越大的功能块。在这个旅程中不断前进，从一章到下一章，回头看到经过你的努力逐渐形成的计算机系统时，这是多么令人兴奋啊！

I.4　设计方法

本书的旅程要求你构建一个硬件平台和一个软件层次结构。硬件平台基于一个包括大约 30 个逻辑门和芯片的集合，这是在本书的第一部分构建的。这些门和芯片，包括顶层的计算机架构，都将使用**硬件描述语言**（Hardware Description Language，HDL）来构建。附录 B 中给出了本书使用的 HDL 的文档，可以在约一小时内掌握这些内容。你可以在自己的 PC 上运行一个基于软件的硬件模拟器，测试你的 HDL 程序的正确性。硬件工程师实际上就是这么工作的：他们使用基于软件的模拟器来构建和测试芯片。对芯片的模拟性能感到满意时，他们会将其详细说明（HDL 程序）发送给制造公司。经过优化，这些 HDL 程序将成为用硅来制造硬件的机械臂的输入。

沿着"从与非门到俄罗斯方块"的旅程，在本书的第二部分，我们将构建一个软件栈，包括汇编器、虚拟机和编译器。这些程序可以用任何高级编程语言实现。此外，我们还将构建一个基本的操作系统（用 Jack 语言编写而成）。

读者可能会怀疑怎么可能在一门课或一本书内就完成这些看上去雄心勃勃的实验。除了模块化设计，我们的秘密武器是将设计的不确定性降到最低。本书为每个实验都提供了精心设计的"脚手架"，包括详细的 API、框架程序、测试脚本和分阶段的实施指南。

本书的软件套件中包括完成实验 1 ~ 12 所需的所有软件工具，读者可以免费从 www.nand2tetris.org 下载这些工具。这些工具包括硬件模拟器、CPU 模拟器、虚拟机模拟器以及硬件芯片、汇编器、编译器和操作系统的可执行版本。一旦下载了该软件套件，所有这些工具都唾手可得。

1.5 前方之路

本书的旅程包括 12 个硬件和软件构建实验。**贯穿**这些实验的主线，以及本书的目录，都表明这个旅程是自下而上的：本书从基本的逻辑门开始，逐渐向上，最终到达面向对象的高级编程语言。与此同时，每个实验的实现方向是自上而下的。特别是当介绍一个硬件或软件模块时，总是从该模块的抽象描述开始，说明设计该模块是为了**做什么**以及为什么需要它。理解了模块的抽象（它本身就是一个丰富的世界）之后，再使用下一级的抽象构建块实现它。

现在，让我们来介绍一下第一部分的宏伟蓝图。在第 1 章中，从单一逻辑门 Nand 开始，用它构建一组常用的基本逻辑门，如 And、Or、Xor 等。在第 2 章和第 3 章中，使用这些构建块来分别构建算术逻辑单元和内存设备。在第 4 章中，我们暂停硬件构建之旅，转而介绍低级机器语言，包括它的符号和二进制形式。在第 5 章中，使用之前构建的 ALU 和存储单元来构建一个中央处理单元（Central Processing Unit，CPU）和随机访问存储器。这些设备将集成到一个硬件平台，这个平台能够运行第 4 章中描述的机器语言编写的程序。在第 6 章中，将描述并构建汇编器，它是一个将符号机器语言编写的低级程序翻译成可执行二进制代码的程序。硬件平台的构建到此就完成了。该平台将成为本书第二部分的起点。在第二部分中，我们将给这个裸机硬件扩展出一个现代软件层次结构，包括虚拟机、编译器和操作系统。

希望前面的内容已经成功向你展示了前方的道路，而你也已经迫不及待要开始这次伟大的探索之旅了。那么，如果你已经做好准备，我们一起倒数：1、0，出发！

第 1 章 布尔逻辑

The Elements Of Computing Systems

> 如此简单的事物,我们将之复杂化,以至于几乎将我们击败。
>
> ——约翰·阿什贝利(1927—2017)

每个数字设备,无论是个人计算机、手机还是网络路由器,都基于一组用来存储和处理二进制信息的芯片。尽管这些芯片有不同的形状和形式,但它们都由相同的基本构建块,即基本**逻辑门**组成。这些门在物理上可以用不同的硬件技术实现,但它们的逻辑行为或者说**抽象**在所有实现中都是一致的。

在这一章中,我们从基本的逻辑门——与非(Nand)门开始,逐步构建出所需要的所有其他逻辑门。具体来说,我们将构建非(Not)门、与(And)门、或(Or)门和异或(Xor)门,以及名为**多路选择器**(multiplexer)和**多路分配器**(demultiplexer)的两个门(后面将描述这些门的功能)。我们的目标计算机被设计为处理 16 位值,所以还将构建基本门的 16 位版本,如 Not16、And16 等。结果得到一组标准的逻辑门,然后用它们构建计算机的处理和存储芯片。第 2 章和第 3 章将分别实现这两种芯片。

本章从设计和实现逻辑门所需的最基本理论概念和实际工具开始着手。具体来说,会介绍布尔代数和布尔函数,并展示如何使用逻辑门来实现布尔函数。然后,描述如何使用硬件描述语言(HDL)实现逻辑门,以及如何使用硬件模拟器测试这些设计。布尔代数和 HDL 将在接下来与硬件有关的每一章和每一个实验中发挥作用,因此本章对它们的介绍在整个第一部分中显得非常重要。

1.1 布尔代数

布尔代数对具有两个状态的二进制值进行操作,这样的二进制值通常标记为真/假(true/false)、1/0、是/否(yes/no)、开/关(on/off),等等。在此我们使用 1 和 0。布尔函数是处理二进制输入并返回二进制输出的函数。由于计算机硬件是基于表示和操作二进制值的,因此布尔函数在硬件体系结构的描述、分析和优化中具有核心作用。

布尔运算符

图 1.1 展示了三个基本的布尔函数,也称为**布尔运算符**。这些函数的名称分别是 And、Or 和 Not,也可以使用符号 $x \cdot y$、$x + y$ 和 $\bar{x}$(或 $x \wedge y$、$x \vee y$ 和 $\neg x$)来表示。图 1.2 给出了在两个二进制变量上定义的所有可能的布尔函数,以及它们的通用名称。这些函数是通过枚举两个二进制变量涵盖的所有可能值的组合,系统地构造出来的。每个运算符都有一个常规名称,旨在描述其底层语义。例如,Nand 运算符的名称为 **Not-And**

x	y	x And y
0	0	0
0	1	0
1	0	0
1	1	1

x	y	x Or y
0	0	0
0	1	1
1	0	1
1	1	1

x	Not x
0	1
1	0

图 1.1 三个基本的布尔函数

的简写，因为可以看到 Nand(x, y) 等价于 Not(And(x, y))。Xor 运算符 [**异或**（exclusive or）的简写] 在其两个变量中仅有一个为 1 时值为 1。或非（Nor）门的名称来自 **Not-Or**。这些门的名称都不是特别重要。

图 1.2 引出了一个问题：与、或和非相比其他布尔运算符有什么更有趣或更特殊的地方？简言之，与、或和非确实没有什么特别之处。更深入的回答是，逻辑运算符的很多子集都可用于表示**任意**布尔函数，{And、Or、Not} 只是其中之一。如果你觉得这说法很神奇，考虑下面这个结论：这三个基本运算符中的任何一个都可以用运算符 Nand 来表示。这才是让人感觉惊奇的地方！由此可以推论出，任何布尔函数都可以仅使用与非门来实现。附录 A 给出了这一推论的证明。

| | | x | 0 | 0 | 1 | 1 |
		y	0	1	0	1
常数 0	0		0	0	0	0
And	$x \cdot y$		0	0	0	1
x And Not y	$x \cdot \bar{y}$		0	0	1	0
x	x		0	0	1	1
Not x And y	$\bar{x} \cdot y$		0	1	0	0
y	y		0	1	0	1
Xor	$x \cdot \bar{y} + \bar{x} \cdot y$		0	1	1	0
Or	$x + y$		0	1	1	1
Nor	$\overline{x + y}$		1	0	0	0
等价	$x \cdot y + \bar{x} \cdot \bar{y}$		1	0	0	1
Not y	$\bar{y}$		1	0	1	0
如果 y 则 x	$x + \bar{y}$		1	0	1	1
Not x	$\bar{x}$		1	1	0	0
如果 x 则 y	$\bar{x} + y$		1	1	0	1
Nand	$\overline{x \cdot y}$		1	1	1	0
常数 1	1		1	1	1	1

图 1.2 两个二进制变量上定义的所有可能的布尔函数。一般情况下，扩展到由 n 个二进制变量（这里 $n=2$）的布尔函数数量是 2^{2^n}（这个数量是非常多的）

1.1.1 布尔函数

每个布尔函数都可以使用两种可互相替代的表示方法来定义。首先，可以使用**真值表**（truth table）来定义函数，如图 1.3 所示。变量值 $v_1, \cdots, v_n$（这里 $n=3$）有 2^n 个可能的元组，对于其中每一个，该表都列出了 $f(v_1, \cdots, v_n)$ 的值。除了这个数据驱动的定义，我们还可以使用布尔表达式来定义布尔函数，例如 $f(x, y, z)=(x \text{ Or } y) \text{ And Not }(z)$。

如何验证给定的布尔表达式与给定的真值表是否等价？我们以图 1.3 为例进行说明。从第一行开始，计算 $f(0, 0, 0)$，即 $(0 \text{ Or } 0) \text{ And Not } (0)$。这个表达式求值为 0，与真值表中列出的值相同。到目前为止一切顺利。我们可以对表中的每一行进行类似的等价性测试，但这是一项相当烦琐的工作。与其使用这种费力的自下而上的证明方法，不如通过分析布尔表达式 $(x \text{ Or } y) \text{ And Not } (z)$ 来

x	y	z	$f(x,y,z) = (x \text{ Or } y) \text{ And Not}(z)$
0	0	0	0
0	0	1	0
0	1	0	1
0	1	1	0
1	0	0	1
1	0	1	0
1	1	0	1
1	1	1	0

图 1.3 布尔函数的真值表和函数定义（示例）

自上而下地证明等价性。先看 And 运算符的左侧，可以观察到整个表达式只在 ((x 为 1) Or (y 为 1)) 时值为 1。再看 And 运算符的右侧，可以观察到整个表达式只在 (z 为 0) 时值为 1。将这两个观察结果结合起来，可以得出结论：只有在 (((x 为 1) Or (y 为 1)) And (z 为 0)) 时，表达式的计算结果为 1。这种 0 和 1 的模式只出现在真值表的第 3、5 和 7 行，确实也只有这几行中表的最右列值为 1。

1.1.2 真值表和布尔表达式

给定以布尔表达式表示的 n 个变量的布尔函数，总是可以构建出该函数的真值表。我

们只需为真值表中的每组值（即每一行）计算出布尔函数对应的值。这种构造方法很费力，但很直接。与之相比，对偶构造（dual construction）则一点也不直接：给定一个布尔函数的真值表表示，是否总是可以合成其对应的布尔函数的布尔表达式？这个问题的答案是**肯定**的。读者可以在附录 A 中找到证明。

当构建计算机时，真值表表示、布尔表达式以及两种表示方法能够互相转换都是非常有用的。例如，假设要求我们构建某个用于 DNA 测序的硬件，生物学家希望使用真值表来描述测序逻辑，而我们的工作是用硬件实现这个逻辑。从给定的真值表数据出发，可以据此合成对应函数的布尔表达式。正如将在本章后面所做的那样，先使用布尔代数对表达式进行简化，再继续用逻辑门来实现它。总的来说，真值表是一种可以方便地描述某些自然状态的手段，而布尔表达式是一种便于硬件实现这种描述的形式化方法。从一种表示形式转换到另一种表示形式的能力是硬件设计中最重要的实践之一。

附带说一下，虽然布尔函数的真值表表示是唯一的，但每个布尔函数可以由许多不同但等价的布尔表达式表示，其中一些表达式更短、更容易处理。例如，表达式 (Not(*x* And *y*) And (Not(*x*) Or *y*) And (Not(*y*) Or *y*)) 等价于表达式 Not(*x*)。通过布尔代数和常识知识可以简化布尔表达式，这种能力是硬件优化的第一步（附录 A 中有详细说明）。

1.2 门

门是一种实现简单布尔函数的物理设备。虽然现在大多数数字计算机都用电来实现门和表示二进制数据，但也可以用任何有开关和导通能力的替代技术来实现。实际上，多年来，已经创造出了许多实现布尔函数的硬件，包括磁性的、光学的、生物的、液压的、气动的、基于量子的，甚至基于多米诺骨牌的机制（其中许多只是异想天开的实现，仅仅为了表明"可以做到"）。今天，通常用蚀刻在硅中的晶体管来实现门，再封装成**芯片**。在本书中，我们会互换地使用**芯片**和门这两个词，将门视为简单的芯片。

一方面，还有其他可用的开关技术；另一方面，布尔代数可用于抽象逻辑门的行为，这两者都非常重要。这就意味着计算机科学家无须担心电、电路、开关、中继器和电源等物理实体。相反，计算机科学家满足于布尔代数和门逻辑这样的抽象概念，坦然相信其他人，也就是物理学家和电气工程师，会知道在硬件上如何实现它们。因此，图 1.4 中所示的基本门可以被视为黑盒设备（以某种方式实现了基本的逻辑操作），但我们不用关心具体是如何实现的。用布尔代数分析逻辑门的抽象行为是由克劳德·香农（Claude Shannon）于 1937 年提出的，相关论文也被认为是计算机科学中最重要的硕士论文之一。

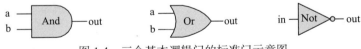

图 1.4 三个基本逻辑门的标准门示意图

基础门与复合门

所有逻辑门都具有相同的输入和输出数据类型（0 和 1），它们可以组合在一起，创建任意复杂度的**复合门**（composite gate）。例如，假设要实现三输入布尔函数 And(*a*, *b*, *c*)，当所有输入都为 1 时返回 1，否则返回 0。使用布尔代数，可以得到 $a \cdot b \cdot c = (a \cdot b) \cdot c$，或者使用前缀表示，即 And(*a*, *b*, *c*)= And(And(*a*, *b*), *c*)。然后，使用这个结果来构建图 1.5

所示的复合门。

任何给定的逻辑门都可以从两个不同的角度——内部和外部来看。图 1.5 的右侧给出的是门的内部结构或**实现**，而左侧给出的是门的**接口**，即其输入和输出引脚以及它向外部世界展示的行为。内部视图仅与门的构建者相关，而对于希望将门作为抽象的现成组件来使用的设计者，这样的外部视图就足够了，无须关心其内部实现。

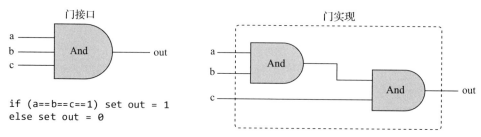

图 1.5　三输入与门的复合实现。矩形虚线轮廓定义了门接口的边界

让我们考虑另一个逻辑设计示例——异或。根据定义，当且仅当 a 为 1 且 b 为 0 或 a 为 0 且 b 为 1 时，Xor(a, b) 才为 1。换句话说，Xor(a, b)=Or(And(a, Not(b)), And(Not(a), b))。图 1.6 给出的逻辑设计实现的就是这个定义。

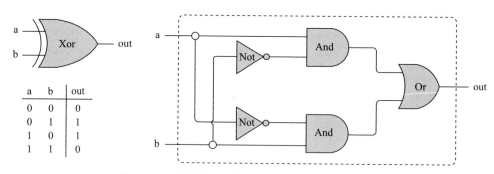

图 1.6　异或门接口（左）和一种可能的实现（右）

请注意，对于任何一个给定的门，其**接口**都是唯一的：只有一种方法来描述它，通常是使用真值表、布尔表达式或文字描述。然而，这个接口可以有多种不同的实现方式，其中一些实现方式可能更加优雅和高效。例如，图 1.6 中的异或实现是一种可能的实现；还有其他更高效的方法来实现异或，会使用更少的逻辑门和更少的门间连接。因此，从功能的角度来说，逻辑设计的基本要求是**门的实现是以某种方式实现其规定的接口**。从效率的角度来说，一般的规则是使用的门尽可能少，因为门越少意味着成本越低、功耗越小、计算速度越快。

总而言之，逻辑设计的艺术可以描述为：在给定门抽象（也称为**规范**或**接口**）的情况下，找到一种使用其他已经实现的门来实现它的高效方法。

1.3　硬件构造

接下来讨论如何制造逻辑门。让我们从一个简单但能说明问题的例子开始。假设我们在家里的车库开了一个芯片制造商店。我们的第一份合同是要制造一百个异或门。我们用订单的预付款购买了一把焊枪、一卷铜线和三个标有"与门""或门"和"非门"的箱子，每个箱子里都装满了这些基本的逻辑门。每个门都封装在一个塑料外壳中，露出一些输入和输出引脚，以及一个电源端口。我们的目标是用这些硬件来实现图 1.6 中的门示意图。

首先取两个与门、两个非门和一个或门，按照图示的布局安装在一块板子上。然后，在它们之间连接电路，将电线的接头焊接到相应的输入/输出引脚上，把这些芯片连接在一起。

现在，如果认真仔细地按照门示意图进行操作，就会得到三个未焊接的电线头。然后，为每个电线头焊接一个引脚，将整个设备密封在一个塑料壳中（只露出这三个引脚），并贴上标签"异或"。不断重复这个装配过程，最后将制造出的所有芯片放在一个新的箱子中，并贴上"异或门"的标签。如果将来需要制造其他芯片，就可以像之前使用与门、或门和非门一样使用这些异或门作为黑盒构建模块。

读者可能已经意识到，在车库里生产芯片的方法有很多问题。首先，不能保证给定的芯片示意图是正确的。对于异或这样的简单情况，我们能够证明其正确性，但对于现实中许多复杂的芯片，我们无法做到这一点。因此，必须依靠经验测试：制造芯片，接通电源，以各种不同的配置激活和禁用输入引脚，并希望芯片的输入/输出行为满足预期的规范。如果芯片不能做到这一点，就不得不修改其物理结构，这是一个相当麻烦的事情。此外，即使找到了一个正确且高效的设计，多次重复芯片的装配过程也是非常耗时且容易出错的。肯定有更好的方法！

1.3.1 硬件描述语言

现在的硬件设计师已不再手工制造任何东西。相反，他们使用一种称为**硬件描述语言**（Hardware Description Language，HDL）的形式化方法来设计芯片体系结构。设计师通过编写 **HDL 程序**来描述芯片逻辑，然后对程序进行一系列严格的测试。这些测试是虚拟的，是通过计算机模拟进行的。测试使用一种特殊的软件工具，称为**硬件模拟器**（hardware simulator），它以 HDL 程序作为输入，创建该芯片逻辑的软件表示。接下来，设计师可以指挥模拟器在不同的输入组合上测试虚拟芯片。模拟器计算芯片的输出，然后将输出与订购该芯片的客户要求的期望输出进行比较。

除了测试芯片的正确性，硬件设计师通常还对很多参数感兴趣，例如设计出来的芯片实现的计算速度、功耗以及总成本。这些参数都可以通过硬件模拟器进行模拟和量化，帮助设计师进行优化，直到模拟芯片达到期望的性价比。

因此，使用 HDL，可以在整个芯片的规划、调试和优化的工作完成之后，再进行物理生产。当模拟芯片的性能能够满足订购它的客户的需求时，这个优化后的 HDL 程序就可以成为实际制造物理芯片的蓝图。芯片设计过程的最后一步（从优化的 HDL 程序到大规模生产）通常外包给专门从事机器芯片制造的公司来完成，它们会使用某种半导体开关技术来实现。

示例：构建一个异或门

本节剩下的部分将通过异或门的例子简要介绍 HDL，详细的 HDL 规范见附录 B。

先看图 1.7 的左下角。一个芯片的 HDL 定义由一个**头**（header）部和一个**组件**（part）部分组成。头部描述芯片的**接口**，列出了芯片的名称及其输入和输出引脚的名称。PARTS 部分描述了构成该芯片体系结构的芯片组件。每个芯片组件由一行**语句**（statement）表示，该语句先描述组件名称，后面跟着一个括号表达式，该表达式描述了它如何与其他组件相连。请注意，要写出这些语句，HDL 程序员必须能够访问所有底层芯片组件的接口：它们的输入和输出引脚的名称，以及它们预期的操作。例如，写出图 1.7 所示的 HDL 程序的程序员必须知道非门的输入和输出引脚的名称分别为 `in` 和 `out`，而与门和或门的输入和输出引脚分别命名为 `a`、`b` 和 `out`（附录 D 中列出了本书中使用的所有芯片的 API）。

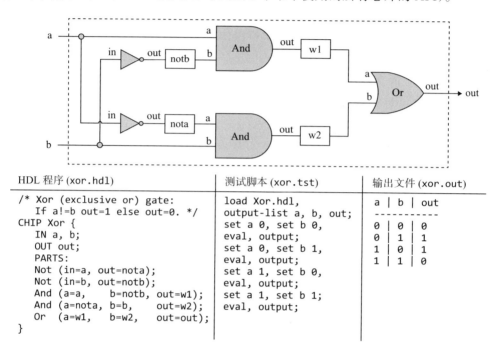

图 1.7　作为示例的布尔函数 Xor(*a*, *b*) = Or(And(*a*, Not(*b*)), And(Not(*a*), *b*)) 的门示意图和 HDL 实现。这里还给出了一个测试脚本以及测试生成的输出文件。附录 B 和附录 C 分别给出了 HDL 和测试语言的详细规范

组件之间的连接是根据需要，通过创建和连接**内部引脚**来指定的。例如，考虑门示意图的底部，非门的输出被传送到后续与门的输入。HDL 代码通过 `Not(…, out=nota)` 和 `And(a=nota, …)` 这一对语句来描述这个连接。第一条语句创建了一个名为 `nota` 的内部引脚（出向连接），并将 `out` 引脚的值传送给它。第二条语句将 `nota` 的值传送到与门的 `a` 输入。这里有两点需要说明。首先，内部引脚会在 HDL 程序中首次出现时被"自动"创建。其次，引脚可以有无限多的扇出（fan-out）。例如，在图 1.7 中，每个输入会同时传送到两个门。在门示意图中，多个连接以分支方式描述。在 HDL 程序中，这种分支的方式是从代码中推断出来的。

在本书中使用的 HDL 看上去类似于工业级 HDL，但要简单许多。本书采用的 HDL 语法大多是不言自明的，看几个例子，在需要时参考一下附录 B 就能学会。

测试

严格的质量保证要求芯片必须以特定的、可复制的且有良好文档记录的方式进行测试。考虑到这一点，硬件模拟器通常被设计为运行以脚本语言编写的**测试脚本**（test script）。图 1.7 中列出的测试脚本是用本书的硬件模拟器能够理解的脚本语言编写的。

我们简要介绍一下这个测试脚本。前两行告诉模拟器加载 Xor.hdl 程序，并准备好打印选定变量的值。然后，脚本列出了一系列测试场景。在每个场景中，脚本指示模拟器将该

芯片的输入绑定为选定的数据值，计算结果输出，并将测试结果记录在指定的输出文件中。对于像异或这样的简单门，可以编写一个详尽的测试脚本，列举门可能获得的所有输入值。在这种情况下，生成的输出文件（图 1.7 右侧）提供了一个完整的经验测试，验证芯片的正常运行。然而，稍后我们将看到，在更复杂的芯片中，这样的确定性是不可能存在的。

准备构建 Hack 计算机的读者会很高兴，本书中出现的所有芯片都附有简单的 HDL 程序并提供了测试脚本，这些资源都可以在本书的软件套件中找到。要完成芯片描述，读者必须学习 HDL，但不一定非要学习测试语言。读者能够阅读和理解提供给你的测试脚本即可。附录 C 给出了脚本语言的规范，读者可以根据需要自行查阅。

1.3.2 硬件模拟

编写和调试 HDL 程序与传统的软件开发类似。主要区别在于，不是用高级语言编写代码，而是用 HDL 编写代码；不是编译和运行代码，而是使用**硬件模拟器**来测试代码。硬件模拟器是一个计算机程序，它知道如何解析和解释 HDL 代码、将其转化为可执行的表示，并根据所提供的测试脚本进行测试。市场上有许多这样的商业硬件模拟器。本书的软件套件包括一个简单的硬件模拟器，提供了构建、测试和集成本书中介绍的所有芯片、构建一台通用计算机所需的工具。图 1.8 展示了一个典型的芯片模拟会话。

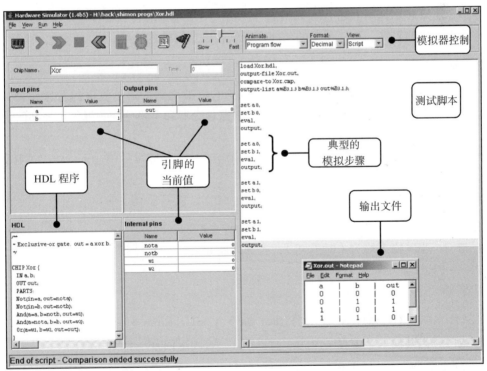

图 1.8 用本书提供的硬件模拟器对 Xor 芯片进行模拟的截图（该模拟器的不同版本的图形用户界面可能略微有些不同）。测试脚本运行完成后，会显示模拟器状态。引脚值对应最后一个模拟步骤（a=b=1）。还有一个**比较文件**（compare file）未在此截图中显示，该文件列出了此特定测试脚本规定的模拟预期输出。与测试脚本一样，比较文件通常由要求构建该芯片的客户提供。在此特定示例中，模拟生成的输出文件（图中右下方）与提供的比较文件完全一致

1.4 规范

现在,我们详细描述一组逻辑门,它们对于构建本书的计算机系统的芯片而言是必不可少的。这些门很普通,每个门都用于执行一个常见的布尔操作。对于每个门,我们将重点关注门的接口(门应该**做什么**),后面的章节再讨论实现细节(**如何构建门的功能**)。

1.4.1 与非门

计算机体系结构的起点是与非门,其他门和芯片都是从它构建而来。与非门实现了以下布尔函数:

a	b	Nand(a,b)
0	0	1
0	1	1
1	0	1
1	1	0

使用 API 风格描述如下:

芯片名称: `Nand`
输入: `a, b`
输出: `out`
功能: `if ((a==1) and (b==1)) then out = 0, else out = 1`

本书中所有芯片都用上述 API 风格进行说明。对于每个芯片,API 规定了芯片的名称、输入和输出引脚的名称、芯片预期的功能或操作,以及可选的注释。

1.4.2 基本逻辑门

这里介绍的逻辑门通常被称为**基本门**,因为它们被用来构建更复杂的芯片。非门、与门、或门和异或门实现了经典的逻辑运算,而多路选择器和多路分配器提供了控制信息流的手段。

- **非门**:也称为**反相器**(inverter),该门输出与其输入值相反的值。下面给出了其 API。

  芯片名称: `Not`
  输入: `in`
  输出: `out`
  功能: `if (in==0) then out = 1, else out = 0`

- **与门**:当其输入均为 1 时返回 1,否则返回 0。

  芯片名称: `And`
  输入: `a, b`
  输出: `out`
  功能: `if ((a==1) and (b==1)) then out = 1, else out = 0`

- **或门**:当其输入至少有一个为 1 时返回 1,否则返回 0。

  芯片名称: `Or`
  输入: `a, b`
  输出: `out`
  功能: `if ((a==0) and (b==0)) then out = 0, else out = 1`

- **异或门**:当其输入中恰好有一个为 1 时返回 1,否则返回 0。

  芯片名称: `Xor`
  输入: `a, b`

输出： out
功能： if (a!=b) then out = 1, else out = 0

- **多路选择器**（Multiplexer）：多路选择器是一种具有三个输入的门（参见图1.9）。两个输入位（名为 a 和 b）是**数据位**，第三个输入位（名为 sel）是**选择位**。多路选择器通过 sel 来选择并输出 a 或者 b 的值。因此，这个设备的一个合理名字应该是 selector。multiplexer 这个名字来自于通信系统，这种设备的扩展版本用于在单个通信通道上序列化（多路复用）多个输入信号。
- **多路分配器**（Demultiplexer）：多路分配器的功能与多路选择器相反，它接收单个输入值，并根据一个选择目标输出的选择位，将该输入值路由到两个可能的输出之一，另一个输出设置为 0。见图 1.10 中的 API。

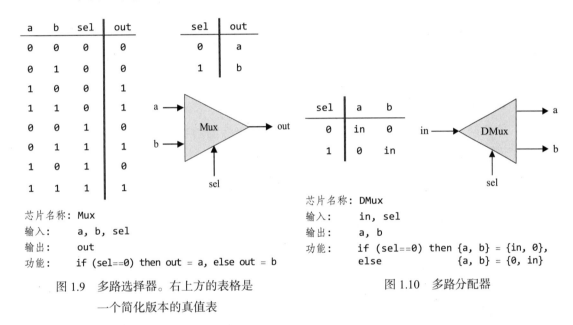

图 1.9　多路选择器。右上方的表格是一个简化版本的真值表

图 1.10　多路分配器

1.4.3　基本门的多位版本

计算机硬件通常被设计成可以处理多位值，例如，对给定的 16 位输入进行按位与运算。本节描述用于构建目标计算机平台所需的多个 16 位逻辑门。值得注意的是，无论 n 的值（例如，16 位、32 位或 64 位）是多少，这些 n 位门的逻辑结构是相同的。HDL 程序处理多位值的方式与单位值类似，不同之处仅在于可以通过索引访问的位有所不同。例如，如果 in 和 out 表示 16 位值，那么 out[3]=in[5] 将 out 的第 3 位设置为 in 的第 5 位的值。位从右到左索引，最右边的位为第 0 位，（在 16 位设置中）最左边的位为第 15 位。

- **多位非门**：一个 n 位非门将布尔运算非应用于其 n 位输入中的每一位：

  芯片名称：Not16
  输入：　　in[16]
  输出：　　out[16]
  功能：　　for i = 0..15 out[i] = Not(in[i])

- **多位与门**：一个 n 位与门将布尔运算与应用于其两个 n 位输入对应的每一对位：

```
芯片名称：And16
输入：   a[16], b[16]
输出：   out[16]
功能：   for i = 0..15 out[i] = And(a[i], b[i])
```

- **多位或门**：一个 n 位或门将布尔运算或应用于其两个 n 位输入对应的每一对位：

```
芯片名称：Or16
输入：   a[16], b[16]
输出：   out[16]
功能：   for i = 0..15 out[i] = Or(a[i], b[i])
```

- **多位多路选择器**：一个 n 位多路选择器的操作与基本的多路选择器完全相同，只是它的输入和输出都是 n 位宽：

```
芯片名称：Mux16
输入：   a[16], b[16], sel
输出：   out[16]
功能：   if (sel==0) then for i = 0..15 out[i] = a[i],
        else for i = 0..15 out[i] = b[i]
```

1.4.4 基本门的多路版本

对一个或两个输入进行运算的逻辑门进行泛化就得到了对两个以上输入进行运算的多路版本。本节描述了一组多路逻辑门，随后会将它们用于我们设计的计算机体系结构中的各种芯片。

- **多路或门**：一个 m 路或门在其 m 个输入位中至少有一个为 1 时输出 1，否则输出 0。我们会需要一个 8 路或门：

```
芯片名称：Or8Way
输入：   in[8]
输出：   out
功能：   out = Or(in[0], in[1],…,in[7])
```

- **多位/多路选择器**：一个 m 路 n 位选择器从其 m 个 n 位输入中选择一个，并将其输出到它自己的 n 位输出。该选择由一组 k 比特的选择位指定，其中 $k = \log_2 m$。下面是一个 4 路选择器的 API：

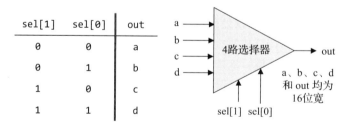

本书的目标计算机平台需要这个芯片的两个变体：一个 16 位 4 路选择器和一个 16 位 8 路选择器：

```
芯片名称：Mux4Way16
输入：   a[16],b[16],c[16],d[16],sel[2]
输出：   out[16]
功能：   if (sel==00,01,10, or 11) then out = a,b,c, or d
注释：   这里的赋值是一个 16 位操作。
        例如，"out = a" 意思是 "for i = 0..15 out[i] = a[i]"。
```

芯片名称：Mux8Way16
输入： a[16],b[16],c[16],d[16],e[16],f[16],g[16],h[16], sel[3]
输出： out[16]
功能： if (sel==000,001,010, …, or 111)
 then out = a,b,c,d, …, or h
注释： 这里的赋值是一个 16 位操作。
 例如，"out = a" 意思是 "for i = 0..15 out[i] = a[i]"。

- **多位/多路分配器**：一个 m 路 n 位分配器将一个 n 位输入路由到其 m 个 n 位输出中的一个，其他输出均设置为 0。选择哪一个输出由一组 k 比特的选择位来指定，其中 $k = \log_2 m$。下面是一个 4 路分配器的 API：

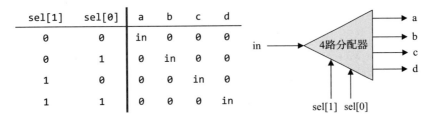

sel[1]	sel[0]	a	b	c	d
0	0	in	0	0	0
0	1	0	in	0	0
1	0	0	0	in	0
1	1	0	0	0	in

我们的目标计算机平台需要这个芯片的两个变体：一个 1 位 4 路分配器和一个 1 位 8 路分配器：

芯片名称：DMux4Way
输入： in, sel[2]
输出： a, b, c, d
功能： if (sel==00)   then {a,b,c,d} = {1,0,0,0},
 else if (sel==01) then {a,b,c,d} = {0,1,0,0},
 else if (sel==10) then {a,b,c,d} = {0,0,1,0},
 else if (sel==11) then {a,b,c,d} = {0,0,0,1}

芯片名称：Dmux8Way
输入： in, sel[3]
输出： a, b, c, d, e, f, g, h
功能： if (sel==000)   then {a,b,c,…, h} = {1,0,0,0,0,0,0,0},
 else if (sel==001) then {a,b,c,…, h} = {0,1,0,0,0,0,0,0},
 else if (sel==010) then {a,b,c,…, h} = {0,0,1,0,0,0,0,0},
 …
 else if (sel==111) then {a,b,c,…, h} = {0,0,0,0,0,0,0,1}

1.5 实现

上一节描述了一系列基本逻辑门的规范或接口。在描述了"是什么"之后，我们现在来讨论"如何"的问题。特别地，我们将着重讨论两种通用的实现逻辑门的方法：**行为模拟**（behavioral simulation）和**硬件实现**（hardware implementation）。这两种方法在本书所有的硬件构建实验中都具有重要作用。

1.5.1 行为模拟

到目前为止，本书给出的芯片描述都是严格抽象的。在着手用 HDL 构建芯片前，如果可以动手尝试对这些抽象进行实验，那该多好。怎么才能做到呢？

如果只想与芯片的行为交互，就无须费时费力地用 HDL 来构建它们。相反，可以选择一种更简单的实现方法：使用传统的编程。例如，用某种面向对象的语言创建一组类，每个类实现一个通用芯片。编写类构造函数来创建芯片实例，编写 eval 方法来对它们的逻辑求值，还可以让这些类彼此交互，从而可以用较低级别的芯片来定义高级芯片。然后，可以添加一个友好的图形用户界面，以便在芯片输入中放入不同的值，对它们的逻辑求值，并观察芯片的输出。这种基于软件的技术（称为**行为模拟**）非常有意义。它使我们能够在开始用 HDL 构建芯片之前先对这些芯片接口进行实验。

本书的硬件模拟器正好提供了这样的服务。除了模拟 HDL 程序的行为（这是它的主要目的）外，该模拟器包括本书硬件实验中构建的所有芯片的内置软件实现。每个芯片的内置版本都实现为一个可执行的软件模块，由一个提供芯片接口的框架 HDL 程序调用。例如，下面是实现异或芯片的内置版本的 HDL 程序：

```
/* Xor (exclusive or) gate:
   If a!=b out=1 else out=0. */
CHIP Xor {
    IN  a, b;
    OUT out;
    BUILTIN Xor;
}
```

将上面的程序与图 1.7 中列出的 HDL 程序进行比较。首先，注意，常规芯片和内置芯片具有完全相同的接口。因此，它们提供完全相同的功能。不过，在内置实现中，PARTS 部分被替换为一条 BUILTIN Xor 语句。这个语句告诉模拟器该芯片是由 Xor.class 实现的。就像所有实现内置芯片的 Java 类文件一样，这个 class 文件位于 nand2tetris/tools/builtIn 文件夹中。

顺便提一下，使用高级语言编程来实现逻辑门并不困难，这也是行为模拟的另一个优点：它成本低，速度又快。当然，在某些时候，硬件工程师必须做真实的事情，即不将芯片实现为软件构件，而是将其实现为可以转化成可以在硅片上实现的 HDL 程序。这是就是我们接下来要做的事情。

1.5.2 硬件实现

本节指导读者如何实现本章中描述的 15 种逻辑门。作为本书的一项原则，我们的实现指南特意描述得很简洁。我们只提供足够你开始动手实践的知识，而探索其余门实现的乐趣留给你自己。

- **与非门**：因为我们决定基于简单的与非门来构建硬件，所以将与非门视为一个基本门，其功能由外部给出。硬件模拟器中有内置的与非门实现，无须实现它。
- **非门**：可以使用单个与非门实现。提示：查看与非门的真值表，思考一下如何组织与非门的输入，输入信号 0 使与非门输出 1，输入信号 1 使与非门输出 0。
- **与门**：可以用前面讨论的两个门实现。
- **或/异或门**：布尔函数 Or 可以使用布尔函数 And 和 Not 定义。布尔函数 Xor 可以使用 And、Not 和 Or 定义。
- **多路选择器/多路分配器**：可以使用前面构建的门实现。
- **多位非门/与门/或门**：假设已经构建了这些门的基本版本，实现 n 位的版本就是

将 n 个基本门排列起来，让每个门分别处理一个输入位。得到的 HDL 代码可能会有点重复（可以使用复制粘贴），但本书后面构建更复杂的芯片时，这些多位门会很有用。
- **多位 2 路选择器**：n 位 2 路选择器的实现方法是：对于 n 位中的每一位都有 1 个 2 路选择器，1 个比特的选择位送到每个 2 路选择器去。同样地，构建这样的芯片的任务有点乏味，但非常有用。
- **多路门**：实现提示——想想叉子的形状。

1.5.3 内置芯片

如在讨论行为模拟时指出的，硬件模拟器提供了本书中描述的大部分芯片的基于软件的内置实现。在本书中，最著名的内置芯片当然是与非门：每次在 HDL 程序中使用与非门芯片组件时，硬件模拟器就会调用 tools/builtIn/Nand.hdl 中的内置实现。这是通用芯片调用策略的一个具体例子：每当硬件模拟器在 HDL 程序中遇到一个芯片组件，比如 *Xxx*，就在当前文件夹中查找 *Xxx*.hdl 文件；如果找到该文件，模拟器会使用其中的 HDL 代码。如果没有找到该文件，模拟器会在 tools/builtIn 文件夹中查找。如果在那里找到该文件，模拟器执行该芯片的内置实现；否则，模拟器会发出错误提示消息并终止模拟。

这个约定非常方便。例如，假设你开始实现 Mux.hdl 程序，但由于某种原因，没有完成。这可能是一个令人懊恼的挫折，因为从理论上讲，你无法继续构建使用 Mux 作为芯片组件的芯片。幸运的是，内置芯片会发挥作用。只需将你未完成的实现重命名一下，比如改为 Mux1.hdl，每次调用硬件模拟器来模拟 Mux 芯片组件的功能时，它在当前文件夹中找不到 Mux.hdl 文件，就会使用内置的 Mux 版本。这正是我们想要的！在以后的某个阶段，你可能会回到 Mux1.hdl，继续未完成的实现。此时，可以恢复其原始文件名 Mux.hdl，并由此继续。

1.6 实验

这一节介绍完成实验 1 所需的工具和资源，并给出推荐的实现步骤和一些提示。

（1）目标

实现本章中介绍的所有逻辑门。读者可以使用的唯一构建块是基本的与非门以及你自己在其上构建出的复合门。

（2）资源

下载包含本书软件套件的本书的压缩文件，将其解压到计算机上一个名为 nand2tetris 的文件夹中。这时，nand2tetris/tools 文件夹将包含本章讨论的硬件模拟器。这个程序加上一个纯文本编辑器，就是完成实验 1 以及本书中描述的其他硬件实验所需的工具。

本章提到的 15 个芯片，除了与非门之外，都应该用附录 B 中描述的 HDL 语言实现。对于每个芯片 *Xxx*，我们提供了一个框架 *Xxx*.hdl 程序（有时被称为存根文件），其中实现部分是缺失的。此外，对于每个芯片，我们还提供了一个 *Xxx*.tst 脚本（告诉硬件模拟器如何对它进行测试），以及一个 *Xxx*.cmp 比较文件（列出了所提供的测试应该生成的正确输出）。所有这些文件都可在 nand2tetris/projects/01 文件夹中找到。读者的任务是完成并测试此文件夹中的所有 *Xxx*.hdl 文件。可以使用任何纯文本编辑器来编写和编辑这些文件。

（3）约定

当加载到硬件模拟器中时，会根据提供的 .tst 文件对你的芯片设计（修改后的 .hdl 程序）进行测试，应该生成所提供的 .cmp 文件中列出的输出。如果模拟器生成的实际输出与期望输出不符，模拟器将停止模拟并产生错误提示消息。

（4）步骤

我们建议按以下步骤进行：

0）在 nand2tetris/tools 文件夹中找到需要的硬件模拟器。

1）根据需要查阅附录 B（HDL）。

2）根据需要查阅硬件模拟器教程（可在 www.nand2tetris.org 上找到）。

3）构建并模拟 nand2tetris/projects/01 中列出的所有芯片。

（5）一般性的实现提示

（本书不区分使用"门"和"芯片"这两个术语。）

- 每个门都可以有多种实现方式。实现越简单越好。一般来说，使用的芯片部件要尽可能少。
- 虽然每个芯片都可以直接从与非门构建，但我们建议最好使用已实现了的复合门。原因见上面一条建议。
- 不需要构建自己设计的"辅助芯片"。你的 HDL 程序应仅使用本章中提到的芯片。
- 按照芯片在本章中出现的顺序来实现它们。如果由于某种原因没有完成某个芯片的 HDL 实现，仍然可以在其他 HDL 程序中将它作为一个芯片部件来使用。只需重命名该芯片文件，或从文件夹中删除它，模拟器就会使用其内置版本。

www.nand2tetris.org 上有实验 1 的在线版本。

1.7 总结与讨论

本章描述了一组在计算机体系结构中广泛使用的基本逻辑门。在第 2 章和第 3 章中，我们将使用这些门来构建处理和存储芯片。然后，使用这些芯片来构建我们的计算机的中央处理器和存储设备。

我们选择用与非门作为基本构建块，但也可以用其他逻辑门作为起点。例如，可以仅使用或非门来构建一个完整的计算机平台，或者使用与门、或门和非门的组合来构建。这些逻辑设计的方法在理论上是等效的，就像同样的几何学可以建立在不同的公理集上一样。原则上，如果电气工程师或物理学家能够找到他们认为合适的、高效且低成本的逻辑门实现技术，我们很乐意将它们用作原始的构建块。不过现实情况是，大多数计算机都是由与非门或者或非门构建的。

在本章中，我们没有关注效率和成本，比如功耗或 HDL 程序中隐含的线交叉的数量。这些考量在实践中至关重要，计算机科学和技术的大量专业知识都集中在优化效率和成本。另一个我们没有讨论的问题是物理方面，例如如何从硅中嵌入的晶体管或其他开关技术构建原始逻辑门。当然，有几种实现方法，每种方法都有其自己的特性（速度、功耗、生产成本等）。要想说清楚这些问题需要涉足计算机科学以外的领域，比如电气工程和固态物理。

下一章将介绍如何使用比特（bit，二进制位）来表示二进制数，以及如何使用逻辑门来实现算术运算。这些功能将基于本章中构建的基本逻辑门来实现。

第 2 章
The Elements Of Computing Systems

布尔运算

> "数数"是这一代人的信仰,是他们的希望和救赎。
>
> ——格特鲁德·斯坦(1874—1946)

在这一章中,我们将构建一组用于表示数字并执行算术运算的芯片。到目前为止,我们已经有了第 1 章中构建的一组逻辑门,我们的目标是设计一个功能完整**算术逻辑单元**(Arithmetic Logic Unit,ALU)。ALU 是**中央处理器**(Central Processing Unit,CPU)的计算核心,是执行计算机处理的所有指令的芯片。因此,构建 ALU 是本书"从与非门到俄罗斯方块"之旅中的一个重要里程碑。

与往常一样,我们逐步完成这项任务。首先介绍背景知识,其中描述了如何使用二进制代码和布尔算术来分别表示有符号整数和实现有符号整数加法。规范部分描述了一系列实现一对 2 位、3 位以及 n 位二进制数相加的**加法器芯片**。这为 ALU 规范打好了基础,ALU 描述的逻辑设计非常简单。实施和实验部分给出了提示和指南,帮助读者用 HDL 和本书提供的硬件模拟器来构建加法器芯片和 ALU。

2.1 算术运算

通用计算机系统至少需要实现以下带符号整数的算术运算:

- 加法
- 符号转换
- 减法
- 比较
- 乘法
- 除法

我们将首先实现执行加法和符号转换的门电路逻辑。然后,介绍如何从这两个基本块实现其他算术运算。

在数学和计算机科学中,**加法**是一个简单而又深奥的运算。令人惊奇的是,数字计算机执行的所有功能(不仅仅是算术运算)都可以归结为二进制数字的加法。因此,理解二进制加法的构造是理解计算机硬件执行的许多基本操作的关键。

2.2 二进制数

某个编码,比如 6083,代表一个用**十进制**表示的数字,通常将这个数字分解为:

$$(6083)_{10} = 6 \cdot 10^3 + 0 \cdot 10^2 + 8 \cdot 10^1 + 3 \cdot 10^0 = 6083$$

十进制编码中每个数字的值取决于**基**(base)10 和该数字在编码中的位置。假设编码 10011 表示一个以 2 为基的数,或者说是一个**二进制**表示。要计算这个数字的值,与前面计算十进制数的过程完全相同，只是使用基 2 代替基 10：

$$(10011)_2 = 1 \cdot 2^4 + 0 \cdot 2^3 + 0 \cdot 2^2 + 1 \cdot 2^1 + 0 \cdot 2^0 = 19$$

在计算机内部，**一切**都是用二进制编码表示的。例如，回答"给出一个质数的例子"，按下键盘上标有 1、9 和 Enter 的键时，计算机内存中最终存储的是二进制编码 10011。当我们要求计算机在屏幕上显示这个值时，会发生以下过程。首先，计算机的操作系统会计算出 10011 表示的十进制值，恰好是 19。将这个整数值转换为两个字符 1 和 9 后，操作系统查找当前的字体并获取用于在屏幕上呈现这两个字符的位图图像。然后，操作系统会让屏幕驱动程序打开和关闭相关的像素，最终我们看到数字 19 的图像出现在屏幕上。整个过程的持续时间非常短暂，转瞬即逝。

在第 12 章中，我们将开发一个执行此类渲染操作的操作系统，它还可以执行其他许多低级服务。从目前来看，数字的十进制表示是一种人类的偏好，在古代的某个时候，人类决定使用自己的十个手指来表示数量，这个习惯一直延续下来。从数学的角度来看，数字 10 平淡无奇，就计算机而言，它只会带来麻烦。计算机用二进制处理**一切**，对十进制毫无兴趣。然而，因为人类坚持要使用十进制编码来处理数字，所以每当人们想要查看或提供数值信息时，计算机就不得不在幕后努力进行二进制到十进制、十进制到二进制的转换。在其他时候，计算机仍然坚持使用二进制。

固定字长

整数当然是无限的，即对于任何给定的数字 x，存在比 x 小的整数，也存在比它大的整数。然而，计算机是有限的机器，要用固定的字长来表示数字。**字长**（word size）是一个常见的硬件术语，用于指定计算机用于表示基本信息块的位数，在这里就是整数值。通常，用于表示整数的有 8 位、16 位、32 位或 64 位寄存器[⊖]。固定字长意味着这些寄存器可以表示的值数量是有限的。

例如，假设使用 8 位寄存器来表示整数。这种表示可以编码 $2^8 = 256$ 个不同的数。如果只希望表示非负整数，可以用 00000000 表示 0，00000001 表示 1，00000010 表示 2，00000011 表示 3，……，11111111 表示 255。通常情况下，使用 n 位，可以表示从 0 到 2^n-1 的所有非负整数。

那么如何使用二进制编码表示负数呢？在本章后面，将介绍一种以最优雅和令人满意的方式应对这一挑战的技术。

如何表示大于或者小于固定寄存器大小允许的最大和最小值的数字呢？每种高级语言都提供抽象方法来处理我们实际想要的大数或者小数。要表示这些数字，这些抽象通常是通过将所需要的多个 n 位寄存器连接在一起来实现的。在多字长数字上执行算术和逻辑操作是一个较慢的过程，建议只在应用程序需要处理非常大或非常小的数字时使用这种做法。

2.3 二进制加法

两个二进制数相加，可以从右到左按位进行，就像在小学学到的十进制加法那样。首先，将两个二进制数的最右边的位，也称为最低位（Least Significant Bit，LSB），相加。

⊖ 这些位数的寄存器分别对应典型的高级语言数据类型 byte、short、int 和 long。例如，当转化为机器级指令时，short 变量可以由 16 位寄存器处理。16 位算术运算的速度是 64 位算术运算的四倍，因此建议程序员使用满足应用程序要求的、最紧凑的数据类型。

然后，将得到的进位位加到下一对位相加的和上。一步一步地进行，直到最左边的两个最高位（Most Significant Bit，MSB）相加。假设使用 4 位固定字长，这一算法的运算示例如下：

```
    0 0 0 1        （进位）      1 1 1 1
    1 0 0 1     x             1 0 1 1
  + 0 1 0 1     y           + 0 1 1 1
    0 1 1 1 0   x+y         1 0 0 1 0
    无溢出                      溢出
```

如果最高位的按位相加产生一个进位 1，这种情况称为**溢出**（overflow）。每个系统对于溢出有自己的处理方式，而我们的决定是忽略它。基本上，只要能保证任何两个 n 位数字相加的结果在 n 位上是正确的，我们就很满意了。顺便说一下，只要很清楚可能产生溢出，忽略它是完全可以接受的。

2.4 有符号二进制数

在一个 n 位二进制系统中，可以编码 2^n 种不同的事物。如果要用二进制编码表示有符号（正 / 负）数字，一个很自然的解决方案就是将可用的编码空间分为两个子集：一个用于表示非负数，另一个用于表示负数。理想情况下，应该选择引入有符号数后使算术运算硬件实现复杂度尽可能小的编码方案。

多年来，为了解决这个挑战，已经提出了多种以二进制表示有符号数的编码方案。今天几乎所有的计算机都使用的解决方案称为**补码**（two's complement），也称为**基数补码法**（radix complement）。在一个使用 n 位字长的二进制系统中，用编码 2^n-x 来表示负数 x 的补码二进制编码。例如，在一个 4 位二进制系统中，用 $2^4-7=9$ 的二进制编码来表示 -7，恰好是 1001。想一想，$+7$ 是由 0111 表示的，而 $1001 + 0111 = 0000$（忽略溢出位）。图 2.1 列出了用补码方法表示的 4 位系统中所有的有符号数。

观察图 2.1 可以看出，采用补码表示的 n 位二进制系统具有以下特性：

- 该系统可以编码 2^n 个有符号数，范围为 -2^{n-1} 到 $2^{n-1}-1$。
- 任何非负数的编码都以 0 开头。
- 任何负数的编码都以 1 开头。
- 要从 x 的二进制编码获得 $-x$ 的二进制编码，从最低位开始，保持遇到的所有的 0 和第一个 1 不变，翻转剩下的所有位（将 0 变为 1，1 变为 0）。或者，翻转 x 的所有位并将结果加 1。

补码表示的一个特别吸引人的特点是，**减法**可以视为加法的特殊情况。例如，考虑 $5-7$。注意这等价于 $5 + (-7)$，根据图 2.1，计算 $0101 + 1001$。结果得到 1110，这确实是 -2 的二进制编码。再看另一个示例：要计算 $(-2) + (-3)$，计算 $1110 + 1101$，得到和 11011。忽略溢出位，得到 1011，这就是 -5 的二

```
0000:   0
0001:   1
0010:   2
0011:   3
0100:   4
0101:   5
0110:   6
0111:   7
1000:  -8    (16 - 8)
1001:  -7    (16 - 7)
1010:  -6    (16 - 6)
1011:  -5    (16 - 5)
1100:  -4    (16 - 4)
1101:  -3    (16 - 3)
1110:  -2    (16 - 2)
1111:  -1    (16 - 1)
```

图 2.1　4 位二进制系统中有符号数的补码表示

进制编码。

可以看到，采用补码方法，只使用非负数加法的硬件就能实现有符号数的加法和减法。

正如将在本书后面看到的那样，从乘法到除法再到平方根，每一种算术运算都可以通过二进制加法来实现。因此，一方面，计算机的大量功能都建立在二进制加法的基础上；另一方面，有了补码方法，就没必要为有符号数的加法和减法设计专门的硬件。综合考虑以上两点，不难得出结论，补码方法是应用计算机科学中最杰出而又鲜为人知的成就之一。

2.5 规范

现在，我们开始描述一些芯片，它们构成层次结构，复杂度逐渐增加，从简单的加法器开始，到最后的算术逻辑单元（ALU）。按本书惯例，我们先关注抽象（这些芯片用来**做什么**），实现细节（**如何实现**）留待下一节。我们要再次强调，多亏有了补码方法，不用特别关注有符号数的处理了。本书介绍的所有算术运算芯片对非负数、负数和混合符号数都同样有效。

2.5.1 加法器

来看看几种复杂度依次增加的加法器：

- **半加器**（half-adder）：用于两个位相加。
- **全加器**（full-adder）：用于三个位相加。
- **加法器**（adder）：用于两个 n 位数字相加。

我们还要描述一种特殊用途的加法器，称为**自增器**（incrementer），它用于将给定的数字加 1。（**半加器**和**全加器**的名称源自实现细节，即一个全加器芯片可以由两个半加器实现，本章后面会进行介绍。）

1）半加器：完成二进制数字相加的第一步是实现 2 个位相加。该操作的结果为一个 2 位数字，右边的位称为和（sum），左边的位称为进位（carry）。图 2.2 展示了执行这个加法操作的芯片。

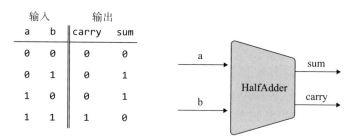

图 2.2 半加器，用于 2 个位相加

2）全加器：图 2.3 展示了 1 个全加器芯片，用于 3 个位相加。与半加器类似，全加器芯片输出 2 个位，它们表示 3 个输入位的加法结果。

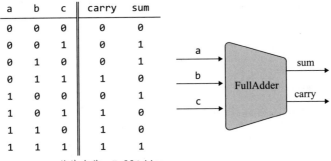

芯片名称：FullAdder
输入：　　a, b, c
输出：　　sum, carry
功能：　　sum　 = LSB of a + b + c
　　　　　carry = MSB of a + b + c

图 2.3　全加器，用于 3 个位相加

- **加法器**：计算机使用像 8 位、16 位、32 位或 64 位这样的固定字长来表示整数。执行这样两个 n 位数字相加的芯片称为**加法器**。图 2.4 展示了一个 16 位的加法器。

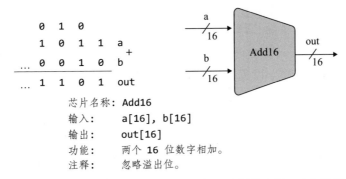

芯片名称：Add16
输入：　　a[16], b[16]
输出：　　out[16]
功能：　　两个 16 位数字相加。
注释：　　忽略溢出位。

图 2.4　16 位加法器，用于两个 16 位数字相加。左侧给出了一个加法操作示例

顺便说一下，16 位加法器的逻辑设计可以轻松扩展到实现任意 n 位加法器的芯片，不管 n 是多少。

- **自增器**：在后续设计计算机架构时，需要一个芯片，将给定的数字加 1（剧透：这用于在执行完当前指令后，从内存中取出下一条指令）。虽然 $x+1$ 操作可以由通用的 Adder 芯片实现，但使用专用的自增器芯片可以更高效地完成这个任务。以下是该芯片的接口：

芯片名称：Inc16
输入：　　in[16]
输出：　　out[16]
功能：　　out = in + 1
注释：　　忽略溢出位。

2.5.2　算术逻辑单元

到目前为止所介绍的加法器芯片都是通用的：任何执行算术运算的计算机都会以某种方式使用这些芯片。基于这些芯片，现在开始描述**算术逻辑单元**（ALU），这是本书 CPU

的计算核心。与迄今为止讨论过的通用门和芯片不同，这里 ALU 的设计是特有的，专门用于本书中构建的名为 Hack 的计算机。尽管如此，Hack ALU 的设计原则是通用和富有启发性的。此外，本书的 ALU 体系结构使用最少的内部组件实现了大量功能。从这个角度来看，它是一个良好示例，展示了高效、优雅的逻辑设计。

顾名思义，算术逻辑单元是一种用于执行一组算术和逻辑运算的芯片。ALU 应该具备**哪些**操作功能，是出于成本效益考虑而得出的设计决策。对于 Hack 平台的设计，我们决定 ALU 只执行整数算术运算（而不执行浮点算术等），即计算图 2.5a 中给出的 18 个算术逻辑函数。

如图 2.5a 所示，Hack ALU 对两个 16 位补码整数进行计算，这两个数分别记为 x 和 y。此外，还有 6 个 1 位的输入，称为**控制位**。这些控制位"告诉" ALU 要计算哪个函数。图 2.5b 给出了具体的规范。

让我们举个例子来说明 ALU 逻辑，假设要计算函数 $x-1$，其中 $x=27$。开始时，将 27 的 16 位二进制编码输入 x。在这个示例中，不关心 y 的值，因为它对所需的计算没有影响。在图 2.5b 中查找 x-1，将 ALU 的控制位设置为 001110。根据规范，这个设置应该会使 ALU 输出表示 26 的二进制编码。

这样就可以了吗？为了找出答案，让我们深入探讨一下，看看 Hack ALU 是如何施展魔法的。注意图 2.5b 中最上面一行，六个控制位的每一位都与一个独立的、带条件的微操作相关联。例如，zx 位与 "如果 (zx==1) 则将 x 设置为 0" 相关联。这六个操作按顺序执行：首先，要么将输入 x 和 y 设置为 0，要么不设置；然后，要么将得到的值取反，要么不取反；接下来，对预处理后的值执行 + 或 & 运算；最后，要么将得到的值取反，要么不取反。所有赋值、取反、加和与操作都是 16 位运算。

有了这个逻辑设计，我们再重新审视与 x-1 有关的行，并验证由 6 个控制位编码的微操作是否确实会导致 ALU 计算 $x-1$。从左到右，可以看到 zx 和 nx 位都是 0，所以既不将输入 x 置零，也不对它取反——让它保持不变。zy 和 ny 位都是 1，所以先将输入 y 置零，然后将得到的值取反，得到 16 位值 1111111111111111。这个二进制代码恰好代表 -1 的补码，可以看到 ALU 的两个数据输入现在分别是 x 的值和 -1。由于 f 位是 1，所选的操作是**加法**，因此 ALU 会计算 $x+(-1)$。最后，由于 no 位是 0，输出不取反。总之，根据规范，如果将 x 和 y 的值输入 ALU，并将 6 个控制位设置为 001110，那么 ALU 将按描述的方式计算 $x-1$。

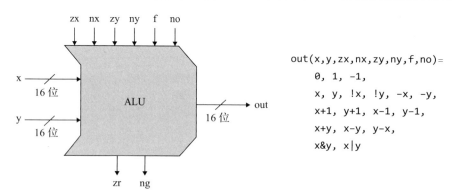

图 2.5a Hack ALU，用于计算右侧显示的 18 个算术逻辑函数（符号 ! 、& 和 | 分别表示 16 位 Not、And 和 Or 运算）。请暂时忽略输出位 zr 和 ng

	预处理输入 x的值		预处理输入 y的值		计算+或者& 	后处理 输出值	得到的 ALU输出
	if zx then x=0	if nx then x=!x	if zy then y=0	if ny then y=!y	if f then out=x+y else out=x&y	if no then out=!out	out(x,y) =
zx	nx	zy	ny	f	no	out
1	0	1	0	1	0	0
1	1	1	1	1	1	1
1	1	1	0	1	0	-1
0	0	1	1	0	0	x
1	1	0	0	0	0	y
0	0	1	1	0	1	!x
1	1	0	0	0	1	!y
0	0	1	1	1	1	-x
1	1	0	0	1	1	-y
0	1	1	1	1	1	x+1
1	1	0	1	1	1	y+1
0	0	1	1	1	0	x-1
1	1	0	0	1	0	y-1
0	0	0	0	1	0	x+y
0	1	0	0	1	1	x-y
0	0	0	1	1	1	y-x
0	0	0	0	0	0	x&y
0	1	0	1	0	1	x|y

图 2.5b　6 个控制位 zx、nx、zy、ny、f 和 no 的值共同决定 ALU 计算出右侧列出的函数中的一个

那么图 2.5b 中列出的其他 17 个函数呢？ALU 是否也如实计算了它们？要验证这一点，读者可以仔细观察表中的其他行，按照与上述相同的过程，执行 6 个控制位编码的微操作，自己找出 ALU 的输出结果。或者，就请相信 ALU 会按照它所说的方式工作。

注意，ALU 实际上计算了总共 64 个函数，因为 6 个控制位编码这么多种可能性。我们决定只使用其中的 18 种，因为这些就足以支持本书目标计算机系统的指令集了。感兴趣的读者可能会发现一些未使用的 ALU 操作也很有意义。不过在 Hack 系统中我们就不选择使用它们了。

Hack ALU 的接口如图 2.5c 所示。请注意，除了基于两个输入计算指定的函数外，ALU 还计算了两个输出位 zr 和 ng。这些位分别用于标志 ALU 的输出是否为零或负数，本书中的计算机系统的 CPU 会使用到这些标志位。

描述设计 ALU 的思考过程可能会对你有所帮助。首先，我们初步列出了希望计算机执行的基本操作（图 2.5b 中最右边的一列）。接下来，反向推理，弄清楚要执行所需的操作，该如何以二进制方式处理 x、y 和 out。根据这些处理要求，以及将 ALU 逻辑设计得尽可能简单的目标，我们决定使用 6 个控制位，每个控制位与一个可以用基本逻辑门轻松实现的简单操作相关联。这样得到的 ALU 既简单又优雅。在硬件领域，简单和优雅就是最好的。

```
Chip name: ALU
Input:    x[16], y[16], // Two 16-bit data inputs
          zx,           // Zero the x input
          nx,           // Negate the x input
          zy,           // Zero the y input
          ny,           // Negate the y input
          f,            // if f==1 out=add(x,y) else out=and(x,y)
          no            // Negate the out output
Output:   out[16],      // 16-bit output
          zr,           // if out==0 zr=1 else zr=0
          ng            // if out<0 ng=1 else ng=0
Function:
          if zx x=0        // 16-bit zero constant
          if nx x=!x       // Bit-wise negation
          if zy y=0        // 16-bit zero constant
          if ny y=!y       // Bit-wise negation
          if f out=x+y     // Integer two's complement addition
          else out=x&y     // Bit-wise And
          if no out=!out   // Bit-wise negation
          if out==0 zr=1 else zr=0   // 16-bit equality comparison
          if out<0 ng=1 else ng=0    // two's complement comparison
Comment:  The overflow bit is ignored.
```

图 2.5c Hack ALU 的 API

2.6 实现

本书特意将实现指导书写的很简洁。在讲解的过程中，我们已经提供了很多实现的提示，现在该轮到读者来发现芯片体系结构中缺失的部分了。

在本节中，当我们说"构建/实现一个逻辑设计，……"时，我们希望读者：①想出逻辑设计（例如，通过绘制门示意图），②编写实现设计的 HDL 代码，③使用提供的测试脚本和硬件模拟器，测试和调试你的设计。下一节中会有更多详细信息来描述实验 2。

1）半加器：仔细观察图 2.2 中的真值表，你会发现输出 sum(a,b) 和 carry(a,b) 恰好与实验 1 中讨论并实现的两个简单布尔函数的输出相同。因此，半加器的实现是很简单的。

2）全加器：一个全加器芯片可以由两个半加器和一个额外的门实现（这就是这些加法器被称为半加器和全加器的原因）。还可以用其他实现方式，比如不使用半加器、直接实现的方法。

3）加法器：两个 n 位数字的相加可以从右到左按位进行。在步骤 0 中，最低两位相加，然后将得到的进位位送到相邻的两个高位加法中。持续这个过程，直到两个最高位相加为止。请注意，每一步都涉及三个位相加，其中一个是从"前一步"加法中传递过来的。

读者可能会好奇，在前两个位计算出进位位之前，怎么能"并行地"把两个位相加呢？答案是，这些计算足够快，可以在一个时钟周期内完成并稳定。本书将在下一章中讨论时钟周期和同步。目前，你可以完全忽略时间因素，你编写的 HDL 代码可以同时操作所有的位来完成加法计算。

4）自增器：一个 n 位的自增器可以用多种不同的方式轻松实现。

5）ALU：本书的 ALU 经过精心设计，可以**在逻辑上**用 6 个控制位控制的简单布尔操作实现所有需要的 ALU 运算。因此，ALU 的**物理**实现可以简化为遵循图 2.5b 最上面列出的伪代码规范来实现这些简单操作。第一步可以是创建一个能够将 16 位值置零和取反的逻辑设计。这个逻辑设计可以用于处理输入 x 和 y 以及输出 out。实验 1 和 2 中已经分别构建了按位与芯片和加法的芯片。因此，剩下的就是构建一个根据控制位 f 来对这两个操作进行选择的逻辑设计了（这个选择逻辑也已经在实验 1 中实现了）。一旦主要的 ALU 功能能正常工作，你就可以继续实现输出位 zr 和 ng 所需的功能了。

2.7 实验

（1）目标

实现本章中介绍的所有芯片。读者所需要的构建块来自于第 1 章中描述的那些门以及在本实验中逐渐构建出的芯片。

（2）内置芯片

正如前面所说的，在本实验中构建的芯片会使用第 1 章中描述的一些芯片作为部件。即使已经成功使用 HDL 构建了这些较低级别的芯片，我们仍然建议读者在这里使用其内置版本。本书中的所有硬件项目的最佳实践建议是，始终优先使用内置芯片部件而不是其HDL 实现。这些内置芯片保证能够按照规范运行，并经过设计以加速硬件模拟器的运行。

遵循这一最佳实践建议的方法很简单：不要将实验 1 中的任何 .hdl 文件拷贝到nand2tetris/projects/02 文件夹中。每当硬件模拟器在 HDL 代码中遇到对实验 1 中芯片部件（如 And16）的引用时，它将检查当前文件夹中是否存在 And16.hdl 文件。如果找不到该文件，硬件模拟器将默认使用该芯片的内置版本，这正是我们想要的。

本实验指导的其余部分与实验 1 的相同。特别是，请记住，良好的 HDL 程序应使用尽可能少的芯片组件，没有必要发明和实现任何"辅助芯片"。你的 HDL 程序应仅使用在第1 章和第 2 章中描述的芯片。

www.nand2tetris.org 上有实验 2 的在线版本。

2.8 总结与讨论

尽管没有关注效率，但本章中介绍的多位加法器的构建是符合要求的。确实，我们建议的加法器实现是低效的，因为进位在 n 位加数中传播会产生延迟。使用称为"**先行进位**"（carry lookahead）启发策略的逻辑电路可以加速此计算。加法是计算机体系结构中最普遍的操作，任何在此低级别上的改进都可以给整个系统带来显著的性能提升。然而在本书中，我们主要关注功能性，芯片优化可以参考更专业的硬件书籍和课程。㊀

任何硬件/软件系统的整体功能都是由 CPU 和运行在硬件平台之上的操作系统共同提供的。因此，在设计新的计算机系统时，如何在 ALU 和操作系统之间划分所需的功能实际上是成本/性能的折中问题。通常，直接用硬件实现算术和逻辑运算比软件实现更高效，但会使硬件平台更昂贵。

㊀ 我们没有在本书的加法器芯片中使用先行进位技术的一个原因是，它们的硬件实现需要循环引脚连接，而本书的硬件模拟器不支持这种连接方式。

本书选择的折中方案是设计一个具有最小功能的基本 ALU，用系统软件根据需要实现其他数学操作。例如，本书的 ALU 既不支持乘法也不支持除法。在本书的第二部分中，当讨论操作系统时（参见第 12 章），我们将实现优雅而高效的位运算算法来实现乘法和除法，以及其他数学运算。运行在 Hack 平台之上的高级语言编译器可以使用这些操作系统例程。因此，当高级语言程序员编写表达式，比如 `x * 12 + sqrt(y)` 时，经过编译后，表达式的一部分将由 ALU 直接计算，而其他部分将由操作系统完成，但高级语言程序员对这种低级别上的工作毫不知情。实际上，操作系统的关键作用之一就是消除程序员使用的高级语言抽象和实现这些抽象的基础硬件之间的鸿沟。

第 3 章

存 储

> 只能回顾过去的记忆是不完整的记忆。
>
> ——刘易斯·卡罗尔（1832—1898）

我们来看看高级语言操作 x=y+17。在第 2 章中，我们展示了如何利用逻辑门来表示数字，以及计算类似 y+17 这样的简单算术表达式。现在，我们将讨论如何使用逻辑门来**在一段时间内存储值**，特别是如何使变量 x 能够"包含"一个值，并持续保持，直到将其设置为另一个值为止。为此，我们将开发一组新的**存储芯片**（memory chip）。

到目前为止，在第 1 章和第 2 章中构建的所有芯片（包括 ALU）都是与时间无关的。这些芯片有时被称为**组合**（combinational）**逻辑**芯片：它们响应不同的输入组合，除了其内部芯片部件完成计算所需的时间，没有其他延迟。在本章中，我们将介绍并构建**时序**（sequential）**逻辑**芯片。与组合逻辑芯片不同，顺序逻辑芯片的输出不仅依赖于当前时刻的输入，还依赖于以前处理过的输入和输出。

毫无疑问，**当前**和**以前**的概念与时间的概念密切相关：你现在记得的是以前记忆的内容。因此，在开始讨论内存之前，必须先弄清楚如何使用逻辑电路来对时间的推移建模。这是通过**时钟**来实现的，它生成一系列我们称为"tick"和"tock"的二进制信号。从一个"tick"的开始到下一个"tock"的结束所经过的时间称为一个**周期**（cycle），这些周期将用于调节计算机使用的所有内存芯片的操作。

在面向用户简要介绍内存设备之后，本书将介绍时序逻辑的艺术，这将用于构建与时间相关的芯片。然后，我们开始构建寄存器、RAM 设备和计数器。这些存储设备（和第 2 章中构建的算术设备）是构建完整的通用计算机系统所需的所有芯片，第 5 章将探讨构建通用计算机系统。

3.1 存储设备

计算机程序使用变量、数组和对象——这些抽象可以持久地保存数据。硬件平台必须提供懂得如何**保持状态**的存储设备来支持这一功能。进化让人类拥有了出色的电化学记忆系统，我们想当然地认为可以持久保存信息。然而，在经典逻辑中实现这一功能是很困难的，因为逻辑既意识不到时间也意识不到状态。因此，我们必须找到一种方法来对时间的推移建模，赋予逻辑门保持状态和响应时间变化的能力。

解决这一挑战的方法是引入一个时钟和一个基本的、与时间相关的逻辑门，这个逻辑门可以在两个稳定状态（一个表示 0，一个表示 1）之间翻转。这个门被称为**数据触发器**（Data Flip-Flop，DFF），它是构建所有存储设备的基本构建块。尽管它扮演着核心角色，但 DFF 是一个低调、不起眼的门，与在计算机体系结构中扮演重要角色的寄存器、RAM

设备和计数器不同，DFF 的使用非常隐蔽，作为低级芯片组件嵌套在其他内存设备中。

从图 3.1 中可以清晰地看出 DFF 的基本作用，它是本书即将构建的存储层次结构的基础。我们将展示如何使用 DFF 来创建 1 位寄存器，如何将 n 个这样的寄存器连接在一起，创建出一个 n 位寄存器。接下来，将构建一个 RAM 设备，它包含任意数量的这种寄存器。本书还将设计一种用于实现**寻址**（addressing）的方式，所谓寻址就是通过地址直接、立即访问 RAM 中任意指定的寄存器。

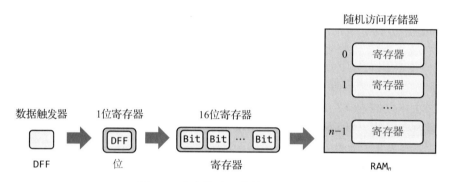

图 3.1 本章构建的存储层次结构

然而，在着手构建这些芯片之前，我们将介绍一种方法和一些工具，以便模拟时间的推移并在一段时间内保持状态。

3.2 时序逻辑

在前两章中讨论的所有芯片都是基于经典逻辑的，是独立于时间的。为了实现存储设备，需要扩展我们的门逻辑，使其不仅能够对输入变化做出响应，还能够对时钟的滴答做出响应：在时间 t 记住了 dog 这个词，因为在时间 $t-1$ 记住了它，一直回溯到第一次记住它的时刻。为了实现这种保持状态的时序能力，我们必须为本书的计算机架构添加一个时间维度，并构建可以使用布尔函数处理时间的工具。

3.2.1 时间很重要

到目前为止，在本书的旅程中，我们一直假定芯片能够瞬时对输入做出响应：将 7、2 和 "substract" 输入 ALU，然后，"呼"的一声，ALU 的输出就变成了 5。实际上，输出总是会有延迟的，原因至少有二。首先，芯片的输入不是凭空出现的，表示它们的信号是从其他芯片的输出传输过来的，这需要时间。其次，芯片执行的计算也需要时间，芯片的部件越多，其逻辑越复杂，就需要更长的时间才能在芯片电路中形成芯片的输出。

因此，时间是一个必须处理的问题。如图 3.2 的顶部所示，时间通常被表示为不可抗拒地向前推移的箭头。这个推移被认为是连续的：在任意两个时间点之间都有另一个时间点，世界的变化可以是无限小的。这种关于时间的概念在哲学家和物理学家中非常流行，但对于计算机科学家来说，它太深奥和神秘了。因此，我们不喜欢将时间视为连续的推移，而更愿意将其分为固定长度的间隔，称为**周期**（cycle）。这种表示是离散的，能够得到周期 1、周期 2、周期 3，等等。与用连续箭头表示的时间不同，周期的间隔是无穷小的，是原子的和不可分割的：世界中的变化仅发生在周期转换时；在周期内，世界保持静止。

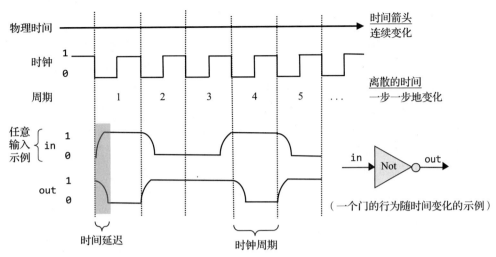

图 3.2 离散的时间表示:只在周期转换时观察状态变化(输入和输出值)。在周期内,忽略状态变化

当然,世界从不静止。然而,通过将时间视为离散的,我们有意忽略连续的变化。我们只关心周期 n 时世界的状态,然后是周期 $n+1$ 时的状态,无须关心每个周期内的状态。就构建计算机体系结构而言,这种离散的时间观有助于实现两个重要的设计目标。首先,它可用于消解与通信和计算时间延迟相关的随机性。其次,它可用于在系统中同步不同芯片的操作(稍后会介绍)。

作为一个例子,让我们来看图 3.2 的底部,跟踪一个非门如何对任意选择的输入做出响应。当向门输入 1 时,需要过一段时间,门的输出才能稳定为 0。然而,根据设计,周期持续时间长于这个时间延迟,因此当周期结束时,该门的输出已经稳定为 0 了。由于只在周期结束时探测世界的状态,因此我们看不到中间的时间延迟;相反,看起来好像给门输入 0,门迅速响应 1。如果在每个周期结束时做同样的观察,就可以得出,当给非门输入某个二进制 x 时,它会立即输出 Not(x)。

细心的读者可能已经注意到,要使这个方案可行,**周期时长**必须大于系统中可能发生的最大时间延迟。实际上,对任何硬件平台来说,周期时长都是重要的设计参数之一:在规划设计计算机时,硬件工程师要选择一个周期时长来满足两个设计目标。一方面,周期应该足够长,以容纳和消解任何可能的时间延迟;另一方面,周期越短,计算机的速度越快,如果操作只在周期转换期间发生,那么显然周期越短操作发生得更快。总之,周期时长应稍长于系统中任何芯片的最大时间延迟。随着开关技术的飞速发展,现在能够创建小到十亿分之一秒的周期,实现了惊人的计算机速度。

通常,时钟周期是由振荡器实现的,该振荡器不断在两个相位之间交替,这两个相位标记为 0-1、低 – 高或者 ticktock(如图 3.2 所示)。从一个 tick 开始到随后的 tock 结束经过的时间称为一个**周期**,每个周期用于描述一个离散的时间单元。当前时钟相位(tick 或 tock)由一个二进制信号表示。通过硬件电路,主时钟信号同时广播到系统中的每个存储芯片。在每个存储芯片中,时钟输入被传输到较低级别的 DFF 门,它用于确保芯片只在时钟周期结束时才会提交新状态,并输出。

3.2.2 触发器

存储芯片用来在一段时间内"记住"或存储信息。实现这种存储抽象的低级设备被称为**触发器门**，它有几种变体。在本书中，我们使用一种名为**数据触发器（DFF）**的变体，其接口包括一位数据输入和一位数据输出（见图 3.3 的顶部）。此外，DFF 还有一个时钟输入，它来自主时钟信号。数据输入和时钟输入使 DFF 能够实现简单的基于时间的行为 out(t)=in(t-1)，其中 in 和 out 是门的输入和输出值，t 是当前的时间单元（从现在开始，我们不区分时间单元和周期这两个术语）。我们不用关心这个行为实际是如何实现的，可以认为在每个时间单元结束时，DFF 输出前一个时间单元输入的值。

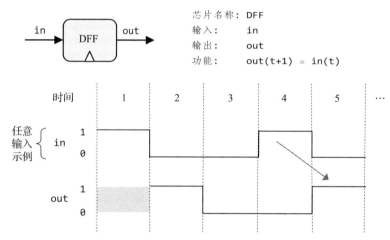

图 3.3 数据触发器（顶部）和行为示例（底部）。在第一个周期中，以前的输入是未知的，因此 DFF 的输出未定义。在随后的每个时间单元中，DFF 都会输出上一个时间单元的输入。按照门示意图的约定，时钟输入由一个小三角形标记，绘制在门符号的底部

与 Nand 门一样，DFF 门位于硬件层次结构的底层。如图 3.1 所示，计算机中的所有存储芯片，包括寄存器、RAM 单元和计数器，都基于 DFF 门。所有 DFF 都连接到同一个主时钟，形成一个巨大的分布式"合唱队"。在每个时钟周期结束时，计算机中所有 DFF 的输出都会提交上一个周期的输入。在其他时间，DFF 都是**锁定的**（latched），这意味着它们输入的变化不会立即影响它们的输出。系统中有大量的 DFF 门，这种传导操作每秒（取决于计算的时钟频率）会多次影响每一个 DFF 门。

硬件实现用专门的时钟总线来实现时间依赖性，这些时钟总线将主时钟信号同时送到系统中的所有 DFF 门。硬件模拟器用软件模拟出同样的效果。特别地，本书的硬件模拟器中有一个时钟图标，允许用户交互式地让时钟向前推进，在测试脚本中也可以以编程的方式使用 tick 和 tock 命令。

3.2.3 组合与时序逻辑

在前两章中实现的所有芯片，从基本逻辑门到最后的 ALU，都被设计为仅响应在当前时钟周期内发生的改变。这些芯片称为**时间无关**（time-independent）芯片，或**组合逻辑**芯片。组合逻辑这个名称隐含了这样一个事实，即这些芯片仅对其输入值的不同组合做出响应，而不关注时间的推移。

相比之下，设计为响应在之前的时间单元（可能还包括当前时间单元）发生的改变的芯片称为**时序逻辑**芯片，或者是**时钟控制的**（clocked）芯片。最基本的时序门是 DFF，任何包含 DFF 芯片组件的芯片（无论是直接包含还是间接包含）都被认为是时序逻辑芯片。图 3.4 描绘了一个典型的时序逻辑配置，其主要元素是一个或多个、直接或者间接包含 DFF 芯片组件的芯片。如图中所示，这些时序芯片也可以与组合芯片交互。反馈回路使得时序芯片能够响应来自上一个时间单元的输入和输出。在组合芯片中，既不会对时间建模，也不识别时间。看上去，引入反馈回路是有问题的：芯片的输出依赖于其输入，而其输入又取决于输出，因此输出将取决于它自身。然而，请注意，只要反馈回路通过了 DFF 门，将输出送到输入就没有问题：DFF 引入了内在的时间延迟，使得时间 t 的输出不依赖于其自身，而是依赖于时间 $t-1$ 的输出。

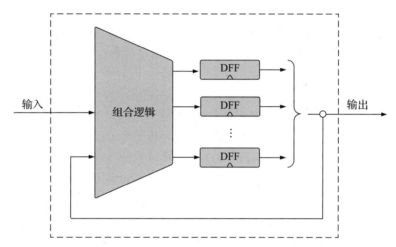

图 3.4　时序逻辑设计通常包括 DFF 门，它们接受来自组合芯片的输入，并将输出连接到组合芯片。这使得时序芯片具有响应当前以及以前输入和输出的能力

时序芯片的时间依赖性有一个重要的副作用，可以用来同步整个计算机架构。例如，假设我们让 ALU 计算 $x+y$，其中 x 是附近寄存器的输出，y 是远处 RAM 寄存器的输出。由于物理约束（如距离、电阻和干扰），表示 x 和 y 的电信号可能会在不同的时间到达 ALU。然而，作为组合芯片，ALU 对时间是无感的——它会持续地对其输入中的任何数据值做加法。因此，它需要一些时间才能将 ALU 的输出稳定为正确的 $x+y$ 结果。在稳定之前，ALU 的输出都是"垃圾"。

如何克服这个难题呢？如果使用离散的方式来表示时间，这根本不会影响我们。我们要做的就是在构建计算机的时钟时，确保时钟周期的持续时间略长于比特位从一个芯片到另一个芯片的最长距离所需的时间，再加上完成芯片内最耗时的计算所需的时间。这样，就可以确保在时钟周期结束时，ALU 的输出会变成有效的。简而言之，这是将一组独立的硬件组件转化为一个同步正确的系统的技巧。在构建第 5 章的计算机架构时，我们将详细地说明这个重要的协调问题。

3.3　规范

现在，我们来详细描述计算机体系结构中常用的存储芯片：

- 数据触发器（DFF）。
- （基于 DFF 的）寄存器。
- （基于寄存器的）RAM 设备。
- （基于寄存器的）计数器。

和前面一样，我们先抽象地描述这些芯片，特别是关注每个芯片的接口：输入、输出和功能。这些芯片是如何提供这些功能的，将在实现部分讨论。

3.3.1 数据触发器

数据触发器（DFF）是我们要使用的最基本的时序设备，也是构建其他存储芯片的基本组件。DFF 芯片具有 1 位数据输入、1 位数据输出、时钟输入以及简单的时序行为：$out(t)=in(t-1)$。

用法：如果将一个 1 位值放入 DFF 的输入，DFF 的状态将被设置为此值，并且将在下一个时间单元中输出该值（参见图 3.3）。在接下来描述的寄存器的实现中，这个简单的操作将被证明非常有用。

3.3.2 寄存器

在此，我们将描述一个 1 位寄存器（名为 Bit）和一个 16 位寄存器（名为 Register）。Bit 芯片用于持续存储一位信息（0 或 1）。芯片接口包括一个输入 in（即数据位）、一个输入 load(用于允许寄存器进行写操作)，以及一个输出 out(用于输出寄存器的当前状态)。Bit 芯片的 API 和输入/输出行为如图 3.5 所示。

图 3.5 描述了 1 位寄存器对于任意 in 和 load 输入，它的行为会如何随时间变化。注意，无论输入值如何，只要 load 位未置 1，寄存器都会被锁住，保持其当前状态。

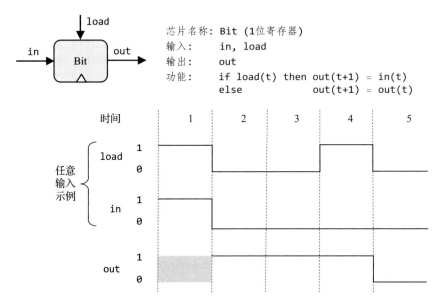

图 3.5　1 位寄存器。存储并输出 1 位值，直到被指示加载新的值

16 位 Register 芯片的行为与 Bit 芯片的行为完全一致，只不过它是用来处理 16 位值的。图 3.6 给出了详细信息。

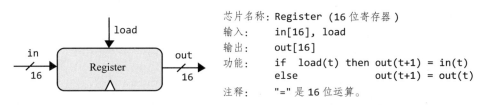

图 3.6 16 位寄存器。存储并输出 16 位值，直到收到加载新值的指令为止

用法：Bit 寄存器和 16 位 Register 的使用方式完全相同。要读取寄存器的状态，就查看 out 的值。要将寄存器的状态设置为 v，就将 v 放入输入 in，并设置 load 位（输入 1）。这会把寄存器的状态设置为 v，并从下一个时间单元开始，寄存器将变为新值，其输出 out 也会输出新值。可以看到，Register 芯片实现了内存设备的经典功能：它会记住并输出最后写入其中的值，直到将其设置为另一个值为止。

3.3.3 RAM

直接访问的存储设备，也称为 RAM，由 n 个寄存器芯片组合而成。指定一个特定的地址（一个介于 0 到 n−1 之间的数字），会选中 RAM 中的一个寄存器用于读/写操作。重要的是，对于任何随机选择的存储器寄存器，访问都是很迅速的，且与寄存器的地址和 RAM 的大小无关。这就是 RAM 设备如此有用的原因：即使包含数十亿个寄存器，仍然可以花相同的访问时间直接访问和操作选定的寄存器。RAM 的 API 如图 3.7 所示。

用法：要读取编号为 m 的寄存器的内容，将输入 address 设置为 m。这个操作将选择的寄存器编号 m，RAM 的输出会给出它的值。要将新值 v 写入编号 m 的寄存器，需要将输入 address 设置为 m，将输入 in 设置为 v，并置 load 位（将其设置为 1）。这个操作将选择编号 m 的寄存器，使之能够写入，并将其值设置为 v。在下一个时间单元，RAM 就可以输出 v 了。

最终结果是，RAM 设备的行为与要求完全一致：一组可寻址的寄存器，每个寄存器都可以独立访问和操作。在读取操作时（load==0），RAM 的输出立即变成选中的寄存器的值。在写操作时（load==1），选中的内存寄存器被设置为输入值，并从下一个时间单元之后，RAM 的输出就变成它了。

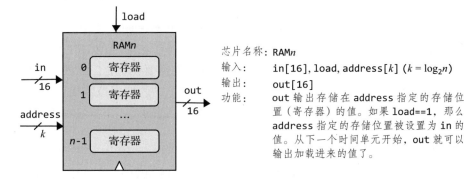

图 3.7 RAM 芯片，由 n 个可以独立选择和操作的 16 位 Register 芯片组成。寄存器地址（0 到 n−1）不是本芯片硬件的一部分。它们是由一个门逻辑实现的，这将在下一节讨论

重要的是，RAM 的实现必须确保对 RAM 中任一寄存器的访问时间都是非常快的。否

则,将无法在合理的时间内取出指令和操作变量,使计算机变得极慢。本书将在实现部分揭示迅速访问的"魔法"。

3.3.4 计数器

计数器(Counter)是一种每个时间单元将其值加 1 的芯片。在第 5 章构建计算机体系结构时,我们称为 Program Counter(程序计数器),或者 PC,在这里我们也使用这个名字。

PC 芯片的接口与寄存器的接口相同,只是它还有标号为 inc 和 reset 的控制位。当 inc==1 时,计数器在每个时钟周期会将其状态值加 1,执行 PC++ 操作。如果要将计数器重置为 0,就设置 reset 位;如果想将计数器设置为值 v,就将 v 送到输入 in,再设置 load 位,就像通常对寄存器所做的那样。详细信息参见图 3.8。

用法:要读取 PC 的当前内容,查看 out 引脚的值。要重置 PC,应设置 reset 位,并将其他控制位设置为 0。要让 PC 在每个时间单元加 1,直到另行通知,应设置 inc 位并将其他控制位设置为 0。要将 PC 设置为值 v,应将输入 in 设置为 v,设置 load 位,并将其他控制位设置为 0。

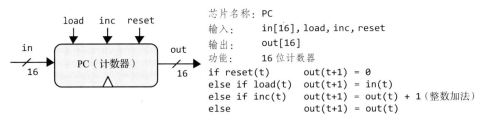

图 3.8 程序计数器(PC)。正确的用法是,load、inc 或 reset 位最多只有一个被设置为 1

3.4 实现

前面的部分介绍了存储芯片的抽象,重点介绍了它们的接口和功能。本节将重点介绍如何使用已经构建的简单芯片来实现这些芯片。像往常一样,本书的实现指导中会给出一些提示,以便你能够使用 HDL 和硬件模拟器完成实现。

3.4.1 数据触发器

DFF 门被设计成能够在两个分别表示 0 和 1 的稳定状态之间"翻转"。可以用几种不同的方式来实现这个功能,包括只使用与非门的方式。基于与非门的 DFF 实现方法优雅,但复杂,而且无法在本书的硬件模拟器中建模,因为它们需要在组合门之间建立反馈回路。为了避免这种复杂性,我们将 DFF 视为基本构建块。本书的硬件模拟器提供了一个内置的 DFF 实现,其他芯片可直接使用,接下来我们就讨论这个问题。

3.4.2 寄存器

寄存器芯片是存储设备:应该实现基本行为 out(t + 1)= out(t),在一段时间内记住并输出寄存器的状态。这看起来与 DFF 的行为类似,即 out(t + 1)= in(t)。将 DFF 的输出回送到它的输入,看上去就是一位 Bit 寄存器实现的雏形了。这个解决方案如图 3.9 左侧所示。

但图 3.9 左侧所示的实现是无效的,有几个原因。首先,该实现没有提供必要的 load

位，这是寄存器接口的一部分。其次，没有办法告诉 DFF 芯片组件何时从线路 in 中获取输入，又何时从作为输入的 out 值中获取输入。事实上，HDL 编程规则禁止将多个源送到同一个引脚。

这个无效设计能够引导我们找到正确的实现，如图 3.9 右侧所示。正如芯片示意图所示，解决输入二义性的一个自然而然的方法是在设计中引入多路选择器。整个寄存器芯片的 load 位可以传送到这个内部多路选择器的**选择位**：如果将 load 位设置为 1，多路选择器将 in 值送到 DFF；若将 load 位设置为 0，多路选择器将 DFF 之前的输出送给 DFF。这将产生"如果 load，将寄存器设置为新值，否则设置为之前存储的值"的行为，这正是我们期望的寄存器的行为方式。

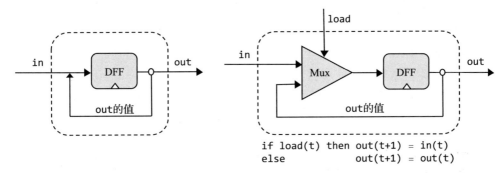

图 3.9 Bit（1 位寄存器）的实现。无效的解决方案（左）和正确的解决方案（右）

请注意，上面描述的反馈回路不涉及**数据竞争**（data race）问题：该回路经过了一个 DFF 门，引入了时间延迟。事实上，图 3.9 中所示的 Bit 设计是图 3.4 所示的一般时序逻辑设计的特殊情况。

完成 1 位 Bit 寄存器的实现后，继续构建 w 位寄存器。这可以通过构建 w 个 Bit 芯片的数组来实现（参见图 3.1）。这种寄存器的基本设计参数是 w，即应该保存的位数，例如 16、32 或 64。由于 Hack 计算机基于 16 位硬件平台，因此本书的 Register 芯片将基于 16 个 Bit 芯片组件构建。

Bit 寄存器是 Hack 架构中唯一直接使用 DFF 门的芯片。Hack 计算机中的所有高级存储设备都间接使用 DFF 芯片，这是因为它们使用的是由 Bit 芯片构成的 Register 芯片。请注意，在任何芯片的设计中包含 DFF 门（直接或间接），都会将该芯片及使用它作为芯片组件的所有高级芯片变成时序逻辑芯片。

3.4.3 RAM

Hack 硬件平台需要一个包含 16K（16 384）个 16 位寄存器的 RAM 设备。我们建议按照以下实现路线图来循序渐进地进行设计：

芯片	n	k	构成：
RAM8	8	3	8 个 Register 芯片
RAM64	64	6	8 个 RAM8 芯片
RAM512	512	9	8 个 RAM64 芯片
RAM4K	4096	12	8 个 RAM512 芯片
RAM16K	16384	14	4 个 RAM4K 芯片

这些内存芯片都具有图 3.7 中给出的 RAMn API。每个 RAM 芯片都有 n 个寄存器，其

地址输入的位宽为 $k=\log_2 n$ 位。我们现在从 RAM8 开始介绍如何实现这些芯片。

对于 $n = 8$，RAM8 芯片包含 8 个寄存器，如图 3.7 所示。可以通过将 RAM8 的 3 位地址输入设置为 0～7 之间的值来选择任意一个寄存器。**读**选中的寄存器值的行为描述如下：给定某个 address（一个 0～7 之间的值），我们如何"选择"编号 address 的寄存器并将其输出送到 RAM8 的输出呢？**提示**：我们可以使用实验 1 中构建的一个组合逻辑芯片来完成。这就是为什么实现读选中的 RAM 寄存器的值如此迅速，它不依赖于时钟和 RAM 中寄存器的数量。类似地，将值写入选中的寄存器的行为描述如下：给定一个 address 值、一个 load 值（1）和一个 16 位 in 值，如何将编号 address 的寄存器的值设置为 in？**提示**：可以将 16 位 in 数据同时送到所有 8 个 Register 芯片的输入 in。使用实验 1 中设计的另一种组合逻辑芯片，以及输入 address 和 load，就可以确保只有一个寄存器会接收传入的 in 值，而其他 7 个寄存器都会忽略它。

顺便说一下，RAM 寄存器物理上没有标记地址。但是，上面描述的逻辑能够根据其地址选择一个寄存器，这是通过使用组合逻辑芯片来实现的。这是一个至关重要的结论：由于组合逻辑是独立于时间的，因此访问任何一个寄存器的时间几乎是瞬时的。

一旦实现了 RAM8 芯片，就可以继续实现 RAM64 芯片。可以用 8 个 RAM8 芯片组件实现 RAM64。为了从 RAM64 存储器中选择一个特定的寄存器，要使用 6 位地址，例如 $xxxyyy$。xxx 位用来选择 8 个 RAM8 芯片中的一个，yyy 位用来在选中的 RAM8 中选择一个寄存器。这种分层寻址方法可以通过门逻辑实现。相同的实现思路可以用于实现 RAM512、RAM4K 和 RAM16K 芯片。

总结一下，我们把大量的寄存器集成在一起，再加上一些组合逻辑，从而能够直接访问其中任意一个寄存器。希望读者能够欣赏这种解决方案之美。

3.4.4 计数器

计数器是一种可以在每个时间单元其值加 1 的存储设备。此外，计数器还可以被设置为 0 或其他某个值。计数器的基本存储和计数功能可以分别由 Register 芯片和在实验 2 中构建的自增器芯片来实现。计数器的 inc、load 和 reset 模式选择的逻辑可以使用在实验 1 中构建的某些多路选择器来实现。

3.5 实验

（1）目标

构建本章中描述的所有芯片。可以使用的构建块包括基本 DFF 门、基于 DFF 门构建的芯片以及在前面章节中构建的门。

（2）资源

完成本实验所需的唯一工具是本书的硬件模拟器。所有芯片都应用附录 B 中规定的 HDL 语言实现。与往常一样，对于每个芯片，本书提供了一个有实现缺失的 .hdl 框架程序、一个告诉硬件模拟器如何测试它的 .tst 脚本文件，以及一个定义了预期结果的 .cmp 比较文件。读者的任务是完成 .hdl 程序中缺失的实现部分。

（3）约定

将你的芯片设计（修改后的 .hdl 程序）加载到硬件模拟器中，使用提供的 .tst 文件进行测试，应该产生提供的 .cmp 文件中列出的输出。如果不是这样，模拟器会给出提示。

（4）提示

数据触发器（DFF）门是基本构造块，无须构建它。当模拟器在 HDL 程序中遇到 DFF 芯片部件时，会自动调用 tools/builtIn/DFF.hdl 实现。

（5）本实验的文件夹结构

在从较低级别的 RAM 芯片组件构建 RAM 芯片时，建议使用它们的内置版本。否则，模拟器将递归生成大量驻留内存的软件对象，每个构成 RAM 单元的芯片组件都对应一个。这会导致模拟器运行缓慢，更糟糕的情况是，会导致运行模拟器的主机内存不足。

为了避免这个问题，我们将在此实验中构建的 RAM 芯片分别放在两个子文件夹中。RAM8.hdl 和 RAM64.hdl 程序存放在 projects/03/a 中，其他更高级别的 RAM 芯片存储在 projects/03/b 中。这种划分只有一个目的：在评测存储在 b 文件夹中的 RAM 芯片时，模拟器将强制使用 RAM64 芯片组件的内置实现，因为在 b 文件夹中找不到 RAM64.hdl。

（6）步骤

我们建议按照以下步骤进行：

1）在 nand2tetris/tools 中找到用于此项目的硬件模拟器。

2）如有需要，请参考附录 B 和硬件模拟器教程。

3）构建并模拟 projects/03 文件夹中指定的所有芯片。

www.nand2tetris.org 上有实验 3 的在线版本。

3.6 总结与讨论

本章描述的所有存储系统的基石是触发器，我们将其抽象地视为一个基本的内置门。通常的方法是以反馈回路连接基本的组合逻辑门（例如与非门）来构建触发器。标准的构造方法是先构建一个非时钟控制的双稳态触发器，即可以被设置为两种状态之一（存储 0 和存储 1）。然后，级联两个这样的非时钟控制的触发器，第一个在时钟周期的上升沿（clock tick）设置，第二个在时钟周期的下降沿（clock tock）设置。这种主–从设计使整个触发器实现了我们所期望的时钟控制的同步功能。

这种触发器的实现既优雅又复杂。在本书中，我们选择将触发器抽象为基本门，以避免深入研究低级触发器的细节。希望探索触发器门内部结构的读者可以在大多数逻辑设计和计算机体系结构教材中找到详细的描述。

不深入研究触发器的原因之一是，现代计算机中使用的存储设备的底层不一定是由触发器门构建的。相反，现代存储芯片经过精心优化，利用了底层存储技术的独特物理特性。现在的计算机设计者可以利用许多这样的替代技术，而使用哪种技术取决于性价比。同样地，我们用来构建 RAM 芯片的递归扩大方法也是优雅的，但不一定高效，可能有更高效的实现。

除了这些物理上的考虑之外，本章描述的所有芯片构造（寄存器、计数器和 RAM 芯片）都是标准的，在每个计算机系统中都能找到。

在第 5 章中，我们将使用本章中构建的寄存器芯片，以及第 2 章中构建的 ALU，来构建一个中央处理单元（CPU）。然后，CPU 将与 RAM 设备结合，形成一个通用的计算机体系结构，能够执行用机器语言编写的程序。下一章中将讨论机器语言。

第 4 章
The Elements Of Computing Systems

机 器 语 言

> 富于想象力的作品应以非常平实的语言书写；想象越是纯粹，其表达就应该越平实。
>
> ——萨缪尔·泰勒·柯勒律治（1772—1834）

在第 1～3 章中，我们构建了处理芯片和存储芯片，通用计算机硬件平台中就集成了这些芯片。在着手完成这个构建工作之前，我们要停下来问一问：设计这台计算机的**目的**究竟是什么？正如建筑师路易斯·沙利文（Louis Sullivan）的名言所说："形式追随功能"。想要理解一个系统或构建一个系统，首先要研究该系统应该提供的功能。因此，在着手完成硬件平台的构建之前，本书将专门用一章来研究这个平台要实现的**机器语言**（machine language）。毕竟，高效地执行用机器语言编写的程序是任何通用计算机的终极功能。

机器语言是一种约定好的形式化体系，用于对机器指令编码。使用这些指令，我们可以指示计算机处理器执行算术和逻辑运算、从计算机的存储器中读取和写入值、测试布尔条件，并决定接下来获取和执行哪一条指令。高级语言的设计目标是跨平台兼容性和表达能力，而机器语言的设计目标是在特定硬件平台上实现直接执行和完全控制。当然，仍然希望机器语言具有普遍性、优雅性和表达能力，但程度仅限于能够满足在硬件上直接和高效执行的需求。

机器语言是计算机领域中最具意义的接口——划分了硬件与软件。它将高级语言程序表达的人类的抽象设计最终被转化为在硅片上执行的物理操作。因此，机器语言既可以被看作一种编程工具，又可以被看作硬件平台的一个组成部分。事实上，正如机器语言是用来控制特定硬件平台的，硬件平台是用来执行以特定机器语言编写的指令的。

本章先介绍低级机器语言编程。然后，详细描述 Hack 机器语言，包括其二进制描述和符号描述。本章最后的实验侧重于编写机器语言程序，这可以为读者提供对低级编程的亲身体验，并为在下一章完成计算机硬件的构建奠定基础。

尽管程序员很少直接用机器语言编写程序，但研究低级编程是对计算机工作原理进行全面和严谨理解的先决条件。此外，理解和掌握低级编程有助于程序员编写出更好、更高效的高级语言程序。最后，即使最复杂的软件系统，在底层也是由一系列简单指令组成的，每条指令完成对底层硬件的基本位操作，观察、实践这个过程是相当令人着迷的。

4.1 机器语言概述

本章的重点不是机器本身，而是用于控制机器的**语言**。因此，我们对硬件平台进行抽象，只关注机器语言指令中明确提到的硬件单元的最小集合。

4.1.1 硬件单元

机器语言是一种约定好的形式化体系，旨在使用**处理器**和**寄存器**来对**存储器**进行操作。

- **存储器（Memory）**：**存储器**一词泛指计算机中存储数据和指令的所有硬件设备。从功能上讲，存储器是一系列连续的单元，也称为**位置**或**存储器寄存器**，每个寄存器都有唯一的**地址**。通过提供地址可访问存储器寄存器。
- **处理器（Processor）**：处理器通常称为**中央处理单元**（Central Processing Unit, CPU），是一种能够执行一组固定基本操作的设备。这些操作包括算术和逻辑运算、存储器访问操作以及控制（也称为**分支**）操作。处理器从选中的寄存器和存储器位置读取输入，并将输出写入选中的寄存器和存储器位置。它包括一个 ALU、一组寄存器和使其能够解析和执行二进制指令的门逻辑电路。
- **寄存器**：处理器和存储器分别实现为两个独立的芯片，将数据从一个芯片移动到另一个芯片是一个比较慢的过程。因此，处理器通常配备一些内置寄存器，每个寄存器能够保存一个值。这些寄存器位于处理器芯片内部，作为高速本地存储器，使处理器能够处理数据和指令，而无须从芯片外部获取数据。

CPU 内部寄存器分为两类：数据寄存器（用于保存数据值）和地址寄存器（其中保存的值可被解释为数据或存储器地址）。在计算机体系结构中，如果将特定值（例如 n）放入地址寄存器，会立即选择地址为 n 的存储器位置⊖。这为对所选存储器位置进行后续操作铺平了道路。

4.1.2 语言

机器语言程序可以用两种等价的方式编写：**二进制**和**符号**。例如，考虑抽象操作"将 R1 设置为 R1+R2 的值"。语言设计者可以决定用 6 位编码 101011 来表示加法操作，使用编码 00001 和 00010 分别表示寄存器 R1 和 R2。将这些代码从左到右组装起来，就得到指令"将 R1 设置为 R1+R2 的值"的 16 位二进制版本 1010110001000001。

在计算机系统发展的早期，人们是手动编程的：当原型机的程序员想要发出指令"将 R1 设置为 R1+R2 的值"时，他们会上下推动机械开关，将类似 1010110001000001 这样的二进制代码存储在计算机的指令存储器中。如果程序包含 100 条指令，他们就必须重复这个过程 100 次。当然，调试此类程序是一场噩梦。于是，程序员发明了符号代码，在将程序输入计算机前，先方便地在纸上记录和调试程序。例如，用符号格式 add R2,R1 来表示语义"将 R1 设置为 R1+R2 的值"以及二进制指令 1010110001000001。

不久之后，就有人想到：可以使用约定的二进制编码来表示像 R、1、2 和 + 这样的符号，为什么不使用符号指令编写程序，然后使用另一个程序——**翻译器**（translator）——将符号指令翻译成可执行的二进制代码呢？这一创新将程序员从编写二进制代码的乏味工作中解放了出来，为随后高级编程语言的涌现铺平了道路。符号表示的机器语言被称为**汇编语言**⊖（assembly language），将它们转换为二进制代码的程序被称为**汇编器**（assembler）。

高级语言的语法是可移植的，与硬件无关的，而汇编语言的语法与目标硬件的底层细节紧密相关：可用的 ALU 操作、寄存器的数量和类型、存储器大小等。由于不同计算机在这些参数上有很大差异，因此存在各种各样的机器语言，每种机器语言都有其晦涩的语法，用于控制特定系列的 CPU。尽管存在这种多样性，但所有机器语言在理论上都是等价的，

⊖ 所谓"立即"是指在同一时钟周期或时间单元内。

⊖ 第 6 章会说明这样称呼的原因。

它们都支持一组类似的通用任务，下面我们就来描述这些任务。

4.1.3 指令

在接下来的内容中，假设计算机的处理器配备了一组寄存器，表示为 R0、R1、R2……。这些寄存器的数量和类型与我们当前的讨论无关。

1. 算术和逻辑运算

每种机器语言都包含执行基本算术运算（如加法和减法）以及基本逻辑运算（如与、或、非）的指令。例如，考虑以下代码段：

```
//两个数相加
load R1,17      // R1 ← 17
load R2,4       // R2 ← 4
add  R1,R1,R2   // R1 ← R1 + R2


//计算逻辑运算
load R1,true    // R1 ← true 的二进制表示
load R2,false   // R2 ← false 的二进制表示
and  R1,R1,R2   // R1 ← R1 与 R2（按位与）
```

要在计算机上执行这样的符号指令，必须先将它们转换成二进制代码。这个转换是由名为**汇编器**的程序完成的，本书将在第 6 章中实现一个汇编器。目前，我们假设已经有了这样一个汇编器，可以根据需要使用它。

2. 存储器访问

每种机器语言都具有访问和操作选中的存储器位置的方法。通常，这是通过一个**地址寄存器**来实现的，我们称这个地址寄存器为 A。例如，假设希望将存储器位置 17 设置为值 1。可以使用两条指令 `load A,17` 和 `load M,1` 来实现，在此我们约定，M 代表由 A 选中的存储器寄存器（即其地址为 A 的当前值的存储器寄存器）。理解了这一点，假设要将存储器位置 200、201、202、…、249 的 50 个存储器位置设置为 1，就执行指令 `load A,200`，然后循环执行 50 次指令 `load M,1` 和 `add A,A,1` 来实现。

3. 流控制

虽然计算机程序默认按顺序一条指令接着一条地执行，但偶尔会**跳转**到不是下一条指令的位置。为了支持这种分支操作，机器语言包含几种条件和无条件 goto 指令，以及标记跳转目标的标签声明语句。图 4.1 展示了一个使用机器语言的简单分支操作。

4. 符号

图 4.1 中的两个版本的代码都是用汇编语言编写的，因此在执行前，这些代码都必须转换为二进制代码。此外，这两个版本执行的逻辑完全相同。然而，使用符号引用的代码版本，编写、调试和维护都更加简单。

此外，与使用物理地址的代码不同，使用符号引用的代码的二进制翻译版本可以加载到计算机存储器中任何可

```
使用物理地址
...
// 将 R1 设置为 0+1+2,…
12: load R1,0
13: add R1,R1,1
...
27: goto 13
...
```

```
使用符号地址
...
// 将 R1 设置为 0+1+2,…
    load R1,0
(LOOP)
    add R1,R1,1
    ...
    goto LOOP
    ...
```

图 4.1　同样一段低级代码的两个版本（假设代码包括一些未在此处描述的循环终止逻辑）

用的存储器段里并执行。因此，不涉及物理地址的低级代码称为**可重定位的**（relocatable）。显然，可重定位的代码在像个人计算机和手机这样的计算机系统中至关重要，它们通常会同时动态加载和执行多个应用程序。因此，可以看到，符号引用不仅解决了美观问题，还使代码摆脱了对主机存储器不必要的物理依赖。

机器语言基础知识的简要介绍就到此为止了，下一节将正式描述一种特定的机器语言——Hack 计算机的原生代码。

4.2　Hack 的机器语言

编写低级代码的程序员（或编写生成低级代码的编译器和解释器的程序员）通过计算机的**接口**与计算机进行抽象地交互，这个**接口**就是计算机的机器语言。尽管程序员无须了解底层计算机体系结构的所有细节，但应该熟悉在他们的低级程序中涉及的硬件单元。

考虑到这一点，我们讨论 Hack 的机器语言时，先给出 Hack 计算机的概念描述。接下来，给出一个用 Hack 汇编语言编写的完整程序示例。有了这些准备工作，本节最后的部分将给出 Hack 语言指令的正式规范。

4.2.1　背景

Hack 计算机的设计（将在下一章中介绍）遵循一个广泛使用的硬件范式，称为冯·诺依曼结构（von Neumann architecture），它以计算先驱约翰·冯·诺依曼（John von Neumann）的名字命名。Hack 是一台 16 位计算机，这意味着 CPU 和存储器单元被设计成处理、传输和存储以 16 位的值组成的块。

1. 存储器

如图 4.2 所示，Hack 平台使用两个不同的存储器单元：**数据存储器**和**指令存储器**。数据存储器存储程序操作的二进制值。指令存储器存储程序的指令，也以二进制值表示。这两个存储器都是 16 位宽，每个存储器具有 15 位地址空间。因此，每个存储单元的最大可寻址大小是 2^{15}，即 32K 个 16 位字（符号 K，是 kilo 的缩写，希腊语中千的意思，通常表示数字 2^{10}=1024）。方便起见，可以将每个存储器单元视为一串线性的可寻址存储器寄存器，地址范围从 0 ~（32K-1）。

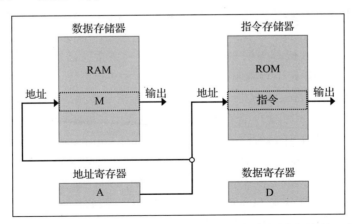

图 4.2　Hack 存储器系统的概念模型。尽管实际架构的连线略有不同（如第 5 章所述），但这个模型有助于理解 Hack 程序的语义

数据存储器（也称为 RAM）是一个可读写的设备。Hack 指令可以从选中的 RAM 寄存器读取数据和向它写入数据。可以通过提供相应的地址来选中某个寄存器。由于存储器的输入 `address` 始终包含某个值，因此始终存在一个选中的寄存器，这个寄存器在 Hack 指令中被称为 M。例如，Hack 指令 `M=0` 将选中的 RAM 寄存器设置为 0。

指令存储器（称之为 ROM）是只读设备，通过某种外部手段将程序加载到其中（第 5 章会详细介绍）。与 RAM 一样，指令存储器的输入 `address` 始终包含某个值，因此，始终存在一个选中的指令存储器寄存器。这个寄存器的值被称为**当前指令**。

2. 寄存器

Hack 指令用于操作三个 16 位寄存器：一个**数据寄存器**，表示为 D；一个**地址寄存器**，表示为 A；一个选中的数据存储器寄存器，表示为 M。Hack 指令的语法简单明了，例如：`D=M`，`M=D+1`，`D=0`，`D=M-1` 等。

数据寄存器 D 的作用很明显：用于存储 16 位值。第二个寄存器 A 既用作地址寄存器又用作数据寄存器。如果希望将值 17 存储在 A 寄存器中，就使用 Hack 指令 `@17`（很快就会看到这样设计语法的原因）。实际上，这是将常量加载到 Hack 计算机的唯一方法。例如，如果想将 D 寄存器设置为 17，要使用两条指令：`@17`，`D=A`。除了用作第二个数据寄存器，多才多艺的 A 寄存器还用于寻址数据存储器和指令存储器，接下来会讨论这个问题。

3. 寻址

Hack 指令 `@xxx` 将 A 寄存器设置为值 *xxx*。此外，`@xxx` 指令有两个副作用。首先，它将地址为 *xxx* 的 RAM 寄存器设为选中的存储器寄存器，这个被选中的存储器寄存器表示为 M。其次，它将地址为 *xxx* 的 ROM 寄存器的值设为选中的指令。因此，将 A 设置为某个值同时为两种非常不同的后续操作做了准备：对选中的数据存储器寄存器或对选中的指令执行某种操作。最终执行哪个操作（忽略哪个操作）是由随后的 Hack 指令确定的。

例如，假设希望将 `RAM[100]` 的值设置为 17。可以使用 Hack 指令 `@17`，`D=A`，`@100`，`M=D` 来完成。注意，在前两条指令中，A 充当数据寄存器；在后两条指令中，A 充当地址寄存器。再看另一个例子：要将 `RAM[100]` 的值设置为 `RAM[200]` 的值，可以使用 Hack 指令 `@200`，`D=M`，`@100`，`M=D`。

在这两个例子中，A 寄存器也同时选中了指令存储器中的寄存器，但都忽略了这个操作的影响。下一小节将讨论相反的情况：使用 A 来选中指令，忽略它对数据存储器的影响。

4. 分支

到目前为止，示例代码都表明 Hack 程序是一组一条接一条顺序执行的指令。这确实是默认的控制流，但如果希望转到非下一条指令的地方开始执行（比如，程序中的第 29 条指令）会发生什么？在 Hack 语言中，可以使用 Hack 指令 `@29`，后跟 Hack 指令 `0;JMP` 来实现。第一条指令选中 `ROM[29]` 寄存器（它同时还选中了 `RAM[29]`，但我们不需要它）。随后的 `0;JMP` 指令实现了 Hack 版本的**无条件分支**（unconditional branching）：跳转到由 A 寄存器寻址的指令执行（稍后我们将解释前缀 `;0`）。由于假定 ROM 中包含着正在执行的程序（从地址 0 开始），指令 `@29` 和 `0;JMP` 最终会使 `ROM[29]` 的值成为下一条要执行的指令。

Hack 语言还支持**条件分支**（conditional branching）。例如，`if D==0 goto 52` 可以使用指令 `@52`，后跟指令 `D;JEQ` 来实现。第二条指令的语义是"计算 D；如果值等于零，则跳转到由 A 选中的地址中的指令并执行"。Hack 语言还包括另外几种类似的条件分支命令，将在本章后面介绍。

回顾一下，A 寄存器具有两种同时进行但又不同的寻址功能。在 @xxx 指令后，要么关注选中的数据存储器寄存器（M）而忽略选中的指令，要么关注选中的指令而忽略选中的数据存储器寄存器。这种二重性有点令人困惑，但请注意，我们成功地使用一个地址寄存器来控制两个独立的存储器设备（参见图 4.2），结果得到一个更简单的计算机体系结构和更紧凑的机器语言。在我们这个领域，崇尚简单和节俭至上。

5. 变量

Hack 指令 @xxx 中的 xxx 可以是常量或符号。指令 @23 将 A 寄存器的值设置为 23。指令 @x 中的 x 是绑定到某个值（比如 513）的符号，会将 A 寄存器设置为 513。使用符号可以赋予 Hack 汇编程序使用**变量**而不是物理存储器地址的能力。例如，典型的高级赋值语句 let x=17 可以在 Hack 语言中实现为 @17，D=A，@x，M=D。这段代码的语义是"选择地址为符号 x 绑定的值的 RAM 寄存器，并将该 RAM 寄存器的值设置为 17"。在这里，我们假设有一个代理，它知道如何将高级语言中的符号（如 x）绑定到数据存储器中合理且一致的地址，这个代理就是汇编器。

有了汇编器，像 x 这样的变量就可以在 Hack 程序中随时按需命名和使用。例如，假设想编写一段代码将某个计数器加 1。一种选择是将这个计数器保存在 RAM[30] 中，并使用指令 @30，M=M+1 使它加 1。更明智的方法是使用 @count，M=M+1，让汇编器来决定将这个变量放在存储器的何处。只要汇编器始终将这个符号解析为该地址，我们就不必关心这个地址具体是什么。在第 6 章中，我们将学习如何设计一个汇编器，它要实现这种非常有用的映射操作。

除了可以根据需要在 Hack 汇编程序中引入符号外，Hack 语言还包括 16 个内置符号，分别命名为 R0，R1，R2，…，R15。汇编器始终会将这些符号绑定到值 0，1，2，…，15。因此，例如，两条 Hack 指令 @R3，M=0 最终会将 RAM[3] 设置为 0。在接下来的内容中，我们有时将 R0，R1，R2，…，R15 称为**虚拟寄存器**。

在继续学习下面的内容之前，我们建议读者仔细复习，确保已经完全理解图 4.3 中给出的代码示例（其中一些已经讨论过了）。

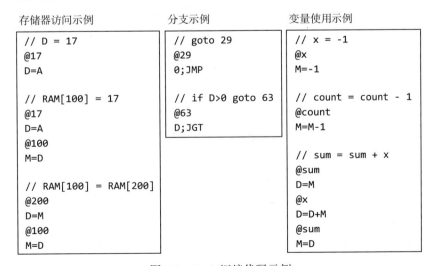

图 4.3　Hack 汇编代码示例

4.2.2 程序示例

让我们来看一个完整的 Hack 汇编程序，Hack 语言的正式描述将在下一小节介绍。在继续讲解之前，要先提醒一点，大多数读者可能会对这个程序晦涩的风格感到困惑，但我们只能说：欢迎来到机器语言编程的世界。与高级语言不同，机器语言不是用来取悦程序员的，而是用来高效、明确地控制硬件平台的。

假设给定值 n，要计算累加和 $1+2+3+\cdots+n$。为了实现这个目标，将输入 n 和 sum 分别存储在 RAM[0] 和 RAM[1] 中。图 4.4 中列出了计算这个和的程序。注意，从伪代码开始，我们没有使用尽人皆知的计算等差数列和的公式，而是使用了暴力加法。这是为了演示 Hack 机器语言中的条件和迭代处理。

伪代码

```
// 程序：Sum1ToN
// 计算  RAM[1]=1+2+3+…+RAM[0]
// 用法：在 RAM[0] 中放入一个≥1 的值
    i = 1
    sum = 0
LOOP:
    if (i > R0) goto STOP
    sum = sum + i
    i = i + 1
    goto LOOP
STOP:
    R1 = sum
```

Hack 汇编代码

```
// 文件：Sum1ToN.asm
// 计算  RAM[1]=1+2+3+…+RAM[0]
// 用法：在 RAM[0] 中放入一个≥1 的值
    // i = 1
    @i
    M=1
    // sum = 0
    @sum
    M=0
(LOOP)
    // if (i > R0) goto STOP
    @i
    D=M
    @R0
    D=D-M
    @STOP
    D;JGT
    // sum = sum + i
    @sum
    D=M
    @i
    D=D+M
    @sum
    M=D
    // i = i + 1
    @i
    M=M+1
    // goto LOOP
    @LOOP
    0;JMP
(STOP)
    // R1 = sum
    @sum
    D=M
    @R1
    M=D
(END)
    @END
    0;JMP
```

图 4.4 Hack 汇编程序（示例）。注意，RAM[0] 和 RAM[1] 可以称为 R0 和 R1

在本章后面的部分，你就能够完全理解这个程序。现在，建议你忽略细节，只观察以下模式：Hack 语言中每个涉及存储器位置的操作都包括两条指令。第一条指令 *@addr* 用于选中目标存储器地址，随后的指令指定在该地址处执行的操作。为了支持这种逻辑，Hack 语言包括两种通用指令，我们已经见过若干例子。比如，**地址指令**，也称为 A 指令（以 @ 开头的指令），以及**计算指令**，也称为 C 指令（除 A 指令外的所有其他指令）。每条指令都有其符号表示和二进制表示，会对计算机产生一定的作用，接下来我们将描述这些内容。

4.2.3 Hack 语言规范

Hack 机器语言由两种指令组成，如图 4.5 所示。

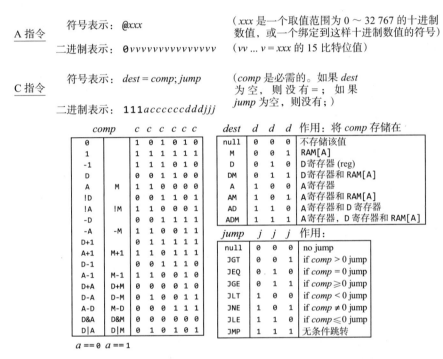

图 4.5 Hack 指令集，包括符号助记符及其对应的二进制编码

1. A 指令

A 指令将 A 寄存器设置为一个 15 比特位的值。二进制表示由两个字段组成：一个操作码（也称为 op-code），为 0（最左边的位）；后面跟着 15 位，它们是一个非负二进制数的编码。例如，符号指令 `@5`，其二进制表示为 0000000000000101，它将 5 的二进制表示存放到 A 寄存器中。

A 指令可以用于三种不同的目的。首先，它提供了在程序控制下将常数输入计算机的唯一一种方法。其次，若随后的 C 指令要操作 RAM 寄存器，则它将 A 设置为待选中寄存器的地址（称为 M）。第三，若随后的 C 指令要跳转，则它将 A 设置为跳转目标地址。

2. C 指令

C 指令回答了三个问题：要计算什么（一个 ALU 运算，表示为 *comp*）、要将计算出的值存储在哪里（*dest*）以及接下来要做什么（*jump*）。C 指令和 A 指令一起确定了该计算机所有可能的操作。

在二进制表示中，最左边的位是 C 指令的 op-code，为 1。接下来的两位未使用，我们约定都设置为 1。接下来的 7 位是 comp 字段的二进制表示，随后的 3 位是 dest 字段的二进制表示。最右边的 3 位是 jump 字段的二进制表示。现在描述这三个字段的语法和语义。

（1）计算规范（comp）

Hack 的 ALU 用于对两个给定的 16 位输入执行特定功能集合中的一个功能。在 Hack 计算机中，ALU 的两个数据输入的连接如下：ALU 的第 1 个输入来自 D 寄存器；当 a 位为 0 时，第 2 个输入来自 A 寄存器，当 a 位为 1 时，第 2 个输入来自 M（被选中的数据存储器寄存器）。综合起来，所计算的函数是由 a 位和组成指令 comp 字段的 6 个 c 位共同确定的。这 7 位最多可以编码 128 种不同的计算，Hack 语言规范中只使用了其中 28 种（在图 4.5 中列出）。

C 指令的格式是 111acccccccdddjjj，假设要计算 D 寄存器的值减 1。根据图 4.5，可以使用符号表示的指令 D-1 来执行此操作，其二进制表示为 1110001110000000（下划线强调的是相关的 7 位 comp 字段）。要计算 D 寄存器和 M 寄存器值之间的按位或，可以使用 D|M 指令（二进制表示为 1111010101000000）。要计算常数 -1，使用 -1 指令（二进制表示为 1110111010000000），依此类推。

（2）目的规范（dest）

ALU 输出可以同时存放到 0 个、1 个、2 个或 3 个可能的目的中。第 1 个和第 2 个 d 位编码表示是否将计算结果分别存放到 A 寄存器和 D 寄存器中。第 3 个 d 位编码表示是否将计算结果存放到 M（当前选中的存储器寄存器）中。这三位中可以有一个或多个被同时设置为 1，或者一个都不设置。

C 指令的格式是 111acccccccdddjjj。假设要将地址为 7 的存储器寄存器的值加 1，并把新值存到 D 寄存器中。根据图 4.5，可以用如下两条指令完成这一功能：

```
0000000000000111 // @7
1111110111011000 // DM=M+1
```

（3）跳转指示（jump）

C 指令的 jump 字段指定下一步做什么。有两种可能性：取出并执行程序中的下一条指令，这是默认操作；或者取出并执行其他指定的指令。在后一种情况中，假定 A 寄存器已经被设置为目标指令的地址。

在运行时，是否跳转由指令中 jump 字段的三个 j 位和 ALU 的输出共同决定。第一个、第二个和第三个 j 位分别指定在 ALU 输出为负、为零或为正时进行跳转。这给出了 8 种可能的跳转条件，如图 4.5 右下角所示。约定用 `0;JMP` 表示无条件跳转指令（因为 comp 字段是必需的，这条指令会计算 0，这是随意选择的 ALU 操作，会忽略其结果）。

（4）防止对 A 寄存器的使用冲突

Hack 计算机对 RAM 和 ROM 寻址使用的是同一个地址寄存器。因此，当我们执行指令 @n 时，实际同时选中了 RAM[n] 和 ROM[n]。这是为后续 C 指令做准备，该 C 指令可以对选中的数据存储寄存器 M 进行操作，也可以指定跳转。为确保只执行这两种操作中的一种，最佳的实践建议是：包含对 M 引用的 C 指令应指定不跳转，反之亦然，指定跳转的 C 指令不应引用 M。

4.2.4 符号

汇编指令可以使用常数或符号来指定存储器位置（地址）。按照功能，符号分为三类：

预定义符号（predefined symbol），表示特殊存储器地址；**标号符号**（label symbol），表示跳转指令的目的；**变量符号**（variable symbol），表示变量。

1. 预定义符号

设计这几种预定义符号旨在提高低级 Hack 程序的一致性和可读性。

（1）R0，R1，…，R15

这些符号绑定到值 0～15。这种预定义绑定有助于提高 Hack 程序的可读性。例如，考虑以下代码段：

```
// 将 RAM[3] 设置为 7
@7
D=A
@R3
M=D
```

指令 @7 将 A 寄存器设置为 7，而 @R3 将 A 寄存器设置为 3。为什么在后一条语句中使用 R，而前一条语句中不用呢？这是因为这样设计无须过多解释，代码也能很容易读懂。在指令 @7 中，语法就提示 A 被用作**数据寄存器**，忽略选中 RAM[7] 的副作用。而在指令 @R3 中，语法提示 A 被用于**选择数据存储器地址**。通常情况下，预定义符号 R0，R1，…，R15 可被视作现成的工作变量，有时被称为**虚拟寄存器**。

（2）SP、LCL、ARG、THIS、THAT

这些符号分别绑定到值 0、1、2、3 和 4。例如，用 @2、@R2 或 @ARG 都可以选中地址 2。这些符号将在本书的第二部分中使用，届时我们将实现运行在 Hack 平台上的编译器和虚拟机。现在可以完全忽略这些符号，这里仅仅是出于完整性而进行描述。

（3）SCREEN、KBD

Hack 程序可以从键盘读取数据，以及在屏幕上显示数据。屏幕和键盘与计算机的接口是两个专用的存储器块，即**内存映射**（memory map）。符号 SCREEN 和 KBD 分别绑定到值 16384 和 24576（十六进制分别为 4000 和 6000），这是约定好的**屏幕内存映射**和**键盘内存映射**的基地址。Hack 程序使用这些符号来操作屏幕和键盘，下一小节中将看到这方面的内容。

2. 标号符号

标号可以出现在 Hack 汇编程序的任何地方，使用语法（xxx）进行声明。这个指示符（directive）将符号 xxx 绑定到程序中下一条指令的地址。使用标号符号的跳转指令可以出现在程序的任何地方，甚至出现在标号的声明之前。我们约定，标号符号使用大写字母。图 4.4 中列出的程序使用了三个标号符号：LOOP、STOP 和 END。

3. 变量符号

Hack 汇编程序中出现的任何符号 xxx，如果既不是预定义的，也不是在其他地方使用（xxx）进行声明的，都被视为变量，并绑定到从 16 开始的唯一的递增编号。我们约定，变量符号使用小写字母。例如，图 4.4 中列出的程序使用了两个变量：i 和 sum。这些符号由汇编器分别绑定到 16 和 17。因此，在翻译后，像 @i 和 @sum 这样的指令最终会分别选择存储器地址 16 和 17。这样约定的妙处在于汇编程序完全不知道物理地址。汇编程序只使用符号，相信汇编器知道如何将它们解析成实际地址。

4.2.5 输入/输出处理

Hack 硬件平台可以连接两个 I/O 外设：屏幕和键盘。这两个设备通过**内存映射**与计算机平台进行交互。

在屏幕上绘制像素是通过将二进制值写入与屏幕相关联的指定存储器段来完成的，而监听键盘是通过读取与键盘相关联的指定存储器位置来完成的。物理 I/O 设备和它们的内存映射是通过主硬件平台外部的连续刷新循环来进行同步的。

1. 屏幕

Hack 计算机与一个黑白屏幕交互，该屏幕有 256 行，每行有 512 个像素。屏幕的内容用内存映射表示，它存储在一个 8K 存储器块中，每个单元是 16 位字，从 RAM 地址 16384（十六进制为 4000）开始，可以使用预定义符号 SCREEN 来引用该存储器块。物理屏幕上的每一行，从屏幕的左上角开始，用 RAM 中 32 个连续的 16 位字表示。我们约定，屏幕原点是左上角，记为第 0 行第 0 列。在这种情况下，位于第 row 行第 col 列的像素被映射到位于 RAM[SCREEN + row 32 + col/16] 的字中的第 col%16 位（从 LSB 往 MSB 数）。这个像素可以被读取（检测它是黑色还是白色），通过设置为 1 变成黑色，或通过设置为 0 变成白色。例如，考虑如下代码段，该代码段将屏幕左上角的前 16 个像素涂黑：

```
// 将 A 寄存器设置为表示屏幕第一行左侧 16 个像素的 RAM 寄存器的地址：
@SCREEN
// 将该 RAM 寄存器设置为 1111111111111111：
M=-1
```

注意，Hack 指令不能直接访问单个像素/位。我们必须从存储器映射中取出完整的 16 位字，确定要操作哪个或哪些位，使用算术/逻辑运算实现操作（不改变其他位），然后将修改后的 16 位字写入存储器。在上面给出的示例中，一次操作就能处理完所有的位，因此无须执行位运算了。

2. 键盘

Hack 计算机可以通过位于 RAM 地址 24576（十六进制为 6000）的一个字的内存映射与标准物理键盘交互，也用预定义符号 KBD 进行引用。约定如下：在物理键盘上按下一个键时，其 16 位字符编码出现在 RAM[KBD] 中。当没有按键时，出现代码 0。Hack 字符集在附录 E 中列出。

到目前为止，有编程经验的读者可能已经注意到，使用汇编语言来操作输入/输出设备是一项烦琐的工作，这是因为他们已经习惯于使用像 write("hello") 或 drawCircle(x,y,radius) 这样的高级语言语句。读者现在应该可以理解，抽象的高级 I/O 语句与最终在硅片上实现它们的按位操作的机器指令之间存在相当大的差距。弥合这一差距的工具之一是**操作系统**，它是一个知道许多事情的程序，包括如何使用像素操作来渲染文本和绘制图形。我们将在本书的第二部分讨论和编写一个操作系统。

4.2.6 语法约定和文件格式

1. 二进制代码文件

按照约定，使用二进制 Hack 语言编写的程序存储在文本文件中，扩展名为 hack，例如，Prog.hack。文件中的每一行都编码了一条二进制指令，是一个 16 个 0 和 1 字符组成的序列。文件中的所有行共同表示一个机器语言程序。约定如下：当将机器语言程序加载到计算机的指令存储器中时，文件第 n 行上的二进制代码存储在指令存储器地址 n 处。程序行号、指令数和存储器地址的计数都从 0 开始。

2. 汇编语言文件

按照约定，使用 Hack 符号汇编语言编写的程序也存储在文本文件中，扩展名为 asm，例如，Prog.asm。汇编语言文件由文本行组成，每个文本行都是一条 A 指令、C 指令、标号声明或注释。

标号声明是一行文本，格式为（$symbol$）。汇编器对这类声明的处理方式就是将 $symbol$ 绑定到程序中下一条指令的地址。这是汇编器处理标号声明时唯一需要做的事情，它不生成任何二进制代码。这就是为什么有时将标号声明称为**伪指令**（pseudo-instruction）：它们仅存在于符号级别，不生成代码。

3. 常量和符号

这些是 @xxx 形式的 A 指令中的 xxx。**常量**是从 $0 \sim (2^{15}-1)$ 的非负值，以十进制表示。**符号**是任何不以数字开头的字母、数字、下划线（_）、点（.）、美元符号（$）和冒号（:）组成的序列。

4. 注释

以双斜杠（//）开头、一直到行末的文本行被视为注释。注释会被忽略。

5. 空白字符

前导空格字符和空行会被忽略。

6. 大小写约定

所有汇编助记符（参见图 4.5）必须是大写字母。按照约定，标号符号也使用大写字母，变量符号使用小写字母。示例请参见图 4.4。

4.3 Hack 编程

本节介绍三个使用 Hack 汇编语言进行低级编程的示例。由于实验 4 重点在于编写 Hack 汇编程序，因此仔细阅读和理解这些示例会对你有所帮助。

1. 示例 1

图 4.6 展示了一个程序，它将 RAM 寄存器中最开始的两个值相加，然后将和再加 17，再将结果存储在第三个 RAM 寄存器中。在运行程序之前，用户（或测试脚本）应该在 RAM[0] 和 RAM[1] 中放入一些值。

该程序说明了如何使用虚拟寄存器 R0，R1，R2 等作为工作变量。该程序还展示了我们推荐的终止 Hack 程序的方法，即做好准备，进入一个无限循环。如果没有这个无限循环，CPU 的取指执行逻辑（在下一章中解释）将继续前进，尝试执行紧随当前程序最后一条指令之后存储在计算机存储器中的任何指令。这可能导致不可预知和具有潜在危险的后果。此处特别设置的无限循环有助于控制和限制 CPU 在完成程序执行后的操作。

2. 示例 2

第二个示例计算了 $1+2+3+\cdots+n$ 的和（其中 n 是第一个 RAM 寄存器的值），计算出的和要放入第二个 RAM 寄存器中。该程序如图 4.4 所示，现在你完全有能力理解它。

该程序说明了符号变量的使用，本例中的 i 和 sum 就是符号变量。该示例还说明了我们推荐的低级程序开发实践原则：不要直接编写汇编代码，而是从编写面向 goto 的伪代码开始。然后，在纸上测试你的伪代码，跟踪关键变量的值。当确信程序逻辑是正确的，它执行了它应该执行的操作时，再继续将每个伪指令表达为一条或多条汇编指令。

```
// 程序：Add.asm
// 计算：RAM[2] = RAM[0] + RAM[1] + 17
// 用法：将值放到 RAM[0] 和 RAM[1] 中
    // D = RAM[0]
    @R0
    D=M
    // D = D + RAM[1]
    @R1
    D=D+M
    // D = D + 17
    @17
    D=D+A
    // RAM[2] = D
    @R2
    M=D
(END)
    @END
    0;JMP
```

图 4.6 一个计算简单算术表达式的 Hack 汇编程序

早在 1843 年，杰出的数学家和作家奥古斯塔·艾达·金-诺埃尔，洛弗莱斯女伯爵（Augusta Ada King-Noel，Countess of Lovelace）就观察到编写和调试符号指令（而不是物理指令）的优点。这一重要洞察成就了她作为历史上第一位程序员的美誉。在她之前，早期使用机械计算机的原型机的程序员被迫直接执行机器操作，编码困难且容易出错。关于符号和物理编程的问题在 1843 年适用，对今天的伪代码和汇编编程也同样适用：对于复杂的程序，编写和测试伪代码，然后将其翻译成汇编指令比直接编写汇编代码更容易、更安全。

3. 示例 3

考虑高级数组处理模式 for i=0 … n {对 arr[i] 做某些操作}。如果希望用汇编表达这个逻辑，那么第一个挑战就是机器语言中不存在数组抽象。但是，如果知道 RAM 中数组的基地址，可以使用指针来访问数组元素，就很容易在汇编中实现这个逻辑。

为了说明指针的概念，假设变量 x 包含值 523，并考虑两种可能的伪指令 x=17 和 *x=17（我们只执行其中一条）。第一条指令将 x 的值设置为 17。第二条指令表明 x 应被视为**指针**（pointer），即一个变量，其值被解释为存储器地址。因此，该指令最终将 RAM[523] 设置为 17，同时保持 x 的值不变。

图 4.7 中的程序展示了 Hack 机器语言中基于指针的数组处理。关键指令是 A=D+M，后面跟着 M=-1。在 Hack 语言中，基本的指针处理方式是使用形如 A=… 的指令，后跟一个操作 M 的 C 指令（M 代表 RAM[A]，即由 A 选中的存储器位置）。正如我们将在本书第二部分中编写编译器时所看到的，这个简单的低级编程方式可以在 Hack 汇编中实现任何高级语言中表达的数组访问或基于对象的 get/set 操作。

```
伪代码                          Hack 汇编代码

// 程序：PointerDemo            // 程序：PointerDemo.asm
// 从基地址 R0 开始,             // 从基地址 R0 开始,
// 将前 R1 个字设置为-1          // 将前 R1 个字设置为-1
n = 0                           // n = 0
LOOP:                           @n
    if (n == R1) goto END       M=0
    *(R0 + n) = -1              (LOOP)
    n = n + 1                       // if (n == R1) goto END
    goto LOOP                       @n
END:                                D=M
                                    @R1
                                    D=D-M
                                    @END
                                    D;JEQ
                                    // *(R0 + n) = -1
                                    @R0
                                    D=M
                                    @n
                                    A=D+M
                                    M=-1
                                    // n = n + 1
                                    @n
                                    M=M+1
                                    // goto LOOP
                                    @LOOP
                                    0;JMP
                                (END)
                                    @END
                                    0;JMP
```

图 4.7 数组处理示例：使用基于指针的方式访问数组元素

4.4 实验

（1）目标

体验低级编程，熟悉 Hack 计算机系统。通过编写和执行两个 Hack 汇编语言编写的低级程序来实现这一目标。

（2）资源

完成这个项目所需的所有资源是 Hack **CPU 模拟器**（可以在 nand2tetris/tools 文件夹中找到）和下面描述的测试脚本（可以在 projects/04 文件夹中找到）。

（3）约定

编写和测试下面描述的两个程序。在提供的 CPU 模拟器上执行时，你的程序应该实现所描述的行为。

- **乘法**（Mult.asm）

该程序的输入是存储在 R0 和 R1（RAM[0] 和 RAM[1]）中的值。程序计算 R0*R1 的乘积，并将结果存储在 R2 中。假设 R0 ≥ 0，R1 ≥ 0，并且 R0*R1<32768（你的程序不需要检测这些条件）。提供的 Mult.tst 和 Mult.cmp 脚本用来在代表性数据值上测试你的程序。

- **I/O 处理**（Fill.asm）

这个程序运行一个无限循环，用于监听键盘。当按下键盘上的任意键时，程序通过在每个像素上写**黑色**来使屏幕变黑。当没有按键按下时，程序在每个像素上写**白色**，从而清

除屏幕。你可以选择以任何空间顺序来黑屏和清屏，只要按键持续时间足够长，使屏幕能完全变黑；以及不按键的时间足够长，使屏幕能够被完全清除。这个程序有一个测试脚本（Fill.tst），但没有比较文件，可以在 CPU 模拟器的模拟屏幕上通过视觉直接检查结果。

（4）CPU 模拟器

这个程序放在 nand2tetris/tools 中，提供了对 Hack 计算机的可视化模拟（参见图 4.8）。该程序的 GUI 显示了计算机指令存储器（ROM）、数据存储器（RAM）、两个寄存器 A 和 D、程序计数器 PC 以及 ALU 的当前状态，还显示了计算机屏幕的当前状态，并允许通过键盘进行输入。

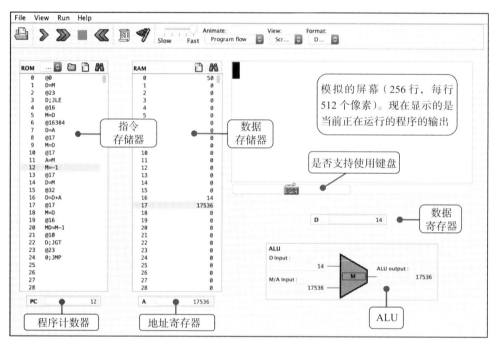

图 4.8 CPU 模拟器，程序加载到指令存储器（ROM）中，数据加载到数据存储器（RAM）中。该图显示了程序执行过程中的一个快照

使用 CPU 模拟器的一般方式是将机器语言程序加载到 ROM 中，执行该代码，并观察其对模拟的硬件组件的影响。重要的是，CPU 模拟器可以加载二进制的 .hack 文件，也可以加载 Hack 汇编语言编写的符号表示的 .asm 文件。在后一种情况下，模拟器会在执行时将汇编程序转换为二进制代码。可以很方便地以二进制和符号表示两种形式查看加载进来的代码。

由于提供的 CPU 模拟器具有内置的汇编器，因此在本实验中无须使用单独的 Hack 汇编器。

（5）步骤

我们建议按照以下步骤进行实验：

步骤 0：提供的 CPU 模拟器位于 nand2tetris/tools 文件夹中。如果需要帮助，请查看 www.nand2tetris.org 上提供的教程。

步骤 1：使用纯文本编辑器编写 / 编辑 Mult.asm 程序。可以从 projects/04/mult/Mult.

asm 中的框架程序开始。

步骤 2：将 Mult.asm 加载到 CPU 模拟器中。可以通过交互方式完成，也可以通过加载并执行提供的 Mult.tst 脚本来完成。

步骤 3：运行脚本。如果遇到任何翻译或运行时错误，请返回步骤 1。

对于第二个程序的编写，使用 projects/04/fill 文件夹，遵循步骤 1～3。

（6）调试提示

Hack 语言区分大小写。一个常见的汇编编程错误是在程序的不同部分中写入 @foo 和 @Foo，以为两个指令指的是同一个符号。实际上，汇编器会生成并管理两个毫不相关的变量。

www.nand2tetris.org 上有实验 4 的在线版本。

4.5 总结与讨论

Hack 机器语言是很基础的。典型的机器语言包括更多的操作、更多的数据类型、更多的寄存器和更多的指令格式。在语法方面，本书选择为 Hack 语言提供了比传统汇编语言更轻松的外观和感觉。特别是，我们为 C 指令选择了更友好的语法，例如使用 D=D+M，而不是许多机器语言中常见的前缀语法 add M,D。然而，读者应该注意，这只是一种语法效果。例如，在操作编码 D+M 中，+ 字符完全没有代数含义。相反，D+M 作为一个整体，被视为单个汇编助记符，用于对一个 ALU 操作编码。

赋予机器语言特殊风格的主要特征之一是一条指令中可以有多少个存储器地址。在这方面，简约的 Hack 语言可以被描述为 **1/2 地址**机器语言：由于在一条 16 位指令中没有足够的空间来同时包含指令代码和 15 位地址，涉及存储器访问的操作需要两条 Hack 指令：一条用于指定要操作的地址，另一条用于指定操作。相比之下，许多机器语言在每条机器指令中都可以指定一个操作和至少一个地址。

事实上，Hack 汇编代码通常最终成为 A 指令和 C 指令的交替序列：@sum 之后是 M=0，@LOOP 之后是 0;JMP，以此类推。如果觉得这种编码风格烦琐或另类，可以很容易地引入更友好的**宏指令**（macro-instruction），如将 sum=0 和 goto LOOP 引入到语言中，使 Hack 汇编代码更短、更易读。关键在于要扩展汇编器，将每条宏指令翻译成对应的两条 Hack 指令，这是一个相对简单的调整。

本章中多次提到的汇编器是一个负责将符号汇编程序翻译成二进制代码的程序。此外，汇编器还负责管理汇编程序中用到的所有系统定义和用户定义的符号，并将它们解析为物理存储器地址，并注入到生成的二进制代码中。我们将在第 6 章中重拾这个翻译任务，届时将专门讨论理解和构建汇编器。

第 5 章
The Elements Of Computing Systems

计算机体系结构

> 让一切变得尽可能简单，但不要过于简单。
>
> ——阿尔伯特·爱因斯坦（1879—1955）

这一章是本书硬件之旅的巅峰。现在已经准备好将在第 1 ~ 3 章中构建的芯片集成到一起，组成一台通用计算机系统，它可以运行第 4 章中介绍的机器语言编写的程序。我们要构建的这款计算机称为 Hack，它具有两个重要特点。一方面，Hack 是一台简单的机器，使用之前构建的芯片和提供给你的硬件模拟器，可以在几小时内将其构建完成。另一方面，Hack 足够强大，能够用于说明任何通用计算机的关键运行原则和硬件组件。因此，构建 Hack 能使读者获得对现代计算机工作和构建原理的一手理解。

5.1 节先概述冯·诺依曼体系结构——这是计算机科学的核心原理，支撑着几乎所有现代计算机的设计。Hack 平台是冯·诺依曼机器的一个变体，5.2 节给出了它精确的硬件描述。5.3 节描述了如何用之前构建的芯片（特别是在实验项目 2 中构建的 ALU 以及在实验项目 3 中构建的寄存器和存储器设备）来实现 Hack 平台。5.4 节描述了要求读者构建这台计算机的实验项目。5.5 节是总结与讨论。我们将 Hack 机器与工业级计算机进行了比较，并强调了优化在后者中起到的关键作用。

我们努力构造出来的这台计算机会尽可能简单，但不会过于简单。一方面，这台计算机基于的硬件配置是最小且优雅的；另一方面，这台计算机的配置足够强大，能够执行使用本书第二部分中介绍的类似 Java 的编程语言编写的程序。这种语言将支持开发涉及图形和动画的交互式计算机游戏和应用程序，提供出色的性能和令人满意的用户体验。为了在裸机硬件平台上实现这些高级应用程序，需要构造一个编译器、一个虚拟机和一个操作系统。这些工作将在第二部分完成。现在，让我们将到目前为止构建的芯片集成为一个完整的通用硬件平台，从而结束本书第一部分的介绍。

5.1 计算机体系结构基础

5.1.1 存储程序的概念

与我们周围所有的机器相比，数字计算机最引人注目的特点是其惊人的多功能性。它是一种具有有限和固定硬件的机器，但可以执行无限种任务，从玩游戏到排版书籍再到驾驶汽车。这种已经被我们视为理所应当的令人叹为观止的多功能性得益于一种很早就出现的称为**存储程序**（stored program）的概念。存储程序的概念在 20 世纪 30 年代由多位科学家和工程师提出，至今仍然被认为是现代计算机科学最值得称道的发明，也是现代计算机科学的基础。

就像许多科学突破一样，存储程序的基本思想非常简单。计算机基于一个固定的硬件平台，能够执行一套固定的简单指令。与此同时，这些指令可以像积木一样进行组合，产生任意复杂的程序。而且，这些程序的逻辑没有嵌入在硬件中，而20世纪30年代之前的机械计算机都是这样设计的。而利用存储程序的思想，程序的代码被临时存储在计算机的存储器中，就像**数据**一样，成为了所谓的**软件**。由于计算机的操作通过当前执行的软件对用户进行展现，因此每次加载不同程序时，相同硬件平台的行为可以完全不同。

5.1.2 冯·诺依曼体系结构

存储程序的概念是抽象和实际计算机模型的关键要素，其中最著名的是图灵机（1936年）和冯·诺依曼机（1945年）。图灵机是一个抽象模型，描述了一台貌似非常简单的计算机，主要用于理论计算机科学，用于分析计算的逻辑基础。相比之下，冯·诺依曼机是一个实际模型，影响了今天几乎所有计算机平台的构建。

冯·诺依曼体系结构如图 5.1 所示，它基于一个中央处理单元（CPU），与存储器设备互动，从某个输入设备接收数据，并将数据传送到某个输出设备。这个体系结构的核心是存储程序的概念：计算机的存储器不仅存储计算机操作的数据，还存储指令，告诉计算机应该执行什么操作。下面我们详细地探讨这种体系结构。

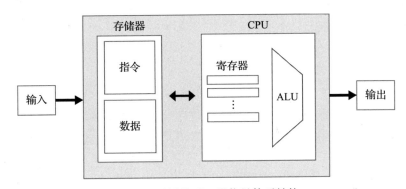

图 5.1 通用的冯·诺依曼体系结构

5.1.3 存储器

计算机的**存储器**可以从物理和逻辑两个角度来讨论。从物理上看，存储器是由可寻址的固定大小的**寄存器**组成的线性序列，每个寄存器都有唯一的地址和一个值。从逻辑上看，这个地址空间有两个作用：存储数据和存储指令。"指令字"和"数据字"的实现方式完全相同，都是位的序列。

无论作用如何，所有的存储器寄存器都是以相同的方式处理的：要访问特定的存储器寄存器，就要提供寄存器的地址。这个操作也称为**寻址**（addressing），它提供了对寄存器数据的直接访问。"**随机访问存储器**"一词来源于一个重要的需求，即可以在同一周期（或时间步）内瞬间访问每个随机选择的存储器寄存器，而不用考虑存储器的大小和寄存器的位置。这一需求在有数十亿寄存器的存储单元中显然很重要。在实验3中构建了 RAM 设备的读者会知道，我们已经满足了这一需求。

在接下来的内容中，本书将把专用于数据的存储器区域称为**数据存储器**，将专用于指令的存储器区域称为**指令存储器**。在冯·诺依曼体系结构的某些变体中，数据存储器和指令存储器是在同一物理地址空间中根据需要动态分配和管理的。在有些变体中，数据存储器和指令存储器保存在两个物理上独立的存储器组件中，每个存储器都有自己独立的地址空间。这两种方案各有优缺点，本书稍后将讨论。

1. 数据存储器

高级语言程序是用来对抽象概念（如变量、数组和对象）进行操作的。然而，在硬件级别，这些数据抽象是通过存储在存储器寄存器中的二进制值来实现的。具体来说，将高级语言翻译成机器语言后，抽象数组处理和对对象的 get/set 操作都会转化为对选中的存储器寄存器的**读取**和**写入**。要读取寄存器，需要提供一个地址并获得所选中寄存器的值。要写入寄存器，则要提供一个地址并将新值存储到所选中的寄存器，覆盖其先前的值。

2. 指令存储器

必须先将高级语言程序翻译成目标计算机的机器语言，才能在目标计算机上执行。每个高级语言语句都会被翻译成一条或多条低级指令，这些指令会以二进制值的形式写入一个文件中，该文件被称为程序的**二进制**（binary）或**可执行**（executable）版本。在运行程序之前，必须先从一个大的存储设备加载其二进制版本，并将其指令序列化到计算机的**指令存储器**中。

从计算机体系结构的角度来看，**如何**将程序加载到计算机的存储器中被认为是一个外部问题。重要的是，当调用 CPU 来执行一个程序时，该程序的代码已经存在于计算机的存储器中了。

5.1.4 中央处理单元

中央处理单元（CPU）是计算机体系结构的核心，负责执行当前正在运行程序的指令。每条指令告诉 CPU 执行哪种计算、访问哪些寄存器，以及要读取和执行的下一条指令。CPU 执行这些任务时要使用三个组件：算术逻辑单元（ALU）、一组寄存器和控制单元。

1. 算术逻辑单元

ALU 芯片用于执行该计算机所支持的所有低级算术和逻辑运算。典型的 ALU 可以执行两个给定值的加法、计算它们的按位与操作、比较它们是否相等，等等。ALU 应该具备多少功能是一个设计决策。一般来说，ALU 不支持的任何功能都可以后续在硬件平台上运行系统软件来实现。这里的权衡很简单：硬件实现通常更高效，但会导致硬件更昂贵，而软件实现成本较低但效率不高。

2. 寄存器

在执行计算的过程中，CPU 经常需要临时存储中间值。理论上，可以将这些值存储在存储器寄存器中，但这将涉及 CPU 和 RAM 之间的远程传输（CPU 和 RAM 是两个不同的芯片）。这种延迟会使 CPU 内部的 ALU 变得痛苦不堪，因为 ALU 是一个超快速的组合逻辑计算器。于是，会出现一种称为"**饥饿**"的状态，当快速处理器依赖缓慢的数据存储来提供输入和消耗输出时会引发这种状态。

为了避免"饥饿"并提高性能，通常会在 CPU 上配备一组少量的高速**寄存器**（相对昂贵），作为处理器的即时内存。这些寄存器有各种用途，可以作为**数据寄存器**存储临时值，作为**地址寄存器**存储用于对 RAM 寻址的值，作为**程序计数器**存储下一条应该取出和执行的指令的地址，以及作为**指令寄存器**存储当前指令。典型的 CPU 有几十个这样的寄存器，但我们简单的 Hack 计算机只需要三个寄存器。

3. 控制

计算机指令是一组结构化的微代码，即一个或多个位的序列，用于给不同的设备发信号，告诉它们要做什么。因此，在执行指令之前，必须先将其解码为微代码。然后，将每个微代码路由到 CPU 内指定的硬件设备（ALU、寄存器、存储器），告诉设备如何参与指令的整体执行。

4. 取指-执行

在程序执行的每一步（周期）中，CPU 从指令存储器中提取一条二进制机器指令，对其进行解码，并执行它。在指令执行中，CPU 还要确定要取出并执行的下一条指令。这种周而复始的过程也被称为**取指-执行周期**。

5.1.5 输入和输出

计算机使用各种各样的输入和输出（I/O）设备与其外部环境进行交互，这些设备包括屏幕、键盘、存储设备、打印机、麦克风、扬声器、网络接口卡等，以及让人眼花缭乱的传感器和触发器，它们嵌入在汽车、相机、助听器、警报系统以及我们周围的各种小工具中。本书不讨论这些 I/O 设备，原因有二。首先，每一个 I/O 设备代表一种独特的装置，需要了解其专门的工程知识。其次，正因为这个原因，计算机科学家们设计了巧妙的方案来抽象掉这种复杂性，使所有 I/O 设备在计算机看来都是一样的。这种抽象的关键思想称为**内存映射**⊖（memory-mapped）I/O。

内存映射的基本思想是创建 I/O 设备的二进制模拟，使其对 CPU 而言就像是一个常规的线性内存段。实现方式是为每个 I/O 设备分配计算机内存中的指定区域，将其作为设备的内存映射。对于像键盘这样的输入设备，内存映射会持续反映设备的物理状态：当用户在键盘上按下一个键时，表示该键的二进制编码会出现在键盘的内存映射中。对于像屏幕这样的输出设备，屏幕会持续反映其指定内存映射的状态：当在屏幕的内存映射中写入一个位时，屏幕上相应的像素会打开或关闭。

I/O 设备和内存映射每秒被刷新或同步多次，因此从用户的角度来看，响应时间似乎是很快的。从编程的角度来看，关键的含义是低级计算机程序可以通过操作其指定的内存映射来访问任何 I/O 设备。

内存映射的规则基于几项约定。首先，驱动每个 I/O 设备的数据必须被序列化或映射到计算机的内存中，因此称为**内存映射**。例如，屏幕是一个二维像素网格，它可以映射到一个一维的固定大小的存储器寄存器块上。其次，每个 I/O 设备都需要支持一个约定好的交互协议，以便程序以可预测的方式访问它。例如，应该决定哪些二进制编码表示键盘上的哪些键。鉴于计算机平台、I/O 设备和硬件/软件供应商众多，读者应该可以理解达成共识的行业**标准**在实现这些低级交互协议中所起的关键作用。

内存映射 I/O 的实际影响是巨大的：计算机系统完全独立于与其交互或可能与其交互的 I/O 设备的数量、性质或制造商。当想要将新的 I/O 设备连接到计算机时，只需要为它分配一个新的内存映射，并记下映射的基址（这些一次性的配置由**安装**程序执行）。另一个必要的部分是**设备驱动**程序，它被添加到计算机的操作系统中。这个程序在 I/O 设备的内

⊖ 在本书前面的章节中，未对 memory 一词做特别说明，统一翻译成存储器，而不是内存。但是 memory-mapping 通常被翻译为内存映射，所以为了统一，本节中与之相关的 memory 都被译作内存。——译者注

存映射数据与该数据在物理 I/O 设备上的呈现或设备产生数据的方式之间建立起了桥梁。

5.2 Hack 硬件平台规范

到目前为止所描述的体系结构是任何通用计算机系统的特征。现在我们来描述这个体系结构的一个变体：Hack 计算机。与本书中通常的做法一样，我们从抽象开始，先关注这个计算机用来做什么。计算机的实现方式（**如何做到的**）将在稍后描述。

5.2.1 概述

Hack 平台是一个 16 位的冯·诺依曼机，专门用于执行使用 Hack 机器语言编写的程序。为了实现这一目标，Hack 平台由一个 CPU、两个单独的存储器模块（分别用作**指令存储器**和**数据存储器**），以及两个内存映射的 I/O 设备（**屏幕和键盘**）组成。

Hack 计算机执行存储在指令存储器中的程序。在 Hack 平台的物理实现中，指令存储器可以用只读存储器（ROM）芯片实现，ROM 芯片可以预先加载好所需的程序。基于软件的 Hack 计算机模拟器提供将 Hack 机器语言程序文本文件加载到指令存储器的方法。

Hack CPU 由实验项目 2 中构建的 ALU 和 3 个寄存器组成，这些寄存器分别命名为**数据寄存器**（D）、**地址寄存器**（A）和**程序计数器**（PC）。D 寄存器和 A 寄存器为实验项目 3 中构建的寄存器芯片，程序计数器为实验项目 3 中构建的 PC 芯片。尽管 D 寄存器仅用于存储数据值，但 A 寄存器根据所处的上下文可以具有三种不同的目的：存储数据值（类似于 D 寄存器）、选中指令存储中的地址或选中数据存储器中的地址。

Hack CPU 旨在执行使用 Hack 机器语言编写的指令。对于 A 指令，指令的 16 位被视为一个二进制值，加载到 A 寄存器中。对于 C 指令，指令被视为一组控制位，这些位指定了 CPU 内不同芯片部件执行的各种微操作。接下来将详细描述 CPU 如何将这些微代码转化为具体操作。

5.2.2 中央处理单元

Hack CPU 的接口如图 5.2 所示。CPU 用于根据第 4 章中介绍的 Hack 机器语言规范来执行 16 位的指令。此 CPU 由一个 ALU、两个名为 A 和 D 的寄存器以及一个名为 PC 的程序计数器组成（这些内部芯片组件在 CPU 外部不可见）。CPU 会连接到指令存储器，从中取出要执行的指令；还会连接到数据存储器，从中可以读取或向其写入数据值。输入 inM 和输出 outM 保存 C 指令语法中称为 M 的值。输出 addressM 保存 outM 应写入的地址。

如果输入 instruction 是一条 A 指令，那么 CPU 将 16 位指令值加载到 A 寄存器中。如果 instruction 是一条 C 指令，则 CPU 会让 ALU 执行该指令指定的计算，同时将该值存储在指令指定的 {A, D, M} 目标寄存器中。如果目标寄存器包括 M，则 CPU 的输出 outM 设置为 ALU 的输出，并且 CPU 的输出 writeM 设置为 1；否则，writeM 设置为 0，outM 中可为任意值。

只要输入 reset 为 0，则 CPU 使用当前指令的 ALU 输出和跳转位来决定下一条要取出的指令。如果 reset 为 1，那么 CPU 将 pc 设置为 0。在本章后面，我们会将 CPU 的输出 pc 连接到指令存储器芯片的输入 address，后者会输出下一条指令。这种方式实现了取指 – 执行周期的取指步骤。

CPU 的输出 outM 和 writeM 由**组合逻辑**实现，因此，指令执行会立即影响它们。输出 addressM 和 pc 是**时钟驱动**的：尽管它们也会受到指令执行的影响，但只会在下一个时间步中输出其新值。

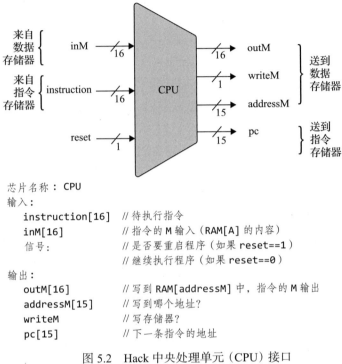

图 5.2　Hack 中央处理单元（CPU）接口

5.2.3　指令存储器

Hack 的**指令存储器**称为 ROM32K，如图 5.3 所示。

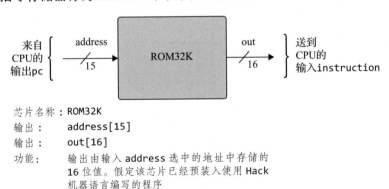

图 5.3　Hack 的指令存储器接口

5.2.4　输入 / 输出

对 Hack 计算机的输入 / 输出设备的访问是通过计算机的**数据存储器**实现的，这是一个由 32K 个可寻址的 16 位寄存器组成的读 / 写 RAM 设备。除了充当计算机的通用数据存储器外，数据存储器还在 CPU 和计算机的输入 / 输出设备之间建立接口，接下来我们将对这个方面进行描述。

Hack 平台可以连接两个外围设备：**屏幕**和**键盘**。这两个设备通过称为**内存映射**的指定内存区域与计算机平台交互。具体来说，可以通过在称为**屏幕内存映射**的指定内存段中写入 16 位值来在屏幕上绘制图像。同样，可以通过检测称为**键盘内存映射**的指定的 16 位存储器寄存器来确定当前按下了键盘上的哪个键。

屏幕内存映射和键盘内存映射是由计算机外部的外围设备的刷新逻辑不断更新的，更新频率是每秒多次。因此，当屏幕内存映射中的一个或多个位修改时，改变会立即反映在物理屏幕上。同样，当在物理键盘上按下键时，按下的键的字符编码会立即出现在键盘内存映射中。有鉴于此，当低级程序想要从键盘上读取内容或在屏幕上写入内容时，程序会对这些 I/O 设备的各自内存映射进行操作。

在 Hack 计算机平台上，屏幕内存映射和键盘内存映射是由两个内置芯片 Screen 和 Keyboard 实现的。这些芯片的行为类似于标准存储设备，并且具有不断同步 I/O 设备和它们各自内存映射的作用。下面将详细说明这些芯片。

1. 屏幕

Hack 计算机可以与由 256 行、每行 512 个黑白像素组成的物理屏幕交互，这是一个 131 072 个像素的网格。计算机通过内存映射与物理屏幕交互，这个内存映射由 8K 个 16 位寄存器的存储器芯片实现。这个芯片名为 Screen，它的行为类似于普通的内存芯片，也就是说可以使用常规的 RAM 接口对它进行读写操作。此外，Screen 芯片能够将它的任何一个位的状态不断反映在物理屏幕的一个对应的像素上（1= 黑色，0= 白色）。

物理屏幕是一个二维地址空间，每个像素由行和列来标识。高级编程语言通常提供一个图形库，允许通过提供（row，column）坐标来访问单个像素。然而，在低级别上表示这个二维屏幕的内存映射是一个由 16 位字组成的一维序列，每个字由提供的地址标识。因此，不能直接访问单个像素。相反，必须找出目标位位于哪个字，然后访问并操作包含该像素所在的整个 16 位字。图 5.4 详细描述了这两个地址空间之间的准确映射关系。这个映射将由操作系统的屏幕驱动程序实现，我们将在本书的第二部分中实现这个程序。

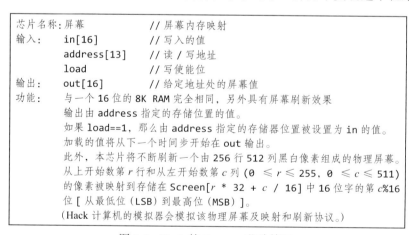

图 5.4 Hack 的 Screen 芯片接口

2. 键盘

Hack 计算机可以像个人计算机一样与物理键盘交互。计算机通过内存映射与物理键盘交互，这是由 Keyboard 芯片实现的，其接口如图 5.5 所示。芯片接口与一个只读的 16 位寄存器相同。此外，Keyboard 芯片具有反映物理键盘状态的效果：当在物理键盘上按下某个键时，相应字符的 16 位编码将通过 Keyboard 芯片的输出给出。当没有按下键时，芯片输出 0。附录 E 中给出了 Hack 计算机支持的字符集，其中包括每个字符的编码。

5.2.5 数据存储器

Hack 的**数据存储器**的整个地址空间由一个名为 Memory 的芯片实现。该芯片本质上由三个 16 位芯片组件组成：RAM16K（16K 个寄存器的 RAM 芯片，作为通用数据存储器）、Screen（内置的 8K 个寄存器的 RAM 芯片，作为屏幕内存映射）和 Keyboard（内置的寄存器芯片，作为键盘内存映射）。完整的说明在图 5.6 中给出。

```
Chip name: Keyboard     // 键盘内存映射
Output:    out[16]
功能：      输出物理键盘上当前按下的键的 16 位字符编码，
           如果没有按键按下，就输出 0。
           (Hack 计算机的模拟器会模拟这个刷新协议。)
```

图 5.5　Hack 的 Keyboard 芯片接口

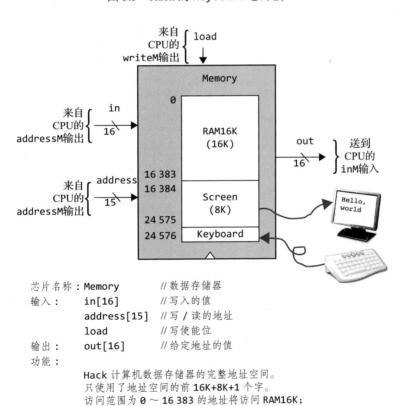

图 5.6　Hack 的数据存储器接口。注意，十进制值 16 384 和 24 576 分别对应十六进制值 4000 和 6000

5.2.6 计算机

Hack 硬件层次结构中的最高层组件是一个名为 Computer 的片上计算机芯片（参见图 5.7）。Computer 芯片可以连接到屏幕和键盘。用户可以看到屏幕、键盘以及一个名为 reset 的单个位输入。当用户将此位设置为 1，再设置为 0 时，计算机开始执行当前加载的程序。从此时开始，用户完全依赖软件。

这种启动逻辑实现了通常称为"引导（booting）计算机"的过程。例如，当你启动个人计算机或手机时，设备被设置为运行一个 ROM 中的程序。然后，该程序将操作系统的内核（也是一个程序）加载到 RAM 中并开始执行。然后，内核执行一个进程（另一个程序），监听计算机的输入设备，如键盘、鼠标、触摸屏、麦克风等。在某个时刻，用户会执行某些操作，操作系统将通过运行另一个进程或调用某个程序来响应。

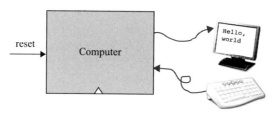

芯片名称： Computer
输入： reset
功能：
当 reset==0 时，计算机中存储的程序将执行；
当 reset==1 时，重新开始执行程序。
要启动程序的执行，请将 reset 设置为 1，然后再设置为 0。
（假设计算机的指令存储器中加载了用 Hack 机器语言编写的程序。）

图 5.7　Hack 硬件平台顶层的芯片 Computer 的接口

在 Hack 计算机中，软件由一个 16 位指令的二进制序列组成，这些指令以 Hack 机器语言编写，存储在计算机的指令存储器中。通常，二进制代码是用某种高级语言编写的程序的低级版本，经过**编译器**翻译为 Hack 机器语言。本书的第二部分将讨论和实现这个编译过程。

5.3　实现

本节将描述前一节说明的 Hack 计算机的硬件实现。和往常一样，本书不会提供详细的构建说明，期望读者能够自己发现和完成实现细节。下面描述的所有芯片都可以用 HDL 实现，并使用提供的硬件模拟器在个人计算机上进行模拟。

5.3.1　中央处理单元

实现 Hack CPU 需要构建一个逻辑门体系结构，能够执行给定的 Hack 指令以及确定应该取出和执行的下一条指令。为了实现这一目标，我们将使用门逻辑来对当前指令做译码，使用算术逻辑单元（ALU）来计算指令指定的功能，使用一组寄存器来按照指令的指示存储结果值，以及使用程序计数器（PC）来跟踪记录下一次应取出和执行的指令。由于所有底层构件（ALU、寄存器、PC 和基本逻辑门）在前面几章中都已经构建好，因此现在面临的关键问题是如何巧妙地将这些芯片部件连接起来，以实现所期望的 CPU 操作。一种可能的方案如图 5.8 所示，接下来会解释这个方案。

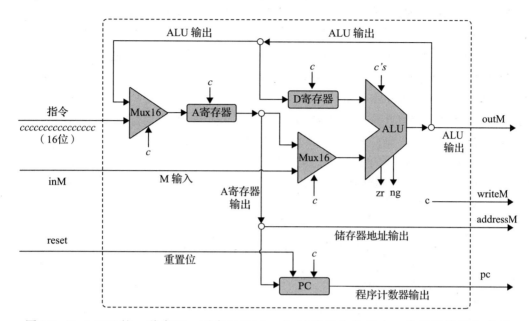

图 5.8 Hack CPU 的一种实现，图中展示了一个 16 位指令的输入。我们使用指令表示 *ccccccccccccccc* 来强调，在 C 指令的情况下，该指令被视为一组控制位，旨在控制不同的 CPU 芯片组件。在本图中，每个输入到芯片部件的 *c* 符号代表从指令中取出的某些控制位（对 ALU 来说，*c* 的输入代表指示 ALU 计算什么的 6 个控制位）。这些控制位在不同的组件引发的行为形成了该指令的最终执行。我们没有说明哪些位应该送到哪里，而是希望读者自己来回答这些问题

1. 指令译码

先来看 CPU 的输入 instruction。这个 16 位值代表一条 A 指令（当最左边的位是 0 时），或者一条 C 指令（当最左边的位是 1 时）。在 A 指令的情况下，指令位被解释为一个应该加载到 A 寄存器中的二进制值。在 C 指令的情况下，指令被视为一个控制位的组合 1xxaccccccdddjjj。a 和 ccccc 位编码了指令的 *comp* 部分；ddd 位编码了指令的 *dest* 部分；jjj 位编码了指令的 *jump* 部分。忽略 xx 位。

2. 指令的执行

在 A 指令的情况下，指令的 16 位被加载到 A 寄存器中（实际上，是一个 15 位值，因为最高位是操作码 0）。在 C 指令的情况下，a 位确定 ALU 的输入是来自 A 寄存器的值还是来自输入的 M 值。ccccc 位确定 ALU 将计算哪个功能。ddd 位确定该由哪些寄存器接收 ALU 的输出。jjj 位用于确定下一条要取出的指令。

CPU 体系结构应该从输入 instruction 中提取上面描述的控制位，并将它们送到目标芯片组件，从而指示该芯片组件执行指令时应该做什么。注意，这些芯片组件用来执行其预定的功能。因此，CPU 的设计主要是将现有的芯片以一种方式连接起来，从而实现这一执行模型。

3. 取指令

在执行当前指令时，CPU 还要确定并输出下一条应该取出和执行的指令的地址。这个任务中的关键部件是**程序计数器**，它是一个 CPU 芯片组件，其作用是始终存储下一条指令的地址。

根据 Hack 计算机的规范，当前程序存储在指令存储器中，从地址 0 开始。因此，如果希望开始（或重新开始）程序的执行，应该将程序计数器设置为 0。这就是为什么在图 5.8 中 CPU 的输入 reset 被直接输入到了 PC 芯片组件的输入 reset。如果将该位置 1，就会使 PC=0，从而导致计算机取出并执行程序中的第一条指令。

接下来应该做什么呢？通常，我们希望执行程序中的下一条指令。因此，假设输入 reset 已经被设置回 0，程序计数器的默认操作是 PC++。

但如果当前指令包含跳转指示怎么办？根据语言规范，执行分支总是跳转到地址为当前 A 寄存器值的指令。因此，CPU 必须实现以下程序计数器行为：如果 jump，则 PC=A，否则 PC++。

如何使用门逻辑实现这种行为呢？答案在图 5.8 中已有所暗示。注意，A 寄存器的输出送到 PC 寄存器的输入。因此，如果 PC 的加载位置 1，就会执行操作 PC=A，而不是默认操作 PC++。只有在需要进行跳转时才应该这样做。这引出了下一个问题：如何知道是否需要进行跳转呢？答案取决于当前指令的三个 j 位和两个 ALU 输出位 zr 和 ng。这些位一起可以用来确定跳转条件是否满足。

我们就说到这里，以免剥夺读者自己完成 CPU 实现的乐趣。希望随着实际操作的深入，你们能够品味到 Hack CPU 工作机制之美。

5.3.2 内存

Hack 计算机的 Memory 芯片是由三个芯片组件组成的：RAM16K、Screen 和 Keyboard。然而，这种模块化是隐式的：Hack 机器语言程序看到的是一个**单一的地址空间**，地址范围为从地址 0 到地址 24 576（十六进制表示为 6000）。

Memory 芯片的接口如图 5.6 所示。这个接口的实现应该能够体现刚才描述的统一的效果。例如，如果 Memory 芯片的输入 address 恰好是 16 384，那么实现应该访问 Screen 芯片的地址 0，依此类推。再次强调，本书不提供太多细节，而是让读者自己来完成实现的其余部分。

5.3.3 计算机

我们到达了硬件之旅的终点。顶层的 Computer 芯片可以用三个芯片部件实现：CPU、数据 Memory 芯片和指令存储器芯片 ROM32K。图 5.9 给出了详细信息。

Computer 芯片旨在实现以下的取指－执行周期：当用户输入 reset 置 1 时，CPU 的输出 pc 发出 0，使指令存储器（ROM32K）输出程序中的第一条指令。CPU 将执行该指令，这个执行过程可能包括读取或写入数据存储寄存器。在该指令的执行过程中，CPU 会确定下一条要提取的指令，并通过其输出 pc 发出该地址。CPU 的输出 pc 送到指令存储器的输入 address，后者会输出下一条应该执行的指令。这个输出又会送到 CPU 的输入 instruction，从而完成本次取指－执行周期。

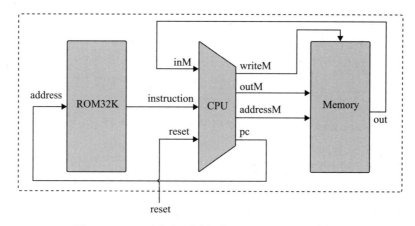

图 5.9 Hack 平台中顶层芯片 Computer 的一种实现

5.4 实验

（1）目标

构建 Hack 计算机，最终实现顶层的 Computer 芯片。

（2）资源

本章描述的所有芯片都应该使用 HDL 编写，并使用下面描述的测试程序，在提供的硬件模拟器上进行测试。

（3）约定

构建一个能够执行 Hack 机器语言程序的硬件平台。让你的 Computer 芯片运行本书提供的三个测试程序，展示平台的运行情况。

（4）测试程序

要测试整个 Computer 芯片的实现，一种自然方法是让它执行用 Hack 机器语言编写的示例程序。为了运行这样的测试，需要编写一个测试脚本，将 Computer 芯片加载到硬件模拟器中，再将程序从外部文本文件加载到 ROM32K 芯片（指令存储器）中，然后运行足够多的时钟周期来执行程序。本书提供了三个这样的测试程序，以及相应的测试脚本和比较文件：

- Add.hack：将两个常数 2 和 3 相加，并将结果写入 RAM[0]。
- Max.hack：计算 RAM[0] 和 RAM[1] 的最大值，并将结果写入 RAM[2]。
- Rect.hack：在屏幕上绘制一个矩形，有 RAM[0] 行，每行 16 个像素。矩形的左上角位于屏幕的左上角。

在使用这些程序进行 Computer 芯片测试之前，请查看与程序相关联的测试脚本，并确保理解了它输入给模拟器的指令。如有需要，请参考附录 C。

（5）步骤

请按如下步骤实现目标计算机：

1）Memory：可以按照图 5.6 中给出的框架构建这个芯片，会用到三个芯片组件：RAM16K、Screen 和 Keyboard。Screen 和 Keyboard 已经作为内置芯片提供，无须构建。虽然在实验项目 3 中已经构建了 RAM16K 芯片，但我们建议使用其内置版本。

2）CPU：中央处理单元可以按照图 5.8 中提出的实现方式构建。原则上，CPU 可以使用实验 2 中构建的 ALU、实验 3 中构建的 Register 和 PC 芯片，以及根据需要使用实验 1 中构建的逻辑门。然而，建议使用这些芯片的内置版本（特别是使用内置寄存器 ARegister、DRegister 和 PC）。内置芯片具有与之前实验项目中构建的存储器芯片完全相同的功能，但它们有一些 GUI 相关的功能，能够让测试和仿真工作更容易。

在实现 CPU 的过程中，你可能想要说明和构建自己的内部（"辅助"）芯片。请注意，没有必要这样做；Hack CPU 可以通过只使用图 5.8 中出现的芯片组件，以及实验 1 中构建的一些基本逻辑门来优雅高效地实现（最好使用它们的内置版本）。

3）**指令存储器**：使用内置的 ROM32K 芯片。

4）**Computer**：可以根据图 5.9 中提出的实现方式构建目标计算机。

5）**硬件模拟器**：本实验项目中的所有芯片，包括顶层的 Computer 芯片，都可以使用提供的硬件模拟器进行实现和测试。图 5.10 是用 Rect.hack 程序测试 Computer 芯片实现的屏幕截图。

www.nand2tetris.org 上有实验项目 5 的在线版本。

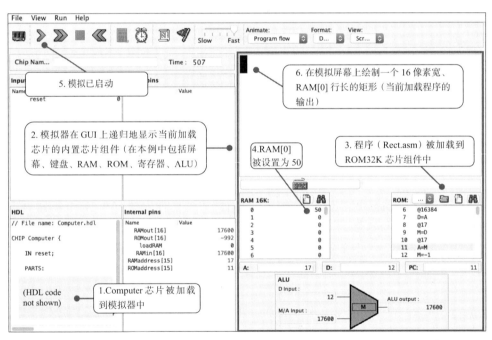

图 5.10　在提供的硬件模拟器上测试 Computer 芯片。存储程序是 Rect，它在屏幕的左上角绘制了一个 RAM[0] 行、每行 16 像素宽的全黑矩形

5.5　总结与讨论

秉承"从与非门到俄罗斯方块"的精神，Hack 计算机的体系结构是极简的。典型的计算机平台具有更多的寄存器、更多的数据类型、更强大的 ALU 以及更丰富的指令集。不过，这些差异大多是量上的差别。从质上来说，几乎所有数字计算机（包括 Hack）都是基于相同的概念体系结构：冯·诺依曼机。

从用途上看，计算机系统可以分为两类：**通用计算机**和**专用计算机**。通用计算机（如个人计算机和手机）通常与用户交互。它们用来执行许多程序，能在程序间轻松切换。专用计算机通常嵌入在其他系统中，如汽车、相机、流媒体器、医疗设备、工业控制器等。对于任何特定应用，单一程序被烧录到专用计算机的只读存储器（ROM）中。例如，在某些游戏机中，游戏软件存储在外部卡带中，这些卡带实际上就是一个包装精美的可替换 ROM 模块。尽管通用计算机通常比专用计算机更复杂、功能更多，但它们具有相同的基本架构理念：存储程序、取指 – 译码 – 执行逻辑、CPU、寄存器和计数器。

大多数通用计算机使用单一地址空间来存储程序和数据。其他计算机（如 Hack）使用两个独立的地址空间。后一种方案由于历史原因被称为**哈佛体系结构**（Harvard architecture），从内存利用的角度来说不太灵活，但具有独特的优势。首先，它更容易构建并且成本更低。其次，它通常比单一地址空间配置更快。最后，如果计算机要运行的程序大小事先已知，那么可以优化和固定指令存储器的大小。出于这些原因，哈佛体系结构是许多专用、单一用途的嵌入式计算机的首选架构。

使用同一地址空间来存储指令和数据的计算机面临以下挑战：如何将指令的地址和指令要操作的数据寄存器的地址输入到共享存储器设备的同一个地址输入中？显然，不能同时进行这两个操作。标准解决方案是基于两个周期的逻辑来执行计算机操作。在**取指周期**内，指令地址被输入到存储器的地址输入中，存储器立即输出当前指令，将其存储在**指令寄存器**中。在随后的**执行周期**中，对指令译码，将其要操作的数据地址输入到同一个地址输入。相反，像 Hack 这样使用分离的指令和数据存储器的计算机受益于单周期取指 – 执行逻辑，更快且更容易处理。代价是必须使用单独的数据和指令存储器单元，不过无须使用指令寄存器。

Hack 计算机能够与屏幕和键盘交互。通用计算机通常连接到多个 I/O 设备，如打印机、存储设备、网络连接等。此外，典型的显示设备也比 Hack 的屏幕要复杂得多，具有更多的像素、更多的颜色以及更快的渲染性能。然而，它们仍然保持了每个像素由内存中的二进制值驱动的基本原则：通常由 8 位来控制几个主要颜色的亮度等级，综合起来产生像素最终的颜色，而不是由一个位控制像素的黑白颜色。结果会得到数百万种可能的颜色，超过人眼可以分辨的范围。

Hack 的屏幕在计算机主内存上的映射很简单。与让内存位直接驱动像素不同，许多计算机允许 CPU 向专用的图形芯片或独立的图形处理单元（也称为 GPU）发送高级图形指令，如"绘制一条线"或"绘制一个圆"。这些专用图形处理器的硬件和低级软件经过特别优化，可用于渲染图形、动画和视频，减轻了 CPU 和主计算机直接处理这些消耗极大的任务的负担。

最后，要强调的是，计算机硬件设计中的许多努力和创造力都投入到了提高性能上。许多硬件架构师致力于提高内存访问速度，使用巧妙的缓存算法和数据结构，优化对 I/O 设备的访问，应用流水线、并行、指令预取以及其他一些优化技术。本章中完全回避了这些技术。

从历史上看，加速处理性能的尝试使 CPU 设计出现了两个主要派别。**复杂指令集计算**（CISC）方法的支持者认为通过构建采用更复杂指令集的更强大的处理器，可以获得更好的性能。另一方，即**精简指令集计算**（RISC）方法的支持者构建了更简单的处理器和更紧凑的指令集，认为这样能在基准测试中提供了更快的性能。Hack 计算机既没有强大的指令集，也没有特殊的硬件加速技术，因此在这个争论中可以置身事外。

第 6 章
The Elements Of Computing Systems

汇 编 器

> 名字有什么含义？即使以其他名字称呼一朵玫瑰，它仍然散发出同样的芬芳。
> ——莎士比亚，《罗密欧与朱丽叶》

在之前的章节中，我们完成了一个用于运行 Hack 机器语言程序的硬件平台，介绍了机器语言的两个版本——符号版本和二进制版本，并解释了可以使用叫作**汇编器**的程序将符号程序转换成二进制代码。本章将描述汇编器的工作原理以及如何构建它们。为此，要构建一个 Hack 汇编器，它可以将用 Hack 符号语言编写的程序翻译成可以在 Hack 硬件裸机上运行的二进制代码。

由于符号指令与相应的二进制代码之间的关系很明确，因此使用高级编程语言实现汇编器并不是一项困难的任务。一个复杂之处在于允许汇编程序使用对存储器地址的符号引用。汇编器要管理这些符号并将它们解析为物理存储器地址。通常，这项任务是通过使用**符号表**（symbol table）来完成的，符号表是一种常用的数据结构。

本章和本书第二部分一共有 7 个软件开发项目，实现汇编器是其中第一个任务。开发汇编器将使你具备一些基本的通用技能，这些技能可为你实现所有实验项目以及未来工作提供帮助。这些技能包括：处理命令行参数，处理输入和输出文本文件，解析指令，处理空白字符，处理符号，生成代码，以及在许多软件开发项目中发挥作用的其他技术。

如果没有编程经验，读者也可以仅用纸笔书写一个汇编器。www.nand2tetris.org 上有这个版本的实验项目 6。

6.1 背景

机器语言通常以两种形式描述：**二进制**和**符号**。例如，二进制指令 11000010000000110000000000000111 是一组约定好的微代码，旨在由某个目标硬件平台解码和执行。指令最左边的 8 位（11000010）可以表示一个操作，如"加载"。接下来 8 位（00000011）可以表示一个寄存器，比如 R3。剩下的 16 位（0000000000000111）可以表示一个值，比如 7。当着手构建硬件架构和机器语言时，我们可以决定让这个特定的 32 位指令使硬件执行"将常数 7 加载到寄存器 R3 中"这个操作。现代计算机平台支持数百种这样的可能操作。因此，机器语言可以很复杂，包括多种操作代码、内存寻址方式和指令格式。

显然，用二进制代码描述这些操作是令人痛苦的。一个自然的解决方案是使用一个经由约定的等价的符号语法，比如"`load R3,7`"。load 操作码有时被称为**助记符**（mnemonic），这个词在拉丁语中的意思是帮助记住某物的字母组合。从助记符和符号到二进制代码的翻译很简单，因此用符号表示直接编写低级程序并让计算机程序将它们转换为二进制代码是合情合理的。这个符号语言称为**汇编语言**（assembly），翻译程序称为**汇编器**（assembler）。汇编器将每条汇编指令解析为基本字段，例如 `load`、`R3` 和 `7`，将每个字段转换为等价的二进制代码，最后将生成的位组装成可以由硬件执行的二进制指令。这就是"汇编器"名字的由来[⊖]。

1. 符号

考虑符号指令 `goto 312`。在翻译后，这条指令使计算机取出并执行存储在地址 312 中的指令，这可能是某个循环的开头。好吧，如果这是一个循环的开头，为什么不在汇编程序中用一个描述性的标号（比如 LOOP）来标记这一点，然后使用命令 `goto LOOP` 而不是 `goto 312` 呢？只需要在某个地方记录 LOOP 代表 312，当将程序翻译成二进制代码时，把每次出现的 LOOP 都替换为 312 即可。为了获得更好的程序可读性和可移植性，这个代价不大。

一般来说，汇编语言使用符号有三个目的：

- **标号**：汇编语言程序可以声明和使用标记代码中各个位置的符号，例如 `LOOP` 和 `END`。
- **变量**：汇编语言程序可以声明和使用符号变量，例如 `i` 和 `sum`。
- **预定义符号**：汇编程序可以使用约定的符号来引用计算机内存中的特殊地址，例如 `SCREEN` 和 `KBD`。

当然，天下没有免费的午餐，必须有人负责管理这些符号。具体来说，必须有人记住 `SCREEN` 代表 16384、`LOOP` 代表 312、`sum` 代表其他地址，等等。这个符号处理任务是汇编器最重要的功能之一。

2. 示例

图 6.1 列出了用 Hack 机器语言编写的同一个程序的两个版本。符号版本包括人们喜欢在计算机程序中看到的各种元素：注释、空格、缩进、符号表示的指令和符号引用。这些修饰对计算机来说毫无意义，计算机只理解一件事——比特位。连接对人类友好的符号代码和计算机理解的二进制代码的桥梁就是汇编器。

让我们暂时忽略图 6.1 中所有的细节，包括符号表，先做一些一般性观察。首先，注意，虽然行号不是代码的一部分，但它们在翻译过程中起到了虽然隐含但重要的作用。如果二进制代码要加载到指令存储器中从地址 0 开始的地方，那么每条指令的行号将与其存储器地址相对应。显然，这个结果应该是汇编器感兴趣的。其次，注意，注释和标号声明不生成代码，这就是为什么后者有时被称为**伪指令**（pseudo-instruction）。最后，要为某种机器语言编写汇编器，汇编器的开发人员必须获得该语言的符号和二进制语法的完整规范。

有了这个思路，我们现在开始说明 Hack 机器语言。

6.2 Hack 机器语言规范

Hack 汇编语言及其等价的二进制表示在第 4 章中已经介绍过。在此重复一下以方便读者查阅。这个规范是 Hack 汇编器无论以何种方式必须实现的约定。

⊖ 译者注：assembler 有装配工之意。

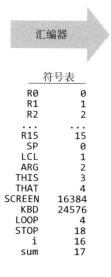

图 6.1 汇编代码，使用符号表翻译为二进制代码。行号不是代码的一部分，此处列出仅供参考

6.2.1 程序

1. 二进制 Hack 程序

二进制 Hack 程序是一系列文本行，每一行由 16 个 0 和 1 字符组成。如果行以 0 开头，表示一条二进制 A 指令；否则，表示一条二进制 C 指令。

2. 汇编 Hack 程序

汇编 Hack 程序是一系列文本行，每一行都是一条汇编指令、一个**标号声明**或一个**注释**。

- **汇编指令**：符号表示的 A 指令或 C 指令（参见图 6.2）。
- **标号声明**：形式为 (*xxx*) 的行，其中 *xxx* 是一个符号。
- **注释**：以两个斜杠 (//) 开头的行被视为注释，会被忽略。

6.2.2 符号

Hack 汇编程序中的符号分为三类：预定义符号、标号符号和变量符号。

1. 预定义符号

任何 Hack 汇编程序都可以使用预定义符号，如下所示：R0，R1，…，R15 分别代表 0，1，…，15。SP、LCL、ARG、THIS、THAT 分别代表 0、1、2、3、4。SCREEN 和 KBD 分别代表 16 384 和 24 576。这些符号的值被解释为 Hack RAM 中的地址。

2. 标号符号

伪指令 (*xxx*) 定义符号 *xxx*，它指向 Hack ROM 中存放程序中下一条指令的位置。标号符号只能定义一次，并可以在汇编程序的任何地方使用，甚至在定义它的行之前使用。

3. 变量符号

汇编程序中出现的任何符号 *xxx*，如果既不是预定义的，也没有在其他地方由标号声明（*xxx*）定义，都被视为变量。变量在首次遇到时会被映射到连续的 RAM 位置，从 RAM 地址 16 开始。因此，程序中遇到的第一个变量映射到 RAM[16]，第二个变量映射到 RAM[17]，依此类推。

A 指令
- （符号表示）：@*xxx*　　（*xxx* 是一个取值范围为 0～32 767 的十进制数值，或一个绑定到这样的十进制数值的符号）
- （二进制表示）：0 *vvvvvvvvvvvvvvv*　　（*vv···v* = *xxx* 的 15 位值）

C 指令
- （符号表示）：*dest* = *comp* ; *jump*　　（*comp* 是必须的。如果 *dest* 为空，则没有 =；如果 *jump* 为空，则没有 ;）
- （二进制表示）：111*accccccdddjjj*

comp		c	c	c	c	c	c
0		1	0	1	0	1	0
1		1	1	1	1	1	1
-1		1	1	1	0	1	0
D		0	0	1	1	0	0
A	M	1	1	0	0	0	0
!D		0	0	1	1	0	1
!A	!M	1	1	0	0	0	1
-D		0	0	1	1	1	1
-A	-M	1	1	0	0	1	1
D+1		0	1	1	1	1	1
A+1	M+1	1	1	0	1	1	1
D-1		0	0	1	1	1	0
A-1	M-1	1	1	0	0	1	0
D+A	D+M	0	0	0	0	1	0
D-A	D-M	0	1	0	0	1	1
A-D	M-D	0	0	0	1	1	1
D&A	D&M	0	0	0	0	0	0
D|A	D|M	0	1	0	1	0	1
a == 0	*a* == 1						

dest	d	d	d	作用：将 *comp* 存储在
null	0	0	0	不存储该值
M	0	0	1	RAM[A]
D	0	1	0	D register (reg)
DM	0	1	1	D reg 和 RAM[A]
A	1	0	0	A reg
AM	1	0	1	A reg 和 RAM[A]
AD	1	1	0	A reg 和 D reg
ADM	1	1	1	A reg, D reg, 和 RAM[A]

jump	j	j	j	Effect:
null	0	0	0	no jump
JGT	0	0	1	if *comp* > 0 jump
JEQ	0	1	0	if *comp* = 0 jump
JGE	0	1	1	if *comp* ≥ 0 jump
JLT	1	0	0	if *comp* < 0 jump
JNE	1	0	1	if *comp* ≠ 0 jump
JLE	1	1	0	if *comp* ≤ 0 jump
JMP	1	1	1	无条件跳转

图 6.2　Hack 指令集，给出了符号助记符及其相应的二进制代码

6.2.3 语法约定

1. 符号

符号可以是任何不以数字开头的字母、数字、下划线（_）、点（.）、美元符号（$）和冒号（:）组成的序列。

2. 常量

常量只能出现在形如 @*xxx* 的 A 指令中。常数 *xxx* 是 0～32 767 范围内的一个值，以十进制表示。

3. 空格

前导空格字符和空行会被忽略。

4. 大小写规则

所有汇编助记符（如 A+1、JEQ 等）必须以大写字母书写。其余的符号（包括标号和变

量名）是区分大小写的。建议的规则是标号使用大写字母，变量使用小写字母。

Hack 机器语言规范的说明到此为止。

6.3 汇编到二进制的翻译

本节描述如何将 Hack 汇编程序翻译成二进制代码。虽然本书专注于开发 Hack 语言的汇编器，但提供的技术适用于任何汇编器。

汇编器将汇编指令流作为输入，并生成翻译后的二进制指令流作为输出。生成的代码可以直接加载到计算机存储器中执行。为了执行翻译过程，汇编器必须能够处理指令和符号。

6.3.1 处理指令

对于每条汇编指令，汇编器执行以下操作：

- 解析指令得到基本字段。
- 按照图 6.2 给出的说明，为每个字段生成相应的二进制编码。
- 如果指令包含符号引用，将符号解析为其数值。
- 将生成的二进制编码组装成一个由 16 个 0 和 1 字符组成的字符串。
- 将组装后的字符串写入输出文件。

6.3.2 处理符号

汇编程序允许在定义符号之前使用符号标号（即 goto 指令的目标）。这种约定方便了汇编代码的编写者，但给汇编器开发者带来了麻烦。一种常见的解决方案是开发一个**两遍扫描的汇编器**（two-pass assembler），从头到尾读代码两次。在第一遍扫描中，汇编器建立一个**符号表**，将所有标号符号添加到表中，并不生成代码。在第二遍扫描中，汇编器使用符号表处理变量符号并生成二进制代码。以下给出详细介绍。

1. 初始化

汇编器创建一个符号表，并使用所有预定义符号及其预分配值进行初始化。初始化阶段的结果就是得到图 6.1 中符号表从开始一直到 KBD（包括 KBD）的部分。

2. 第一遍扫描

汇编器遍历整个汇编程序，逐行处理，同时跟踪记录行号。行号从 0 开始，每遇到一条 A 指令或 C 指令时增 1，遇到注释或标号声明时不变。遇到标号声明（*xxx*）时，汇编器会向符号表添加一个新条目，将符号 *xxx* 与当前行号加 1 关联起来（这是程序中下一条指令的 ROM 地址）。

此次扫描的结果是向符号表中添加程序中的所有标号符号，以及它们对应的值。在图 6.1 中，第一遍扫描的结果是将符号 LOOP 和 STOP 添加到符号表中。在第一遍扫描期间不生成任何代码。

3. 第二遍扫描

汇编器再次遍历整个程序，并按以下方式分析每一行。每当遇到带有符号引用的 A 指令，也就是 @*xxx*（其中 *xxx* 是一个符号而不是数字），汇编器会在符号表中查找 *xxx*。如果找到该符号，汇编器将指令中的符号替换为其数值，完成指令的翻译。如果找不到该符号，那么它必然表示一个新变量。为了处理它，汇编器向符号表添加条目 <*xxx, value*>，其中

value 是 RAM 空间中用于存储变量的下一个可用地址,并且使用该地址完成指令的翻译。在 Hack 平台中,用于存储变量的 RAM 空间从 16 开始,并且每次在代码中找到新变量后递增 1。在图 6.1 中,第二遍扫描的结果是将符号 i 和 sum 添加到符号表中。

6.4 实现

用法

Hack 汇编器接受一个命令行参数,如下所示:

prompt> HackAssembler *Prog*.asm

其中,输入文件 *Prog*.asm 包含汇编指令(必须使用 .asm 作为扩展名)。文件名可以包含文件路径。如果未指定路径,汇编器将在当前文件夹中运行。汇编器将创建一个名为 *Prog*.hack 的输出文件,并将翻译后的二进制指令写入其中。输出文件放在与输入文件相同的文件夹中。如果文件夹中已存在同名文件,则将其覆盖。

建议将汇编器的实现分为两个阶段。在第一阶段中,开发一个用于处理不带符号引用的 Hack 程序的基本汇编器。在第二阶段中,扩展该基本汇编器以处理符号引用。

6.4.1 实现一个基本的汇编器

基本汇编器假设源代码不包含符号引用。因此,除了处理注释和空格之外,汇编器要翻译 C 指令和形式为 @*xxx* 的 A 指令,其中 *xxx* 是十进制值(而不是符号)。这个翻译任务比较简单:符号表示的 C 指令的每个助记符部分(字段)根据图 6.2 中的规范转化为其对应的位码,而符号表示的 A 指令中的每个十进制常数 *xxx* 都转化为等价的二进制编码。

建议你的汇编器的软件架构包括一个用于将输入分析为指令、将指令分析为字段的分析器(Parser)模块,一个用于将字段(符号助记符)翻译为二进制代码的 *Code* 模块,以及一个驱动整个翻译过程的 **Hack 汇编器**程序。在继续说明这三个模块之前,我们先对本书的描述风格做一些说明。

API 文档

Hack 汇编器的开发是本书中 7 个软件构建项目的第一个,本书第二部分中还有 6 个项目。这些实验项目中的每一个都可以使用任何高级编程语言独立实现。因此,本书的 API 文档风格不对实现语言做任何假设。

从本实验项目开始,在每个实验项目中,我们会提出一个 API,该 API 包含多个**模块**。每个模块包括一个或多个**例程**(routine)。在典型的面向对象语言中,一个模块对应一个**类**(class),一个例程对应一个**方法**(method)。在其他语言中,一个模块可能对应一个**文件**,一个例程对应一个**函数**。无论使用哪种语言来实现这些软件项目,从汇编器开始,我们提出的 API 的模块和例程都应该可以映射到实现语言的编程元素上。

1. 分析器

分析器封装了对输入汇编代码的访问。特别地,它提供了一种方便的方式来遍历源代码,跳过注释和空白,以及将每个符号表示的指令分解为基本组成部分。

尽管基本版本的汇编器不需要处理符号引用,但下面描述的分析器需要处理符号引用。换句话说,此处介绍的分析器既服务于基本汇编器,也服务于完整汇编器。

分析器忽略输入流中的注释和空白，允许一次访问输入的一行，并将符号表示的指令分析为基本组成部分。

分析器的 API 会在后面列出。以下是使用分析器服务的一些示例。如果当前指令是 @17 或 @sum，那么调用 symbol() 将分别返回字符串 17 或 sum。如果当前指令是 (LOOP)，那么调用 symbol() 将返回字符串 LOOP。如果当前指令是 D=D+1;JLE，那么调用 dest()、comp() 和 jump() 将分别返回字符串 D、D+1 和 JLE。

在实验项目 6 中，读者需要使用某种高级编程语言来实现此 API。为了完成这个任务，必须熟悉如何以你选择的高级语言来处理文本文件和字符串。

例程	参数	返回值	功能
构造函数 / 初始化器	输入文件 / 流	—	打开输入文件 / 流并准备好分析它
hasMoreLines	—	布尔型	判断输入是否还有更多行
advance	—	—	如果需要，跳过空格和注释。 从输入中读取下一条指令，并将其设置为当前指令。 只有在 hasMoreLines 为真时才能调用此例程。 最初没有当前指令
instruction Type	—	A_INSTRUCTION, C_INSTRUCTION, L_INSTRUCTION （常量）	返回当前指令的类型： 对于 @xxx，其中 xxx 是十进制数字或符号，返回 A_INSTRUCTION。 对于 dest=comp;jump，返回 C_INSTRUCTION。 对于 (xxx)，其中 xxx 是符号，返回 L_INSTRUCTION
symbol	—	字符串	如果当前指令是 (xxx)，则返回符号 xxx。如果当前指令是 @xxx，则将该符号或十进制数 xxx（作为字符串）返回。 只有当 instructionType 为 A_INSTRUCTION 或 L_INSTRUCTION 时才能调用
dest	—	字符串	返回当前 C 指令的符号表示的 *dest* 部分（有 8 种可能性）。 只有当 instructionType 为 C_INSTRUCTION 时才能调用
comp	—	字符串	返回当前 C 指令的符号表示的 *comp* 部分（有 28 种可能性）。 只有当 instructionType 为 C_INSTRUCTION 时才能调用
jump	—	字符串	返回当前 C 指令的符号表示的 *jump* 部分（有 8 种可能性）。 只有当 instructionType 为 C_INSTRUCTION 时才能调用

2. Code 模块

这个模块提供将符号表示的 Hack 助记符翻译成对应的二进制代码的服务。具体地，它根据语言规范（参见图 6.2）将符号表示的 Hack 助记符翻译成对应的二进制编码。以下是该模块的 API：

例程	参数	返回值	功能
dest	字符串	3 位，作为字符串	返回 *dest* 助记符的二进制编码
comp	字符串	7 位，作为字符串	返回 *comp* 助记符的二进制编码
jump	字符串	3 位，作为字符串	返回 *jump* 助记符的二进制编码

所有 n 位编码都以 0 和 1 字符组成的字符串形式返回。例如，调用 dest("DM") 返回字符串 "011"，调用 comp("A+1") 返回字符串 "0110111"，调用 comp("M+1") 返回字符串 "1110111"，调用 jump("JNE") 返回字符串 "101"，以此类推。图 6.2 给出了所有

这些助记符到二进制的映射。

3. Hack 汇编器

这是驱动整个汇编过程的主程序，使用 Parser 和 Code 模块的服务。（我们现在描述的）汇编器的基本版本假设源汇编代码不包含符号引用。这意味着在所有类型为 @xxx 的指令中，xxx 都是十进制数字而不是符号，并且输入文件不包含标号指令，也就是不包含（xxx）形式的指令。

基本的汇编器程序可以描述如下。程序从命令行参数中获取输入源文件的名称，比如 Prog。它构建了一个 Parser 来分析输入文件 Prog.asm，并创建一个输出文件 Prog.hack，用于写入翻译后的二进制指令。然后，程序进入一个循环，迭代遍历输入文件中的每一行（汇编指令），并按照以下方式处理它们。

对于每条 C 指令，程序使用 Parser 和 Code 服务来分析指令，得到各个字段，并将每个字段翻译成相应的二进制代码。然后，程序将翻译后的二进制代码汇编（连接）成一个由 16 个 0 和 1 字符组成的字符串，并将此字符串写入输出的 .hack 文件的下一行。

对于每条形如 @xxx 的 A 指令，程序将 xxx 翻译为其二进制表示，创建一个由 16 个 0 和 1 字符组成的字符串，并将其写入输出的 .hack 文件的下一行。

本书没有为这个模块提供 API，读者可以按照自己认为合适的方式实现它。

6.4.2 完成汇编器

符号表

因为 Hack 指令可以包含符号引用，所以汇编过程必须将它们解析为实际地址。汇编器使用**符号表**来处理这项任务，符号表旨在创建和维护符号与其含义（在 Hack 的情况下是 RAM 和 ROM 地址）之间的对应关系。

表示这种 < 符号，地址 >（<symbol, address>）映射的一种的自然方法是使用任何用来处理 < 键，值 >（<key, value>）对的数据结构。每种现代高级编程语言都提供了这种现成的抽象，通常称为**哈希表**、**映射**、**字典**等。读者可以选择从零开始实现符号表，也可以自定义其中一种数据结构。以下给出了 SymbolTable 的 API。

例程	参数	返回值	功能
构造函数 / 初始化器	—	—	创建一个新的空符号表
addEntry	symbol（字符串），address（int）	—	向表中添加 <symbol, address>
contains	symbol（字符串）	布尔型	symbol 在符号表中吗
getAddress	symbol（字符串）	整型	返回与 symbol 相关联的地址

6.5 实验

1. 目标

本实验的目标是开发一个汇编器，将用 Hack 汇编语言编写的程序翻译成 Hack 二进制代码。

此版本的汇编器假设源汇编代码是没有错误的。错误检查、报告和处理可以添加到以后的汇编器版本中，不过这不是实验项目 6 的内容。

2. 资源

完成本实验项目需要的主要工具是编程语言，它用来实现你的汇编器。在 nand2tetris/tools 中提供的汇编器和 CPU 模拟器可能会有所帮助。在开始构建自己的汇编器之前，使用这些工具可以让你对一个可工作的汇编器有所了解。更重要的是，可以把你的汇编器生成的输出与提供的汇编器的输出进行比较。有关这些功能的更多信息，请参考 www.nand2tetris.org 上的汇编器教程。

3. 约定

将一个包含合法 Hack 汇编语言程序的 *Prog*.asm 文件作为命令行参数传递给你的汇编器，它应该被翻译成正确的 Hack 二进制代码，并存储在一个名为 *Prog*.hack 的文件中，该文件位于与源文件相同的文件夹中（如果该文件夹中存在同名的文件，原文件将会被覆盖）。你开发的汇编器生成的输出必须与提供的汇编器生成的输出完全相同。

4. 开发计划

我们建议分两个阶段构建和测试你的汇编器。首先，编写一个基本的汇编器，旨在翻译不包含符号引用的程序。然后，扩展你的汇编器功能，使之能实现符号处理。

5. 测试程序

第一个测试程序没有符号引用。其余的测试程序分为两类：*Prog*.asm 和 *ProgL*.asm，其中一种带有符号引用，另一种不带符号引用。

- **Add.asm**：将常数 2 和 3 相加，结果存储在 R0 中。
- **Max.asm**：计算 max（R0, R1），将结果存储在 R2 中。
- **Rect.asm**：在屏幕左上角绘制一个矩形。矩形宽度为 16 像素，高度为 R0 像素。在运行此程序之前，要在 R0 中存储一个非负值。
- **Pong.asm**：一个经典的单人街机游戏。一个球反复弹到屏幕边缘再弹回来。玩家通过按左箭头和右箭头键来移动板子，并努力用板子碰到球。每次成功碰到，玩家得一分，板子缩小一点以增加游戏难度。如果玩家没有碰到球，游戏结束。按 ESC 键退出游戏。

提供的 Pong 程序是使用本书第二部分中将要介绍的工具开发的。具体地，游戏软件是用高级 Jack 编程语言编写的，然后通过 **Jack 编译器**将其翻译成给定的 **Pong.asm** 文件。尽管高级 **Pong.jack** 程序只有大约 300 行代码，但可执行的 Pong 应用程序包括大约 2 万行二进制代码，其中大部分是 Jack 操作系统的代码。在提供的 CPU 模拟器中运行这个交互式程序会比较慢，所以不要期望 Pong 游戏的性能会很高。实际上，这种慢速运行是一种优点，它有助于跟踪程序的图形行为。等你实现了第二部分中更高层次的软件后，这个游戏的运行速度会快得多。

6. 测试

假设 *Prog*.asm 是一个 Hack 汇编程序，例如，给定的测试程序之一。要测试你的汇编器对 *Prog*.asm 的翻译是否正确，有两种方法。第一种方法是在提供的 CPU 模拟器中加载你的汇编器生成的 *Prog*.hack 文件，执行它，检查它是否按照预期执行。

第二种测试技术是将你的汇编器生成的代码与提供的汇编器生成的代码进行比较。首先，将你的汇编器生成的文件重命名为 *Prog*1.hack。然后，将 *Prog*.asm 加载到提供的汇编器中，然后进行翻译。如果你的汇编器工作正确，那么 *Prog*1.hack 必然与提供的汇编器

生成的 *Prog*.hack 文件完全相同。将 *Prog*1.hack 作为比较文件加载进汇编器，可以完成此比较，具体细节请参见图 6.3。

www.nand2tetris.org 上有实验 6 的在线版本。

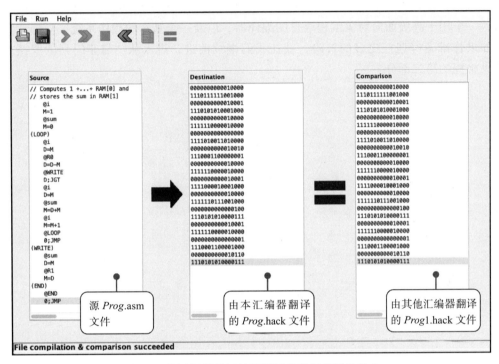

图 6.3　使用提供的汇编器测试你的汇编器的输出

6.6　总结与讨论

与大多数汇编器一样，Hack 汇编器是一个相对简单的翻译器，主要进行文本处理。当然，更丰富的机器语言的汇编器更为复杂。此外，一些汇编器具有更复杂的符号处理功能，Hack 中没有这些功能。例如，一些汇编器支持对符号的**常量运算**，比如使用 base+5 来引用 base 地址后的第 5 个存储器位置。

许多汇编器都被扩展以处理**宏指令**（macro-instruction）。宏指令是一个有名字的机器指令序列。例如，本书的汇编器可以扩展成能够翻译约定好的宏指令，例如 D=M[*addr*] 被翻译为两个基本的 Hack 指令 @*addr* 和 D=M。类似地，宏指令 goto *addr* 可以被翻译为 @*addr* 和 0;JMP，等等。这种宏指令可以极大地简化汇编程序的编写，翻译成本较低。

应该注意的是，机器语言程序很少由人类编写。相反，它们通常由编译器编写。而编译器（作为一种自动化工具）可以选择绕过符号表示的指令，直接生成二进制机器代码。尽管如此，汇编器仍然是一个有用的程序，对于关心效率和优化的 C/C++ 程序开发人员更是如此。通过检查编译器生成的符号表示的代码，程序员可以改进高级语言代码，以在主机硬件上获得更好的性能。当认为生成的汇编代码足够高效时，就可以由汇编器进一步翻译成最终的二进制可执行代码。

恭喜！你已经完成了从与非门到俄罗斯方块的旅程的第一部分。如果你完成了第 1～6

章的 6 个实验，那么已经经历了构建一个通用计算机系统的过程。这是一个了不起的成就，你应该为此感到自豪和自豪！

不过，这台计算机只能执行用机器语言编写的程序。在本书的第二部分中，我们将以这个裸机硬件平台作为起点，在其上构建一个现代的软件层次结构。这些软件包括一个虚拟机、一个用于高级面向对象编程语言的编译器，以及一个基本的操作系统。

如果你准备好迎接更多的冒险，就让我们继续前进，进入从"与非门到俄罗斯方块"的伟大旅程的第二部分。

| 第二部分 |
The Elements Of Computing Systems

软 件

> 任何足够先进的技术都与魔法无异。
>
> ——亚瑟·查理斯·克拉克（1962）

可以进一步补充："然而，任何足够先进的魔法都离不开幕后的辛勤努力。"在本书的第一部分中，构建了一台名为 Hack 的计算机系统的硬件平台，该平台能够运行用 Hack 机器语言编写的程序。在第二部分中，我们将让这台裸机带有与魔法无异的先进技术：一个能够变成国际象棋选手、搜索引擎、飞行模拟器、媒体流播放器或任何其他能让你心血来潮的东西的黑匣子。为了实现这个目标，本书将揭示幕后的复杂软件层次结构，正是这样的软件层次结构使计算机能够执行各种各样的、用高级编程语言编写的程序。具体而言，本书将聚焦于一种简单的、类似于 Java 的、基于对象的编程语言——Jack 语言，该语言将在第 9 章中详细描述。多年来，本书的读者和学生使用 Jack 语言开发了俄罗斯方块、乒乓球、贪吃蛇、太空入侵者等游戏或交互式应用程序。作为一台通用计算机，Hack 可以执行所有这些程序，以及你能想象到的其他程序。

显然，高级编程语言富有表达力的语法与低级机器语言貌似笨拙的指令之间有巨大的鸿沟。如果你不相信，可以试试使用像 @17 和 M=M+1 这样的机器语言开发俄罗斯方块游戏。本书第二部分的内容正是要弥合这个鸿沟。本书将通过逐步开发一些计算机系统中最强大、最雄心勃勃的程序来构建这座桥梁：一个**编译器**、一个**虚拟机**和一个基本的**操作系统**。

本书的 Jack 编译器将被设计为输入一个 Jack 程序（比如俄罗斯方块游戏），然后翻译成一系列机器语言指令。通过执行这些指令，Hack 平台就能提供俄罗斯方块游戏的体验。当然，俄罗斯方块游戏只是一个例子：构建的编译器能够将任何给定的 Jack 程序翻译成能在 Hack 计算机上执行的机器代码。编译器的主要任务包括**语法分析**和**代码生成**，将在第 10 章和第 11 章中分别介绍。

与 Java、C# 等编程语言一样，Jack 编译器将采用**两层架构**：编译器将生成中间的**虚拟机**（Virtual Machine, VM）**代码**，该代码可以在一个抽象的**虚拟机**上运行。然后，虚拟机代码将由一个独立的翻译器进一步编译成 Hack 机器语言。**虚拟化**是应用计算机科学中最重要的概念之一，它在许多领域发挥作用，包括程序编译、云计算、分布式存储、分布式处理和操作系统。本书将在第 7 章和第 8 章中详细讨论该虚拟机的设计和构建。

与许多其他高级语言一样，基本的 Jack 语言出奇地简单。现代编程语言之所以能成为强大的编程系统，除了语言本身，更是因为有提供数学函数、字符串处理、内存管理、图形绘制、用户交互处理等丰富功能的标准库。总的来说，这些标准库形成了一个基本的**操作系统**（Operating System, OS），并被打包为 Jack 框架中的**标准类库**。这个基本的操作系统旨在弥合高级 Jack 语言和低级 Hack 平台之间的鸿沟。有意思的是，该操作系统也将用 Jack 语言本身进行开发。读者可能好奇，一个编程语言的标准库如何用该语言本身进行开发？为了解决这一挑战，本书将遵循一种称为**引导**（bootstrapping）的开发策略，类似于使用 C 语言开发 UNIX 操作系统的方式。

操作系统的构建将为读者提供一个机会来展示那些典型的、用于管理硬件资源和外围设备的优雅算法和经典数据结构。本书将逐步在 Jack 框架中实现这些算法，以扩展 Jack 语言的功能。当读者阅读第二部分时，将从几个不同的角度来理解操作系统。在第 9 章中，读者作为**应用软件的程序员**，在开发一个 Jack 应用程序的过程中，需要从高层用户的角度去抽象地使用操作系统提供的高级服务。在第 10 章和第 11 章中，读者构建 Jack 编译器时，需要从低层用户的角度使用操作系统提供的低级服务，比如编译器需要使用的各种内存管理服务。在第 12 章中，读者最终化身操作系统程序员，将亲手实现所有这些系统服务。

II.1 Jack 编程初探

在深入探讨这些令人兴奋的程序之前，先通过两个例子对 Jack 语言进行简要的介绍。第一个例子是 Hello World，这个例子用来说明，即使是最简单的高级语言程序也远比表面看到的更加复杂。第二个例子展示了 Jack 语言的基于对象的能力。在读者从程序员的视角理解了高级 Jack 语言之后，就可以通过构建虚拟机、编译器和操作系统来实现这门语言。

1. Hello World

这里展示了标志性的 Hello World 程序，它通常是编程入门课程的第一个实验。下面是 Jack 编程语言的版本：

```
//Programming 101 中的第一个例子
class Main {
  function void main() {
    do Output.printString("Hello World");
    return;
  }
}
```

看到这样的程序时，读者会想到什么呢？读者很自然会想到的第一个"魔法"可能是，一个字符序列（比如 `printString("Hello World")`）可以让计算机在屏幕上显示一些内容。计算机怎么知道要**做什么**呢？即使知道做什么，它会**如何做**呢？正如读者在本书第一部分中所看到的，屏幕是由像素组成的网格。如果想要在屏幕上显示 H，必须分别打开和关闭特定位置的一些像素。这些像素一起渲染出希望显示的字母的图像。当然，这才是第一步。在具有不同尺寸和分辨率的屏幕上如何清晰地显示这个 H？如何处理 while 循环、**for 循环**、**数组**、**对象**、**方法**、**类**，以及其他语法结构？通常，高级语言程序员只是会使用这些结构而不会考虑其背后的底层工作原理。

的确，高级编程语言的美妙之处，或者更一般来说，精心设计的抽象的美妙之处，就在于让人们可以轻易地使用它们。应用程序员通常将编程语言视为一个抽象的黑盒，而不必关注它是如何具体实现的。你只需要一个好的教程、一些代码示例，然后就可以开始编程。

然而，总有人必须实现这种语言抽象。必须有人一劳永逸地、高效地实现这些抽象，应用程序员才能方便地使用 `sqrt(1764)` 得到 1764 的平方根，使用 `x = readInt()` 从用户获取一个数字，使用 `new` 创建一个对象时可以找到一个可用的内存块，以及使用所有不需要考虑底层细节就可以使用的服务。那么，是谁构建了高级编程这种与魔法无异的先进技术呢？掌握这些魔法的"巫师们"，正是开发**编译器**、**虚拟机**和**操作系统**的软件工程师。这也是读者在接下来的章节中要做的。

读者可能想问为什么需要关心这些难以捉摸的幕后工作，前面不是说过读者可以使用高级语言而不用关心它们是如何实现的吗？这里至少有两个原因。首先，越深入研究底层系统的内部实现，读者就越有机会成为高级语言程序员。特别是，读者会学到如何编写巧妙而高效地利用硬件和操作系统的程序，以及如何避免像内存泄漏那样令人困惑的错误。

其次，通过亲自动手开发系统内部，读者将会发现一些应用计算机科学中优雅、强大的算法和数据结构。更重要的是,本书第二部分中呈现的想法和技术并不仅仅适用于编译器和操作系统。它们也是众多软件系统和应用程序的基础,将会伴随读者的整个职业生涯。

2. PointDemo 程序

假设我们想要在平面上表示和操作"点"。图Ⅱ.1展示了两个这样的点 p_1 和 p_2,以及第三个点 p_3。p_3 的坐标由向量相加得到:$p_3=p_1+p_2=(1,2)+(3,4)=(4,6)$。图中还显示了 p_1 和 p_3 之间的欧几里德距离,可以使用勾股定理来计算这个距离。Main 类中的代码演示了如何使用基于对象的 Jack 语言来完成这种代数操作。

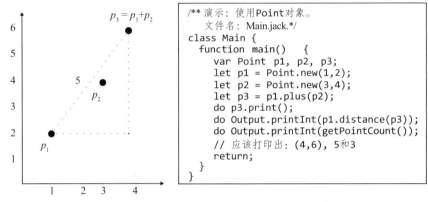

图Ⅱ.1 在平面上操作"点":例子与代码

读者可能好奇,为什么 Jack 使用像 var、let 和 do 这样的关键字。暂时不要纠结于语法细节。相反,先专注于整体,来看看如何使用 Jack 语言实现 Point 抽象数据类型(参见图Ⅱ.2)。

```
/** 表示一个两维空间的点。
    文件名:Point.jack.*/
class Point {
  // 这个点的坐标:
  field int x, y;
  // 到目前为止构建的Point对象的数目
  static int pointCount;
  /** 构建一个两维空间的点,
      并用提供的坐标进行初始化 */
  constructor Point new(int ax, int ay) {
    let x= ax;
    let y= ay;
    let pointCount pointCount + 1;
    return this;
  }
  /** 返回这个点的x坐标 */
  method int getx() {return x;}
  /** 返回这个点的y坐标 */
  method int gety() {return y;}
  /** 返回目前为止构建的Point对象的数目 */
  function int getPointCount() {
    return pointCount;
  }
}
// 更多类的声明见右图
```

```
/** 返回一个新的Point对象(该对象是
    当前Point对象和输入参数Point对象之和)*/
method Point plus(Point other) {
  return Point.new(x + other.getx(),
                   y + other.gety());
}
/** 返回当前Point对象与输入参数Point对象
    的欧几里德距离 */
method int distance(Point other) {
  var int dx, dy;
  let dx= x - other.getx();
  let dy= y - other.gety();
  return Math.sqrt((dx*dx) + (dy*dy));
}
/** 输入当前对象的坐标,形如"(x, y)"*/
method void print() {
  do Output.printString("(");
  do Output.printInt(x);
  do Output.printString(",");
  do Output.printInt(y);
  do Output.printString(")");
  return;
}
} // 结束Point类的声明
```

图Ⅱ.2 用 Jack 语言实现 Point 抽象数据类型

图Ⅱ.2中的代码说明 Jack 类(注意,Main 和 Point 是两个不同的类)是一个包含多个

子程序的集合，每个子程序可以是**构造函数**、**方法**或**函数**。**构造函数**是创建新对象的子程序，**方法**是在当前对象上操作的子程序，**函数**是不考虑特定对象的子程序。坚定的面向对象设计拥护者可能会对在同一个类中混合使用方法和函数感到不满，这里只是为了说明这些概念。

本节的剩余部分会对 Main 类和 Point 类做简单描述，目标是让读者提前感受一下 Jack 编程，详细的描述将留到第 9 章。因此，这里只关注最重要的概念。Main.main 函数首先声明了三个**对象变量**（也称为**引用**或**指针**），用于引用 Point 类的实例。然后，构造了两个 Point 对象，分别用变量 p1 和 p2 来引用。接下来，调用了 plus 方法，并用 p3 来引用该方法返回的 Point 对象。Main.main 函数的其余部分打印出一些结果。

Point 类首先声明每个 Point 对象包括两个**字段变量**（也称为**属性**或**实例变量**）。然后，它声明了一个**静态变量**，即与特定对象无关的类级别的变量。类构造函数中设置了新创建对象的字段值，并递增了从这个类派生的实例的数量。注意，Jack 的构造函数必须明确地返回新创建对象的内存地址。根据 Jack 语言的规则，使用 this 来表示当前对象的地址。

读者可能好奇为什么由 distance 方法返回的平方根的结果存储在 int 类型变量中——显然，使用一个实数类型（比如 float 类型）会更合理一些。这是因为，Jack 语言只支持三种基本数据类型：int、boolean 和 char。其他数据类型可以使用类来实现，参见本书第 9 章和第 12 章。

3. 操作系统

Main 类和 Point 类使用了三个操作系统函数：Output.printInt、Output.printString 和 Math.sqrt。与其他现代高级语言一样，Jack 语言通过一组**标准类**来增强语言的功能，这些类提供常用的操作系统服务（完整的操作系统 API 将在附录 F 中给出）。后续内容中会详细讨论操作系统服务。第 9 章在 Jack 编程时会使用这些操作服务，第 12 章会构建这些操作系统服务。

除了可以直接从 Jack 程序中调用操作系统服务外，操作系统还以其他不太明显的方式发挥作用。例如，在面向对象的语言中，需要使用 new 操作来构建对象。但是，编译器如何知道在主机 RAM 的哪个位置放置新构造的对象？实际上，编译器不知道，而是需要调用一个操作系统例程来解决这个问题。在第 12 章中构建操作系统时，读者将实现一个典型的运行时内存管理系统。届时，读者将深刻体会这个系统如何同时与硬件、编译器进行交互，从而高效地分配和回收 RAM 空间。这个例子很好地说明了操作系统如何构建起高级应用程序和主机硬件平台之间的桥梁。

II.2 程序的编译

高级语言程序是一个跟底层硬件没有直接联系的符号化抽象。在执行程序之前，高级代码必须被翻译成机器语言。这个翻译过程称为**编译**，执行这个过程的程序称为**编译器**。编写一个将高级语言程序翻译成低级机器指令的编译器是一个具有挑战性的任务。一些语言（如 Java 和 C#）通过使用一个优雅的**两层编译模型**来应对这个挑战。首先，源程序被翻译成中间的抽象虚拟机代码。这种代码在 Java 和 Python 中称为**字节码**，在 C#/.NET 中称为**中间语言**。接下来，借助一个完全独立的流程，可以进一步将虚拟机代码翻译成任意目标硬件平台的机器语言。

这种两层架构是 Java 成为主流编程语言的主要原因之一。从历史的角度来看，Java 可以被视为一个强大的面向对象语言，其两层编译模型的设计正是在正确的时间做了正确的事情，从而使 Java 获得巨大成功。20 世纪 90 年代，正值计算机从一些可预测、比较固定的处理器和操作系统平台的组合逐渐演变为各种各样的个人计算机、手机、移动设备和物联网设备的复杂混合体，并通过全球网络连接在一起。这时，编写能够在多个主机平台上执行的高级语言程序是一个令人畏惧的挑战；因为传统的做法是针对不同主机平台分别编译甚至开发对应的程序。为了简化这个分布式、多供应商的生态系统（从编译的角度来看），一种方法是基于一个公认的虚拟机架构来构建它。虚拟机作为一个共同的中间运行时环境，提供了不同平台的虚拟机实现。这样，开发人员编写的高级语言程序几乎不需要修改，就可以依赖不同虚拟机实现，得以在众多不同的硬件平台上运行。在第二部分中，将详细讨论这种两层模型的强大之处。

展望

本书剩下的部分将致力于开发上述令人兴奋的软件技术。最终目标是创建一个基础设施，用于将任意高级语言程序转化为可执行代码。这个路线图如图 Ⅱ.3 所示。

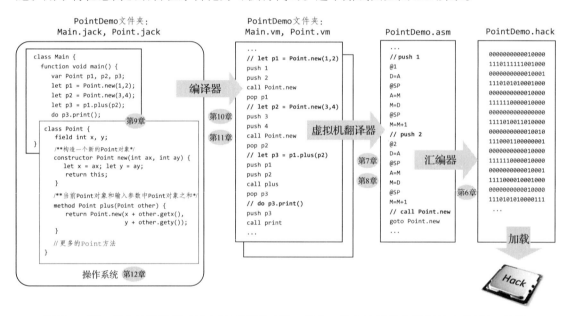

图 Ⅱ.3　第二部分的路线图（其中汇编器属于第一部分，放在这里是为了保持完整性）。该路线图描述了一个翻译的层次结构，将一个高级的、基于对象的、含有多个类的程序，先翻译成虚拟机代码，再翻译成汇编代码，进一步翻译成可执行的二进制代码。图中带编号的圆圈分别代表用来实现编译器、虚拟机翻译器、汇编器和操作系统的实验。实验 9 专门编写一个 Jack 应用，以便让读者熟悉 Jack 编程语言

秉承本书的一贯风格，将采用自底向上的方式完成第二部分的路线图。现在假设已经有一个配备了汇编语言的硬件平台。在第 7、8 章，将介绍一个虚拟机架构和一个虚拟机语言，并通过开发一个**虚拟机翻译器**将虚拟机程序翻译成 Hack 汇编程序来实现这个抽象。在第 9 章，将介绍 Jack 高级语言，并使用它开发一个简单的计算机游戏。这样，读者可以在实现 Jack 语言和构建操作系统之前，提前熟悉它们的使用。在第 10、11 章，将开发 Jack 编译器，将 Jack 语言程序翻译成虚拟机程序。在第 12 章，将构建操作系统。

现在，让我们卷起袖子开始工作吧！

| 第 7 章 |
| The Elements Of Computing Systems |

虚拟机 I：处理

> 程序员是创造者，是他们独立负责的宇宙的创造者。借助计算机程序的形式，他们可以创造出无限复杂的宇宙。
>
> ——约瑟夫·维森鲍姆，《计算机能力与人类理性》（1974）

本章介绍为面向对象的高级语言构建编译器的任务的第一个阶段。完成这个任务需要两个阶段，每个阶段用两章来介绍。在第 10 章和第 11 章，将描述一个**编译器**的构建，旨在将高级语言程序翻译成**虚拟机中间代码**；而在第 7 章和第 8 章，将描述一个后续的翻译器的构建，旨在将虚拟机中间代码翻译成目标硬件平台的机器语言。本书将按照自底向上的顺序来讨论这个两层编译模型，并完成相关的构建任务。

这个两层编译模型的核心是中间代码，用于在一个称为**虚拟机**（Virtual Machine，VM）的抽象计算机上运行。与直接将高级语言程序翻译成机器语言的传统编译器相比，这种两层编译模型有很多优点。其中一个优点是具有跨平台的兼容性：虚拟机可以在许多硬件平台上实现，因此相同的虚拟机代码可以在任何安装有这种虚拟机实现的设备上运行。这也是 Java 成为移动应用程序的主要开发语言的原因之一。移动设备的特点正是有许多不同的处理器和操作系统。

虚拟机可以通过使用软件解释器、专用硬件或将虚拟机程序翻译成设备的机器语言等方法在目标设备上实现。Java、Scala、C# 和 Python 等语言以及本书开发的 Jack 语言都采用了后一种实现方法。

本章介绍了一个典型的虚拟机架构和虚拟机语言，从概念上分别类似于 Java 虚拟机（JVM）和字节码。按照本书一贯的做法，将从两个角度介绍虚拟机。首先介绍和规定虚拟机抽象，描述虚拟机的设计目标。接下来，描述该虚拟机在 Hack 平台上的一个可能的实现方案。该实现需要编写一个称为**虚拟机翻译器**的程序，将虚拟机代码翻译成 Hack 汇编代码。

本书将要介绍的虚拟机语言包括算术逻辑命令、内存访问命令（push 和 pop）、分支命令、函数调用命令以及函数返回命令。本书将该语言的讨论与实现分成两个部分，每部分对应一章以及一个实验。在本章中，将构建一个基本的虚拟机翻译器，它实现虚拟机的算术逻辑命令和内存访问命令。在下一章中，将扩展基本的翻译器，以处理分支和函数命令。最终将得到一个全功能的虚拟机实现，它可以作为第 10 和 11 章中构建的编译器的后端。

该虚拟机展示了几个重要的思想和技术。首先，一个计算框架模拟另一个计算框架的概念是计算机科学中的一个基本思想，可以追溯到 20 世纪 30 年代的艾伦·图灵。当前，虚拟机模型是几个主流编程环境（包括 Java、.NET 和 Python）的核心。了解这些编程环境如何工作的最好方法是构建它们的虚拟机核心代码的简单版本。这正是本书所要做的。

另外一个重要主题是**栈的处理**。栈是一种基本的、优雅的数据结构，广泛应用于许多计算机系统、算法和应用程序中。本章介绍的虚拟机是基于栈的，它提供了这种广泛应用的、强大的数据结构的一个应用范例。

7.1 虚拟机范式

高级语言程序必须先被翻译成计算机的机器语言，才能在目标计算机上运行。传统的做法是，针对每个高级语言和低级机器语言的组合，都需要开发一个专门的编译器。多年来，由于有众多高级语言和处理器指令集存在，导致出现了众多不同的编译器，每个编译器都依赖于其源语言和目标语言的每一个细节。解耦这种依赖的一种方式是将整个编译过程分为两个几乎独立的阶段。在第一阶段，高级代码被解析并翻译为目标硬件无关的、中间的抽象代码。在第二阶段，中间代码进一步被翻译为目标硬件相关的低级机器语言。

从软件工程的角度，这种两层编译模型非常具有吸引力。首先，第一个翻译阶段仅依赖于源高级语言的细节，而第二个阶段仅依赖于目标低级机器语言的细节。当然，两个翻译阶段之间的接口（中间处理步骤的确切定义）必须经过精心设计和优化。在程序翻译技术的演变过程中，编译器开发人员认为这种中间接口相当重要，值得作为一个可以在抽象机器上执行的、独立的语言来定义和设计。具体来说，可以定义和描述一个**虚拟机**，其命令实现了前述中间处理步骤，并由高级语言命令翻译生成。曾经作为单一大型程序的编译器现在分为两个独立且更加简单的程序。第一个程序仍然称为**编译器**，它将高级代码转化为中间的虚拟机命令；第二个程序被称为**虚拟机翻译器**，它进一步将虚拟机命令翻译为目标硬件平台的机器指令。图 7.1 以 Java 为例说明了这种两层编译框架如何增强 Java 程序的跨平台可移植性。

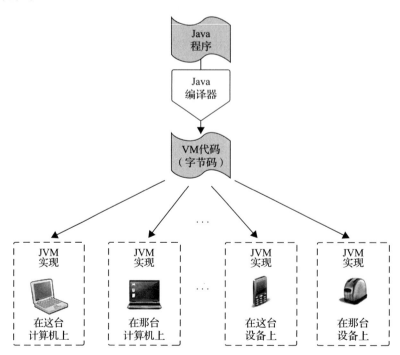

图 7.1 以 Java 为例的虚拟机框架。高级语言程序被编译为中间虚拟机代码。相同的虚拟机代码可以在任何安装了相应的 JVM 实现的硬件平台上执行。这些虚拟机实现通常作为客户端程序，将虚拟机代码转换为目标设备的机器语言

虚拟机框架带来了许多实际的好处。当一个厂商推出一个新的数字设备（比如手机）时，它可以相对容易地为该设备开发一个JVM实现，称为Java运行时环境（Java Runtime Environment, JRE）。这个运行时环境的支持可以为设备提供大量可用的Java软件。而在像.NET这样的框架中，多种高级编程语言可以编译成相同的中间虚拟机语言，不同语言的编译器可以共享相同的虚拟机后端，使用共同的软件库并进行语言互操作。

虚拟机框架的优雅和强大的代价是效率的降低。很自然，一个两层翻译过程最终会生成比直接编译生成的代码更冗长和烦琐的机器代码。然而，随着处理器变得更快，以及虚拟机实现的进一步优化，对大多数应用而言效率降低的影响很小。当然，总会有高性能的应用程序和嵌入式系统继续要求使用像C和C++这样通过单层编译器生成的高效的代码。因此，现代的C++编译器版本既有经典的单层编译框架，也有基于虚拟机的双层编译框架。

7.2 栈机器

设计一个有效的虚拟机语言需要在高级编程语言和各种低级机器语言之间找到一个合理的平衡，即虚拟机语言应该同时满足来自上游和下游的要求。首先，语言应该具有合理的表达能力。本书通过设计一个包含算术逻辑命令、内存访问命令（即push/pop命令）、分支命令和函数命令的虚拟机语言来满足这一点。这些虚拟机命令应该足够"高级"，以便让编译器生成的虚拟机代码结构合理且优雅。同时，虚拟机命令应该足够"低级"，以便虚拟机翻译器从这些命令生成紧凑、高效的机器代码。换言之，必须确保高级语言和虚拟机语言之间的差别，以及虚拟机语言和机器语言之间的翻译差别都不会很大。满足这些看起来相互冲突的要求的一种方法是，基于一个称为**栈机器**的抽象体系结构来构建虚拟机语言。

请读者保持耐心。现在要描述的栈机器与稍后将在本书中介绍的编译器之间的关系是很微妙的。因此，建议读者在当下能够享受栈机器抽象的内在美，而不必过于担心它与编译器的联系。此外，虚拟机卓越的抽象能力只有在下一章的最后阶段才会得到完美体现。因此，现在只需要记住任何高级编程语言编写的程序都可以转换为栈上的一系列操作。

7.2.1 入栈和出栈

栈机器模型的核心是一个称为"**栈**"的抽象数据结构。栈是一个连续的存储空间，根据需要可以自动增大和缩小。栈支持多种操作，其中两个关键操作是入栈（push）和出栈（pop）。入栈操作将一个值添加到栈的顶部，就像在一堆盘子的顶部再叠加一个盘子。出栈操作会移除栈顶部的元素，然后，原顶部元素的下一个元素将成为新的顶部元素。出栈和入栈可参见图7.2的示例。注意，入栈/出栈逻辑产生了后进先出（Last In First Out, LIFO）的访问逻辑：弹出的元素始终是最后一个入栈的元素。事实证明，这种访问逻辑非常适用于程序的翻译和执行，但需要两章来进行说明。

正如图7.2所示，本书的虚拟机抽象包括一个**栈**，以及一个类似于RAM的连续内存段。请注意，栈访问与传统的内存访问不同。首先，栈只能从其顶部访问，而常规内存支持直接和索引访问内存中的任何位置。其次，从栈中**读取**值是一种破坏性操作：只能读取顶部元素，且访问它的唯一方法是从堆栈中**移除**它（尽管某些栈模型还提供了*peek*操作，允许在不移除元素的情况下进行读取)。相比之下,从常规内存中读取值不会对内存的状态产生影响。最后,向栈写入值是将一个值添加到栈的顶部,而不会改变栈中的其他值。相反,将值写入常规内存则是一种破坏性操作,因为它会覆盖存储在该位置的旧值。

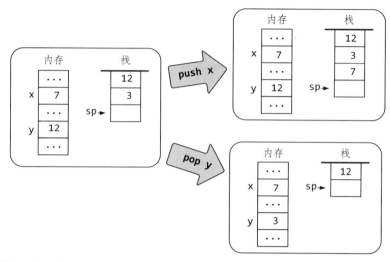

图 7.2 栈处理的示例,展示了入栈和出栈这两个基本操作。这个场景包括两个数据结构:一个类似于 RAM 的内存段和一个栈。按照 Linux 的惯例,此处栈向下增长。栈的顶部值后面的空白位置由栈指针(stack pointer, sp)指示。符号 x 和 y 表示两个任意的内存位置

7.2.2 栈上的算术运算

考虑一般化的操作 $x\ op\ y$,其中操作符 op 应用于操作数 x 和 y,例如,7+5,3−8 等。在栈机器中,每个 $x\ op\ y$ 操作的执行步骤如下:首先,操作数 x 和 y 依次从栈顶出栈;接下来,计算 $x\ op\ y$ 的值;最后,将计算得到的值入栈。同样,一元操作 $op\ x$ 的执行方式是将 x 从栈顶出栈,计算 $op\ x$ 的值,最后将这个值入栈。图 7.3 展示了栈机器处理加法和取反运算的过程。

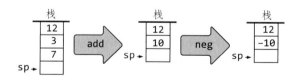

图 7.3 栈机器处理加法和取反运算的过程

通用的算术表达式基于栈的求值过程也采用了上述思路。例如,考虑高级语言程序中的表达式 d=(2-x)+(y+9)。图 7.4a 中展示了该表达式基于栈的求值过程。遵循相同的思路,图 7.4b 中展示了逻辑表达式基于栈的求值过程。

从栈的角度来看,每个算术运算或逻辑运算的效果是用子表达式的运算结果替换子表达式,而不影响栈上的其余部分。这类似于人类使用短期记忆进行心算的过程。例如,如何计算 $3\times(11+7)-6$ 的值?我们首先在心中蹦出表达式中的 11 和 7,并计算出 11+7 的结果。然后将结果代回到表达式中,得到 $3\times 18-6$。效果就是 (11+7) 被 18 替换,而表达式

的其余部分与之前相同。继续执行类似的出栈—计算—入栈的心算操作，直到表达式被简化为一个值为止。

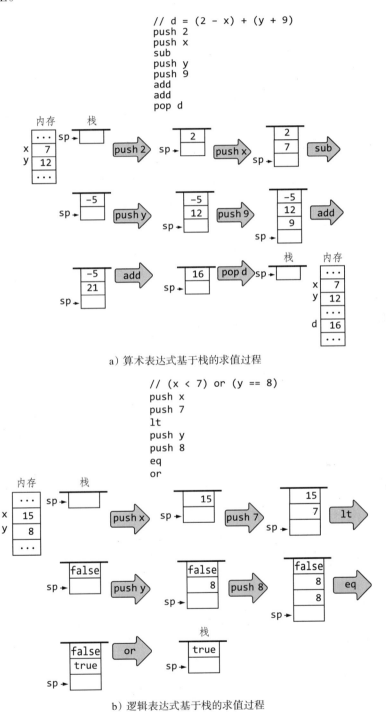

a) 算术表达式基于栈的求值过程

b) 逻辑表达式基于栈的求值过程

图 7.4 算术表达式和逻辑表达式基于栈的求值过程

这些示例展示了栈机器的一个重要优点：任何算术和逻辑表达式（无论多么复杂）都可以系统地转换成栈上的一系列简单操作来进行求值。因此，可以编写一个**编译器**，将高级的算术表达式和逻辑表达式翻译成栈命令的序列，正如我们将在第 10 和 11 章中讨论的那样。一旦高级表达式被简化为栈命令序列，就可以使用栈机器来求值。

7.2.3 虚拟内存段

目前为止的栈处理的示例中，入栈和出栈命令使用了语法 push *x* 和 pop *y* 进行了说明，其中 *x* 和 *y* 抽象地指代任意内存位置。现在，我们对入栈和出栈命令进行正式描述。

高级编程语言中具有诸如 x、y、sum、count 等符号变量。如果语言是基于对象的，那么这些变量可以是类级的**静态变量**、对象实例级的**字段变量**、方法级的**局部变量**或**参数变量**。然而，在 Java 的 JVM 以及本书的虚拟机模型中，不存在符号变量的概念。相反，变量被表示为位于不同虚拟内存段中的条目，比如 static、this、local 和 argument 段。在后续的章节中会看到，编译器将在高级语言程序中找到的第一个、第二个、第三个静态变量映射为 static 0、static 1、static 2 等。其他变量类型也类似地映射到 this、local 和 argument 段上。例如，如果局部变量 x 和字段变量 y 分别被映射到 local 1 和 this 3，那么一个类似于 let x=y 的高级语句将被编译器转换为：push this 3；pop local 1。总的来说，本书的虚拟机模型包括了八个内存段，这些段的名称和作用在图 7.5 中列出。

内存段的名称	作用
argument	表示函数的参数
local	表示函数的局部变量
static	表示函数可以访问的静态变量
constant	表示常量值 0,1,2,3,…,32 767
this	参考后续章节
that	参考后续章节
pointer	参考后续章节
temp	参考后续章节

图 7.5 虚拟内存段

注意，虚拟机的开发者不需要关心编译器是如何将符号变量映射到虚拟内存段上的。在第 10 和 11 章中构建编译器时，会详细讨论这些问题。当前可以观察到虚拟机命令以完全相同的方式访问所有虚拟内存段，即通过使用**段名**后跟随**非负索引**的方式来访问。

7.3 虚拟机规范：第一部分

本书的虚拟机模型是**基于栈**的，即所有虚拟机操作都从**栈**中获取操作数，并将结果存储在**栈**中。只支持一种数据类型——有符号的 16 位整数。一个虚拟机**程序**是一系列虚拟机命令，这些命令分为四个类别：

- 入栈 / 出栈命令：在栈和内存段之间传输数据。
- 算术逻辑命令：执行算术操作和逻辑操作。
- 分支命令：支持条件分支操作和无条件分支操作。
- 函数命令：支持函数的调用和返回操作。

本章聚焦于**算术逻辑**和**入栈 / 出栈**命令。下一章将讨论其余命令的规范。

1. 注释和空白

以 // 开头的行被视为注释并被忽略。允许使用空白行，以便排版更美观。

2. 入栈出栈命令

- push *segment index*：将 *segment*[*index*] 的值入栈，其中 *segment* 是 argument、local、static、constant、this、that、pointer 或 temp 等内存段，而 *index* 是非负整数的索引。
- pop *segment index*：将栈顶值出栈，并将其存储在 *segment*[*index*] 中，其中 *segment* 是 argument、local、static、this、that、pointer 或 temp，而 *index* 是非负整数的索引。

3. 算术逻辑命令

- 算术命令：add、sub、neg。
- 比较命令：eq、gt、lt。
- 逻辑命令：and、or、not。

命令 add、sub、eq、gt、lt、and 和 or 具有两个隐含的操作数。隐含操作数是指，操作数不是命令语法的一部分。因为这些命令始终操作栈顶的两个值，所以没有必要用语法指定它们。要执行这些命令，虚拟机会从栈顶弹出两个值，对它们执行相应的计算，并将结果入栈。neg 和 not 命令只有一个隐含操作数，工作方式相同。详情可参考图 7.6。

命令	计算	说明
add	$x+y$	整数加法（二进制补码）
sub	$x-y$	整数减法（二进制补码）
neg	$-y$	算术相反运算（二进制补码）
eq	$x==y$	相等
gt	$x>y$	大于
lt	$x<y$	小于
and	x And y	位与
or	x Or y	位或
not	Not y	位非

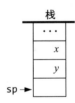

图 7.6　虚拟机语言中的算术逻辑命令

7.4　实现

到目前为止，描述的虚拟机是一个抽象的概念。如果想在实际中使用这个虚拟机，就必须在某个真实的机器平台上进行实现。有几种实现选择，其中一种是：**虚拟机翻译器**。虚拟机翻译器是一个将虚拟机命令翻译成机器指令的程序。编写这样的程序涉及两个主要任务。首先，必须决定如何在目标平台上表示栈和虚拟内存段。其次，必须将每个虚拟机命令翻译成一系列可以在目标平台上执行的低级指令。

例如，假设目标平台是典型的冯·诺依曼机。在这种情况下，可以使用主机 RAM 中的一个指定内存块来表示虚拟机的栈。这个内存块的较低端是一个固定的基地址，而其较高端则随着栈的增长或缩小而变化。因此，给定一个固定的 stackBase 地址，可以通过跟踪单个变量，即栈指针（Stack Pointer,SP），来管理栈。栈指针始终保存着栈顶后面的

RAM 条目的地址。为了初始化栈，可以将 SP 设置为 stackBase。这样，每个 push x 命令可以通过如下操作实现：RAM[SP]=x；SP++。而每个 pop x 命令也可以通过如下操作来实现：SP--；x=RAM[SP]。

现在假设主机平台是第一部分介绍的 Hack 计算机，并且栈基地址锚定在 Hack RAM 的地址 256 处。在这种情况下，虚拟机翻译器可以通过生成汇编代码来实现：SP=256，即 @256，D=A，@SP，M=D。虚拟机翻译器可以通过生成实现 RAM[SP++]=x 和 x=RAM[--SP] 的汇编代码来分别处理每个 push x 和 pop x 命令。

接下来，考虑虚拟机算术逻辑命令 add、sub、neg 等的实现。这些命令共享完全相同的访问逻辑：从栈顶弹出命令的操作数，进行简单的计算，然后将结果入栈。因此，一旦弄清楚了如何实现虚拟机的入栈和出栈命令，虚拟机的算术逻辑命令的实现就很直接了。

7.4.1 Hack 平台上的标准虚拟机映射：第一部分

到目前为止，对虚拟机将在哪个目标平台上实现没有做任何假设：一切都是抽象描述的。对虚拟机而言，这种平台独立性正是关键：不希望将虚拟机抽象限制在特定的硬件平台上，而是希望它可以运行在任何平台上，包括那些尚未构建或发明的平台。

当然，最终必须在特定的硬件平台上实现虚拟机抽象（例如，在图 7.1 中提到的目标平台之一上实现）。那么应该如何做呢？原则上，最终能够忠实而高效地实现虚拟机抽象的方法都可以。但是，虚拟机架构师通常会为不同的硬件平台提供基本的实现指南，称为**标准映射**（standard mapping）。本节的剩余部分规定了本书的虚拟机抽象在 Hack 计算机上的标准映射。在后面的内容中，**虚拟机实现**和**虚拟机翻译器**这两个术语可以互换使用。

（1）虚拟机程序

完整的**虚拟机程序**的定义将在下一章给出。现在将虚拟机程序视为存储在名为 *FileName*.vm 的文本文件中的一系列虚拟机命令。注意，这里文件名的第一个字符必须是大写字母，扩展名必须为 vm。虚拟机翻译器应该读取文件中的每一行，将其视为虚拟机命令，并将其翻译为一条或多条使用 Hack 语言编写的汇编指令。翻译后的一系列 Hack 汇编指令存储在名为 *FileName*.asm 的文本文件中。这里，文件名与源文件相同，扩展名必须为 asm。该 .asm 文件应该执行源虚拟机程序规定的语义。该文件可以通过 Hack 汇编器转换为二进制代码，或在 Hack CPU 模拟器上直接运行。

（2）数据类型

虚拟机抽象只有一个数据类型：有符号整数。在 Hack 平台上，这种类型被实现为 16 位二进制补码。虚拟机中的布尔值 *true* 和 *false* 分别表示为 –1 和 0。

（3）RAM 的使用

主机 Hack RAM 由 32K 个 16 位的字组成。虚拟机实现应对该地址空间进行如下规划：

RAM 地址	用法
0 ~ 15	16 个虚拟寄存器（具体用法后续讨论）
16 ~ 255	静态变量
256 ~ 2047	栈

回想一下，根据 Hack 机器语言规范（参见第 6 章），RAM 地址 0 ~ 4 可以分别使用符

号 SP、LCL、ARG、THIS 和 THAT 来引用。在汇编语言中引入这些符号是为了方便虚拟机的开发者编写可读的代码。在虚拟机实现中，这些地址的预期用途如下：

名字	地址	用法
SP	RAM[0]	栈指针。栈顶元素的后一个内存地址
LCL	RAM[1]	local 内存段的基地址
ARG	RAM[2]	argument 内存段的基地址
THIS	RAM[3]	this 内存段的基地址
THAT	RAM[4]	that 内存段的基地址
TEMP	RAM[5-12]	temp 内存段
R13	RAM[13-15]	如果虚拟机翻译器生成汇编代码时，需要使用变量，就可以使用这些寄存器
R14		
R15		

上面表格中内存段的**基地址**指的是主机 RAM 中的物理地址。例如，如果希望将 local 段映射到从地址 1017 开始的物理 RAM 段，就可以编写 Hack 代码将 LCL 设置为 1017。此处顺便提一下，在主机 RAM 中决定虚拟内存段的位置是一个复杂的问题。例如，每次函数开始执行时，都必须分配 RAM 空间来容纳其 local 段和 argument 段。当一个函数 f 调用另一个函数 g 时，必须将函数 f 的这些段先保留下来，并为被调用函数 g 的段分配新的 RAM 空间，依此类推。如何确保这些无限制的内存段不会溢出到彼此的区域或者其他保留的 RAM 区域？在下一章中实现虚拟机语言的函数调用和返回命令时，会详细讨论内存管理面临的这些挑战。

这里先不考虑这些挑战，而是假设 SP、ARG、LCL、THIS 和 THAT 已经在主机 RAM 中初始化为一些合理的地址。注意，虚拟机的实现并不关心这些地址的确切值，而是使用指针符号来进行操作。例如，假设要将 D 寄存器的值入栈，可以使用 RAM[SP++]=D 的逻辑来实现此操作，其在 Hack 汇编中可以表示为 @SP, A=M, M=D, @SP, M=M+1。这段代码可以完美执行入栈操作，同时既不用知道栈在主机 RAM 中的位置，也不用知道栈指针的当前值。

建议花点时间消化刚刚展示的汇编代码。如果你不理解它，建议重新学习 Hack 汇编语言中的指针操作的知识（见 4.3 节中的示例 3）。这些知识是开发虚拟机翻译器的先决条件，因为每个虚拟机命令的翻译都涉及 Hack 汇编代码的生成。

内存段的映射

（1）local、argument、this、that 段

在下一章中，将讨论虚拟机实现如何动态地将这些段映射到主机 RAM 上。目前，只需要知道这些段的基地址分别存储在寄存器 LCL、ARG、THIS 和 THAT 中。因此，对虚拟内存段的第 i 个条目的每次访问（对应虚拟机中的 push/pop *segment i* 命令）都被翻译为访问 RAM 中的地址（*base*+*i*），其中 *base* 是指针 LCL、ARG、THIS 或 THAT 之一。

（2）指针段

与上述虚拟段不同，Pointer 段只包含两个值，并且直接映射到 RAM 位置 3 和 4。回想一下，这些 RAM 位置分别称为 THIS 和 THAT。因此，Pointer 段的语义如下：对 Pointer 0 的任何访问都需要访问 THIS 指针，对 Pointer 1 的任何访问都需要访

问 THAT 指针。例如，pop pointer 0 将 THIS 的当前值设置为栈顶弹出的值，push pointer 1 将 THAT 的当前值入栈。在第 10～11 章中编写编译器时，你会感受到这些特殊语义的合理性。

（3）Temp 段

这个包含 8 个字的段也是固定的，直接映射到 RAM 位置 5～12。因此，对 temp i 的任何访问（其中 i 从 0～7 变化），都应该被翻译为访问 RAM 位置 5+i 的汇编代码。

（4）常量段

这个内存段实际上是虚拟的，不占用任何物理 RAM 空间。相反，虚拟机的实现通过直接使用 constant i 来表示对常量 i 的任何访问。例如，命令 push constant 17 被翻译为将值 17 入栈的汇编代码。

（5）静态段

静态变量映射到主机 RAM 的地址区间为 16～255。虚拟机翻译器可以自动实现这种映射，方法如下。在名为 Foo.vm 的虚拟机程序文件中的对静态变量 i 的每次引用，都可以被翻译为汇编符号 Foo.i。根据 Hack 机器语言规范（见第 6 章），Hack 汇编器将从主机 RAM 上的地址 16 开始映射这些符号变量。这样，虚拟机程序中的静态变量可以按照它们在虚拟机代码中出现的顺序被映射到地址 16 及后面的地址。例如，假设一个虚拟机程序以代码 push constant 100，push constant 200，pop static 5，pop static 2 开始。这些代码将使索引为 5 和 2 的静态变量被分别映射到 RAM 地址 16 和 17。

静态变量的这种实现技巧性比较强，但效果很好。它允许不同虚拟机文件中的静态变量可以在不混杂的情况下共存，因为生成的 *FileName.i* 符号具有唯一的文件名前缀。最后需要说明的是，由于栈从地址 256 开始，该实现将限制 Jack 程序中静态变量的数目为 256-16=240。

（6）汇编语言符号

总结一下上面提到的所有特殊符号。假设需要翻译的虚拟机程序存储在名为 Foo.vm 的文件中。根据 Hack 平台上的标准虚拟机映射，虚拟机翻译器会生成使用以下符号的汇编代码：SP、LCL、ARG、THIS、THAT 和 Foo.i，其中 i 是非负整数。如果翻译过程中需要使用变量进行临时存储，虚拟机翻译器可以使用符号 R13、R14 和 R15。

7.4.2 虚拟机模拟器

实现虚拟机的一个相对简单的方法是编写一个高级语言程序，来表示栈和内存段，以及实现所有的虚拟机命令。例如，如果使用一个足够大的数组来表示栈（将其命名为 stack），就可以直接使用类似 stack[SP++]=x 和 x=stack[--SP] 的高级语句来实现 push 和 pop 操作。虚拟内存段也可以使用数组来处理。

如果希望这个虚拟机模拟程序更有趣，可以为它增加一个图形界面，让用户可以执行虚拟机命令，并在栈和内存段的图像上直观地检查这些命令的效果。本书的软件包中包括一个使用 Java 编写的虚拟机模拟器（见图 7.7）。这个程序允许加载和执行虚拟机代码，并在模拟执行时可视化地观察虚拟机命令如何影响栈和内存段的状态。此外，模拟器还展示了栈和内存段如何映射到主机 RAM 上，以及当虚拟机命令执行时主机 RAM 的状态如何变化。本书提供的虚拟机模拟器是一个很棒的程序，试试吧！

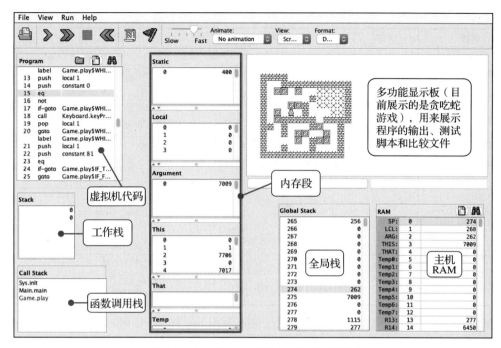

图 7.7 本书软件包提供的虚拟机模拟器

7.4.3 有关虚拟机实现的设计建议

用法：虚拟机翻译器接受单个命令行参数，格式如下：

prompt>虚拟机翻译器 source

其中，source 是一个形如 ProgName.vm 的文件名。文件名可以包含文件路径。如果没有指定路径，虚拟机翻译器将在当前文件夹中查找。文件名的第一个字符必须是大写字母，且 vm 扩展名是必需的。文件中包含一个或多个虚拟机命令。翻译器会创建一个输出文件，命名为 ProgName.asm，其中包含翻译出来的汇编指令。输出文件 ProgName.asm 存储在与输入文件相同的文件夹中。如果已经存在文件 ProgName.asm，原文件就会被覆盖。

1. 程序结构

建议使用三个模块来实现虚拟机翻译器：一个主程序 VMTranslator、一个解析器 Parser，以及一个代码生成器 CodeWriter。解析器的工作是理解每个虚拟机命令，也就是理解每个命令的意图。代码生成器的工作是将理解的虚拟机命令翻译成能够在 Hack 平台上实现这些命令意图的汇编指令。VMTranslator 驱动整个翻译过程。

2. 解析器（Parser）

这个模块处理单个 .vm 文件的解析。解析器用于读取虚拟机命令，将命令解析成多个组件，并提供对这些组件的访问。此外，解析器会忽略所有空格和注释。解析器需要处理所有的虚拟机命令，包括将在第 8 章中实现的分支命令和函数命令。

例程	参数	返回值类型	功能
构造函数/初始化器	输入文件	—	打开输入文件，准备解析
hasMoreLines	—	boolean	输入文件中是否还有更多文本行

（续）

例程	参数	返回值类型	功能
advance	—	—	从输入文件中读取下一个命令，并设置为当前命令 只有 hasMoreLines 返回 true 时才调用该例程 初始时当前命令为空
commandType	—	C_ARITHMETIC, C_PUSH, C_POP, C_LABEL, C_GOTO, C_IF, C_FUNCTION, C_RETURN, C_CALL 等 枚举常量	返回表示当前命令的枚举常量 比如，如果当前命令是算术逻辑命令，则返回 C_ARITHMETIC
arg1	—	string	返回当前命令的第一个参数 如果当前命令是 C_ARITHMETIC，则返回命令本身（add、sub 等） 如果当前命令是 C_RETURN，则不应该调用该例程
arg2	—	int	返回当前命令的第二个参数 只有当前命令是 C_PUSH、C_POP、C_FUNCTION 或者 C_CALL 时才调用该例程

例如，如果当前命令是 push local 2，那么调用 arg1() 会返回 "local"，调用 arg2() 会返回 2。如果当前的命令是 add，那么调用 arg1() 会返回 "add"，而不会调用 arg2()。

3. 代码生成器（CodeWriter）

代码生成器模块用来将解析后的虚拟机命令翻译成 Hack 汇编代码。以下是该模块的几个例程，用于实现不同的功能。

例程	参数	返回值类型	功能
构造函数 / 初始化器	输出文件	—	打开一个文件并准备写入
writeArithmetic	命令（字符串）	—	将实现算术逻辑命令的汇编代码写入输出文件
writePushPop	命令（C_PUSH 或者 C_POP），段名（string），index（int）	—	将实现 push 或者 pop 命令的汇编代码写入输出文件
close	—	—	关闭输出文件

第 8 章中将添加更多的代码生成器的例程。

例如，调用 writePushPop(C_PUSH, "local",2) 将会生成汇编指令，实现虚拟机命令 push local 2。调用 writeArithmetic("add") 将会生成汇编指令，从栈弹出两个顶部元素，将它们相加，然后将结果入栈。

4. 主程序（VMTranslator）

主程序调用解析器和代码生成器来驱动翻译过程。程序从命令行参数中获取输入源文件的名称，例如 *Prog*.vm；接着构造一个解析器来解析输入文件 *Prog*.vm；再创建一个输出文件 *Prog*.asm，将翻译后的汇编指令写入该文件。然后，程序进入一个循环，遍历输入文件中的虚拟机命令。对于每个命令，程序调用解析器和代码生成器，将命令解析成组件，并为这些组件生成一系列汇编指令，将这些汇编指令写入输出文件 *Prog*.asm。

这里不提供此模块的 API，鼓励读者根据自己的需求进行实现。

5. 实现提示

1) 在翻译虚拟机命令时，比如 push local 2，可以考虑额外输出一个注释，例如

// `push local 2`。这些注释可以帮助你阅读生成的代码，以及在需要时调试翻译器。

2）几乎每个虚拟机命令都需要将数据入栈或出栈。因此，不同命令对应的 write*Xxx* 程序需要重复输出类似的汇编指令。为了避免编写重复的代码，考虑编写并使用**辅助例程**（或**辅助方法**）来生成这些常用的代码片段。

3）正如第 6 章中所解释的，建议在每个机器语言程序的末尾加入一个无限循环。因此，考虑编写一个辅助方法，以汇编形式编写无限循环代码。在完成所有虚拟机命令的翻译后，调用此方法即可。

7.5 实验

本实验需要编写一个程序，逐个读取虚拟机命令，并将每个命令翻译成对应的 Hack 指令。例如，应该如何处理虚拟机命令 `push local 2`？提示：需要翻译成一个 Hack 汇编指令序列，其中包括操作 SP 和 LCL 指针的指令。设计一个 Hack 指令序列来实现每个虚拟机算术逻辑命令和 push/pop 命令，正是这个实验的核心所在。这就是代码生成器的全部工作。

建议读者首先在纸上编写和检查这些汇编代码片段。绘制一个 RAM 段，再绘制一个跟踪表格用来记录 SP 和 LCL 等指针的值，并将这些变量初始化为任意的内存地址。现在，在纸上模拟执行所编写的旨在实现 `push local 2` 的汇编代码。代码是否正确地修改了 RAM 上的栈和局部段？是否记得更新栈指针？等等。一旦确信所编写的汇编代码片段能够正确地完成工作，就可以让代码生成器生成同样的片段。

由于虚拟机翻译器必须输出汇编代码，因此读者必须具有 Hack 汇编语言的编程技能。最好的方法是查阅第 4 章中的汇编程序示例以及在实验 4 中编写的程序。如果需要查阅 Hack 汇编语言文档，请参考 4.2 节。

（1）目标

构建一个基本的虚拟机翻译器，用于实现虚拟机语言的算术逻辑命令和 push / pop 命令。

这个版本的虚拟机翻译器假定源虚拟机代码是无误的。有关错误的检查、报告和处理功能，可以在后续版本的虚拟机翻译器中添加，但这些不是本实验的一部分。

（2）资源

读者需要两个工具：实现虚拟机翻译器的编程语言以及 nand2tetris/tools 文件夹中提供的 **CPU 模拟器**。CPU 模拟器可以执行和测试翻译器生成的汇编代码。如果生成的代码在 CPU 模拟器中正确运行，可以假定构建的虚拟机翻译器的实现符合预期。这只是对翻译器的部分测试，但对于本章的目标来说已经足够了。

在这个实验中非常有用的另一个工具是**虚拟机模拟器**，它也在 nand2tetris/tools 文件夹中提供。鼓励读者使用这个程序来执行提供的源测试程序，以及观察虚拟机代码如何影响栈和虚拟内存段的状态。例如，假设一个测试程序将一些常量入栈，然后将它们弹出到局部段。可以在虚拟机模拟器上运行测试程序、检查栈如何增长和缩小，以及局部段如何被填充。这可以帮助读者在实现之前了解虚拟机翻译器应该生成哪些操作。

（3）要求

编写一个虚拟机翻译器，同时符合 7.3 节中给出的虚拟机规范和 7.4.1 节中给出的 Hack 平台上的标准虚拟机映射。使用该翻译器将实验提供的用于测试的虚拟机程序转换为相应的 Hack 汇编程序。当在实验提供的 CPU 模拟器上执行这些汇编程序时，输出的结果应该满足测试脚本和比较文件的要求。

测试和实现阶段

本书提供了五个用于测试的虚拟机程序。建议按照提供的顺序来迭代开发和测试翻译器。这样，读者将按照每个测试程序提出的要求来逐步构建翻译器。

- SimpleAdd：该程序将两个常量入栈并将其相加。测试翻译器如何处理 push constant *i* 和 add 命令。
- StackTest：将一些常量入栈，并测试翻译器如何处理所有的算术逻辑命令。
- BasicTest：使用 constant、local、argument、this、that 和 temp 等内存段执行 push、pop 和算术命令。测试翻译器如何处理这些内存段（前面已经处理了 constant）。
- PointerTest：使用 pointer、this 和 that 内存段执行 push、pop 和算术命令。测试翻译器如何处理 pointer 内存段。
- StaticTest：使用常量和 static 内存段执行 push、pop 和算术命令。测试翻译器如何处理 static 内存段。
- 初始化：为了支持任意被翻译的虚拟机程序的运行，必须包含额外的启动代码，以便生成的汇编代码在主机平台上开始执行。而且，在此代码运行之前，虚拟机实现必须在选定的 RAM 位置锚定栈和虚拟内存段的基地址。下一章会详细讨论启动代码和段的初始化这两个问题。此处直接利用提供的初始化代码，以便执行本实验中的测试程序。所有必要的初始化工作也都由提供的测试脚本处理。
- 测试及调试过程：本书提供了五组测试程序、测试脚本和比较文件。对于每个测试程序 *Xxx*.vm，建议按照以下步骤进行：

0）使用 *Xxx*VME.tst 脚本在提供的虚拟机模拟器上运行测试程序 *Xxx*.vm。这可以让读者熟悉测试程序的预期行为。通过检查模拟栈和虚拟段，可以确保读者理解测试程序的行为。

1）使用当前构建的翻译器将文件 *Xxx*.vm（测试程序）翻译为 *Xxx*.asm，其中包含翻译器生成的 Hack 汇编代码。

2）检查翻译器生成的 *Xxx*.asm 代码。如果有明显的错误，请对翻译器进行调试和修复。

3）使用提供的 *Xxx*.tst 和 *Xxx*.cmp 文件在提供的 CPU 模拟器上运行和测试 *Xxx*.asm 程序。如果出现错误，请对翻译器进行调试和修复。

完成此实验后，务必备份当前构建的虚拟机翻译器。在下一章的实验 8 中，读者将被要求扩展此程序，添加对更多虚拟机命令的支持。这样，如果读者对实验 8 的修改导致实验 7 中的代码出现问题，就可以回退到备份的版本。

在网站 www.nand2tetris.org 上可以找到实验 7 的 Web 版本。

7.6 总结与讨论

本章开始了为高级语言开发编译器的过程。遵循现代软件工程实践，本书选择基于一个两层的编译模型。在**前端**（第 10 章和第 11 章），高级源代码被翻译成可以在虚拟机上运行的中间代码。在**后端**（本章和第 8 章），中间代码进一步被翻译成特定目标硬件平台上的机器代码（如图 7.1 所示）。

多年来，这种两层的编译模型在许多编译器构建项目中被隐式或显式地使用。在20世纪70年代末，IBM和Apple公司推出了开创性的个人计算机，分别称为IBM PC和Apple Ⅱ。在这些早期的个人计算机上，一种名为Pascal的高级编程语言十分流行。然而，由于IBM和Apple使用不同的处理器、机器语言和操作系统，因此必须为每个平台开发不同的Pascal编译器。而且，IBM和Apple是竞争对手，他们没有兴趣帮助开发者将软件移植到对方的计算机。Pascal语言的软件开发者为了让自己的程序能够在这两种计算机上运行，只得使用不同的编译器来生成机器特定的二进制代码——通常也需要针对不同类型的机器或编译器对源代码进行一些修改。这种情况引发了一个问题：是否有更有效的方法来实现跨平台编译，实现程序只需编写一次，就能在各种平台上运行？

解决这个挑战的一个尝试是一个早期的虚拟机框架，被称为 *p-code*。其基本思想是将Pascal程序编译成中间的p-code（类似于本书的虚拟机语言），然后使用一种实现来将抽象的p-code转换成IBM PC使用的Intel x86指令集，再使用另一种实现将相同的p-code转换成Apple计算机使用的Motorola 68000指令集。与此同时，其他软件公司开发了高度优化的Pascal编译器，生成高效的p-code。最终的结果是，同样的Pascal程序可以在几乎每台计算机上运行：无论客户使用哪台计算机，都可以为他们提供完全相同的p-code文件，无须使用多个编译器。当然，整个方案是基于下面的假设：用户的计算机安装了一个p-code实现（类似于本书的虚拟机翻译器）。为了实现这一点，p-code实现被免费分发到互联网上，用户将它们下载到自己的计算机上。从历史上看，这可能是第一次出现的跨平台高级语言的概念并获得了成功。

随着互联网和移动设备在20世纪90年代中期的爆炸性增长，跨平台兼容性成为一个令人头痛的问题。为了解决这个问题，Sun Microsystems公司（后来被Oracle收购）试图开发一种新的编程语言，其编译代码可以在连接到互联网的任何计算机和数字设备上运行。于是，建立在一种称为Java虚拟机（JVM）的中间代码执行模型上的语言——Java出现了。

JVM是一个规范，描述了一种中间语言（Java的虚拟机语言），称为**字节码**。字节码文件被广泛用于在互联网上分发Java程序。为了运行这些可移植的程序，客户端PC、平板电脑和手机必须安装适当的JVM实现，称为JRE（Java运行环境）。针对各种处理器和操作系统的组合，都存在相应的JRE程序。如今，许多个人计算机和手机的所有者通常会在设备上不知不觉地使用这些基础设施（JRE），却从来没有注意到它们的存在。

Python语言诞生于20世纪80年代末，它也基于一个两层编译模型。Python语言的核心是PVM（Python虚拟机），它使用自己的字节码版本。

在21世纪初，微软推出了.NET框架。.NET的核心是一个称为公共语言运行时（Common Language Runtime, CLR）的虚拟机框架。许多编程语言（如C#和C++）可以编译成在CLR上运行的中间代码。这样不同语言编写的代码可以相互操作，并共享一个公共运行时环境的软件库。当然，C和C++的单层编译器仍然广泛使用，特别是在需要高度优化的高性能应用中。

确实，本章完全绕过了**效率**问题。本章的实验要求开发一个虚拟机翻译器，但不要求生成的汇编代码的运行效率。显然，这是一个严重的疏忽。虚拟机翻译器是一项关键的支撑技术，位于PC、平板电脑或手机的核心，因为如果它能生成紧凑且高效的低级代码，应用程序就可以使用尽可能少的硬件资源在机器上更快速地运行。因此，对虚拟机翻译器进行优化是极为重要的。

通常来说，有许多优化虚拟机翻译器的机会。例如，高级代码中普遍存在类似 `let x=y` 的赋值语句。编译器将这些语句转换为类似的虚拟机命令：`push local 3;pop static 1`。如果虚拟机翻译器能够巧妙地实现这样的虚拟机命令序列，就可以生成完全避免访问栈的汇编代码，从而显著提升性能。当然，这只是众多可能的虚拟机优化例子之一。事实上，多年来 Java、Python 和 C# 的虚拟机实现变得日益强大和复杂。

最后需要说明的是，要想释放虚拟机模型的全部潜力，必须添加的一个关键部分是一个通用的软件库。Java 虚拟机带有**标准的 Java 类库**，而微软的 .NET Framework 则带有 **Framework 类库**。这些庞大的软件库提供包括内存管理、GUI 工具包、字符串函数、数学函数等众多服务，可以被视为可移植的操作系统。第 12 章将描述和构建这些扩展。

第 8 章

虚拟机 Ⅱ：控制

> 如果一切看起来都在控制之中，那只是因为你的速度还不够快。
>
> ——马里奥·安得雷蒂（生于 1940 年），赛车冠军

第 7 章介绍了**虚拟机**的概念，同时实验 7 在 Hack 平台上实现了一个抽象虚拟机和虚拟机语言。具体而言，在上一章中，介绍了如何使用和实现虚拟机的算术逻辑指令以及入栈出栈指令；在本章中，将介绍如何使用和实现虚拟机的分支指令和函数指令。本章将扩展实验 7 中开发的基本翻译器，最终得到一个完整的面向 Hack 平台的虚拟机翻译器。这个翻译器将作为在第 10 章和第 11 章中构建的编译器的后端模块。

在计算机科学领域的许多重要任务中，栈都是一种常用的、强大的数据结构。上一章展示了如何通过栈上的基本操作来表示和评估算术表达式和布尔表达式。本章将进一步展示，这个非常简单的数据结构可以支持更为复杂的任务，包括嵌套函数调用、参数传递、递归，以及程序正常运行所必需的各种内存分配和回收任务。大多数程序员期望编译器和操作系统以黑盒的方式提供这些服务。而现在，读者将打开这个黑盒，看看这些基本的编程机制是如何实现的。

运行时系统

每个计算机系统都必须规定一个运行时模型。这个模型回答了一些程序正常运行所必须解决的关键问题：如何启动程序的执行，当程序终止时计算机应该做什么，如何将参数从一个函数传递到另一个函数，如何为运行的函数分配内存资源，如何在不再需要时释放内存资源，等等。

在本书中，通过**虚拟机语言**规范以及 **Hack 平台上的标准映射**规范来解决这些问题。如果按照这些指南开发一个虚拟机翻译器，它最终会实现一个可用的运行时系统。具体而言，虚拟机翻译器不仅会将虚拟机指令（push、pop、add 等）翻译为汇编指令，还会生成支持程序运行的支撑代码。上面提到的所有问题，包括如何启动程序、如何管理函数调用和函数返回等，都将通过这些支撑代码来解决。下面来看一个示例。

8.1 高级魔法

高级编程语言支持使用高级语法来编写程序。例如，数学表达式 $x = -b + \sqrt{b^2 - 4ac}$ 可以用编程语言写成 x=-b+sqrt(power(b,2)-4*a*c)，这几乎与数学表达式的表达能力相当。请注意编程语言中基本操作（+ 和 -）与 **sqrt** 和 **power** 等函数之间的区别。前者内置于高级语言的基本语法中，而后者则是语言的扩展。

高级编程语言中最重要的特性之一，就是可以根据需要任意扩展语言的能力。当然，语言的扩展意味着必须有人提供这些扩展的实现，比如提供类似 **sqrt** 和 **power** 函数的实现。然而，如果只是使用这些扩展，则要简单得多。应用程序员可以假设每个函数执行之

后，控制将以某种方式返回到代码中的函数调用语句的下一个操作。在函数命令之外，分支命令为语言赋予了额外的表达能力，允许编写条件代码。比如解二次方程的代码如下：if(a!=0){x=(-b+sqrt(power(b,2)-4*a*c))/(2*a)}else{x=-c/b}。可以再次看到，高级代码几乎直接地表达了求解二次方程的高级逻辑。

实际上，相比低级语言，现代编程语言对程序员十分友好，提供了有用且强大的抽象。然而，无论高级语言多么高级和抽象，归根结底，它必须在某种只能执行基本机器指令的硬件平台上实现。因此，编译器和虚拟机的架构师必须找到用低级语言来实现分支命令和函数命令的方案。

函数抽象是模块化编程的基础。**函数**是独立的编程单元，允许彼此互相调用以组合出更强大的程序。例如，`solve` 函数可以调用 `sqrt` 函数，而 `sqrt` 函数可以继续调用 `power` 函数。这种调用可以继续下去，甚至可以是递归的。通常，调用函数（调用者）向被调用函数（被调用者）传递参数，暂停调用者的执行；接下来，被调用者使用传递过来的参数来执行或计算某些内容，并将一个值（可能为空）返回给调用者；最后，调用者恢复活动，继续往后执行。

一般情况下，调用者（一个函数）调用被调用者（另一个函数）时，需要处理以下开销：
- 保存**返回地址**，即调用者的代码地址，也是被调用者完成执行后，返回到调用者时的目标地址。
- 保存调用者的内存资源。
- 分配被被调用者所需的内存资源。
- 传递**参数**给被调用者。
- 开始执行被调用者的代码。

当被调用者终止执行并返回一个值时，需要处理以下开销：
- 将被调用者的**返回值**传递给调用者。
- 回收被调用者使用的内存资源。
- 恢复之前保存的调用者的内存资源。
- 寻找之前保存的**返回地址**，并从返回地址处恢复执行调用者的代码，继续执行。

幸运的是，高级语言程序员无须考虑这些琐碎的任务：编译器会隐秘地生成一些汇编代码来高效地处理这些工作。在两层编译模型中，由编译器的后端，即本章正在开发的虚拟机翻译器来负责这些工作。在本章中，将讨论运行时框架的内容，其中包含了编程艺术中最重要的抽象：函数的调用和返回。不过，下面先讨论相对更简单的分支命令的实现。

8.2 分支

计算机程序的默认流程是逐条指令顺序执行。但是，程序不可避免地需要分支，即根据不同情况执行不同的指令序列。比如，在循环中开始新的迭代时，需要跳回到循环体的第一条指令开始执行。在低级编程中，分支是通过 `goto` 指令来实现的，其基本形式是：*goto destination*。其中，*destination* 可以是将要执行的下一条指令的物理内存地址，也可以是一个可以绑定到物理内存地址的符号标签 *symbol*。相比直接使用内存地址，使用符号标签可以增强低级代码的可读性，也支持更灵活的绑定方案。在本书的虚拟机语言中，可以使用以下标签命令来实现绑定：label *symbol*，表示将 *symbol* 绑定到该标签命令的下一条命令的地址。

虚拟机语言支持两种形式的分支。**无条件分支**使用 goto *symbol* 命令来实现，表示跳转到 *symbol* 绑定的命令地址开始执行。**条件分支**使用 if-goto *symbol* 命令来实现，其语义是：弹出栈顶的值；如果它是 true，则跳转到 *symbol* 绑定的命令地址开始执行；否则，顺序执行 goto 命令的下一条命令。这个约定意味着，在指定条件分支 命令之前，虚拟机命令的编写者（例如编译器）必须先指定一个条件。在本书的虚拟机语言中，可以通过将一个逻辑表达式入栈来实现。例如，在第 10～11 章开发的编译器中，会将 if(n<100) goto LOOP 转换为 push n,push 100,lt,if-goto LOOP。

1. 示例

考虑一个接收两个参数 *x* 和 *y* 并返回 *x*·*y* 乘积的函数。可以通过将 *x* 反复累加到一个局部变量 sum 中（例如，sum=sum+x），重复 *y* 次，然后返回 sum 的值来实现。该算法的一个函数实现如图 8.1 所示。这个例子演示了如何使用虚拟机的分支指令 goto、if-goto 和 label 来表示典型的循环逻辑。

```
高级代码（Jack代码）              VM代码
// 返回 x * y                    // 返回 x * y
int mult(int x, int y) {          function mult(x,y)
   int sum = 0;                      push 0
   int i = 0;                        pop sum
   while (i < y) {                   push 0
      sum += x;                      pop i
      i++;                        label WHILE_LOOP
   }                                 push i
   return sum;                       push y
}                                    lt
                                     neg
                                     if-goto WHILE_END
                                     push sum
                                     push x
                                     add
                                     pop sum
                                     push i
                                     push 1
                                     add
                                     pop i
                                     goto WHILE_LOOP
                                  label WHILE_END
                                     push sum
                                     return
```

图 8.1 分支命令（考虑可读性，右边的虚拟机代码使用了符号化的变量名，而不是规范中的虚拟段）

注意，逻辑条件 !(i<y)（实现为 push i,push y,lt,neg 命令序列）在 if-goto WHILE_END 命令之前入栈。在第 7 章中，已经看到虚拟机命令可以用来表达和计算任何逻辑表达式。如图 8.1 所示，高级控制结构（如 if 和 while）可以很容易地使用底层的 goto 和 if-goto 指令来实现。事实上，高级编程语言中的任何控制流结构，都可以只使用虚拟机中的算术逻辑运算命令和分支命令就能实现。

2. 实现

包括 Hack 在内的大多数低级机器语言都支持标签命令，以及条件分支指令和无条件分支指令。因此，如果我们的虚拟机实现思路是基于将虚拟机命令翻译成低级汇编语言的话，翻译虚拟机中的分支命令就成为一个相对简单的任务。

3. 操作系统

本节的最后还要讨论两点。首先，虚拟机程序并不是由人工编写的，而是由编译器自动生成的。图 8.1 在左侧展示了 Jack 源代码，在右侧展示了虚拟机代码。在第 10 ～ 11 章中，将构建一个**编译器**，用于将 Jack 源代码翻译为虚拟机代码。其次，请注意图 8-1 中显示的 mult 实现是低效的。在本书的后面部分，将介绍更高效的在位级别操作的乘法算法和除法算法。这些算法将用于实现 Math.multiply 和 Math.divide 函数，是第 12 章构建的操作系统的一部分。

操作系统将使用 Jack 语言编写，并由 Jack 编译器将其翻译为虚拟机语言。输出结果将是一个包含八个文件的库，命名为 Math.vm、Memory.vm、String.vm、Array.vm、Output.vm、Screen.vm、Keyboard.vm 和 Sys.vm（操作系统 API 见附录 F）。每个操作系统文件都包含了一系列有用的函数，任何虚拟机函数都可以调用这些函数来使用对应的服务。例如，每当一个虚拟机函数需要乘法或除法服务时，它可以调用 Math.multiply 或 Math.divide 函数。

8.3 函数

每种编程语言都有一组内置的运算。此外，高级语言（甚至一部分低级语言），允许程序员通过自定义其他运算来扩展这些内置运算。根据语言的不同，这些程序员自定义的运算可能被称为**子例程**、**过程**、**方法**或**函数**。在本书的虚拟机语言中，所有这些编程单元都被称为**函数**。

在良好的语言设计中，内置运算和程序员定义的函数具有相同的调用约定。例如，在栈机器上计算 $x+y$ 的命令序列如下：push x;push y;add。换言之，内置的加法实现会弹出栈顶的两个值，将它们相加，并将结果入栈。类似地，假设程序员已经编写了一个用于计算 x^y 的幂函数。要使用这个函数，应该按照完全相同的步骤：push x;push y;call power。换言之，power 函数的实现会弹出栈顶的两个值作为参数，执行计算，并将结果入栈。这种一致的调用约定允许无缝地组合内置运算和自定义函数。例如，表达式 $(x+y)^3$ 可以使用 push x, push y, add, push 3, call power 进行求值。

可以看到，应用内置运算和调用自定义函数之间的唯一区别是在后者之前使用关键字 call。其他所有方面都完全相同：这两种运算都要求调用者首先将参数入栈，然后通过从栈顶访问参数执行计算，最后将返回值入栈。这种调用约定具有优雅的一致性。

1. 示例

图 8.2 展示了一个计算函数 $\sqrt{x^2+y^2}$ 的虚拟机程序。该程序包含三个函数，具有以下运行时行为：main 调用 hypot，然后 hypot 调用 mult 两次。此外，还有一个对 sqrt 函数的调用，但是此处为了简化，暂不讨论。

图 8.2 的底部显示了在运行时，每个函数都看到一个局部的、私有的世界，只包括其自身的工作栈和内存段。这些独立的"世界"通过两个"虫洞"连接在一起：当一个函数调用 mult 时，它在调用之前压入栈顶的参数会以某种方式传递到被调用函数的参数段中；同样地，当一个函数返回时，它在返回之前入栈的最后一个值（返回值）会以某种方式复

制到调用者的栈上。这些"虫洞"的实现由虚拟机来完成，接下来讨论这些实现的细节。

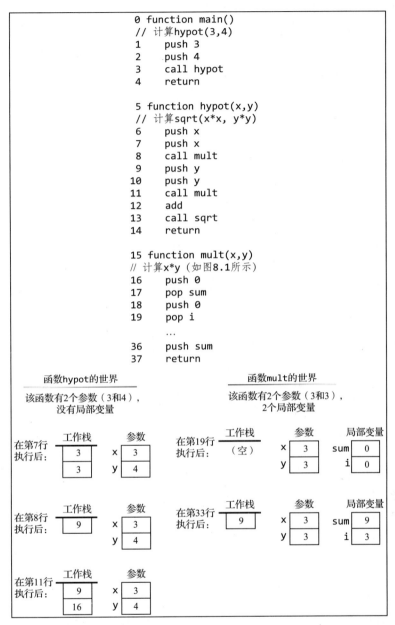

图8.2 一个由三个函数组成的程序的运行时状态的快照，包括部分工作栈和内存段的状态。其中，行号不是代码的一部分，只是为了方便说明

2. 实现

一个计算机程序通常由多个函数组成。然而，在运行时的任何给定时刻，只有其中一部分函数在真正地工作。本书使用术语"**调用链**"来指代在程序运行时某个时刻实际涉及的所有函数。当一个虚拟机程序开始运行时，调用链只包含一个函数，即 main 函数。在某个时刻，main 可能会调用另一个函数，比如 foo，而该函数可能会再次调用另一个函数，比如 bar。此时，调用链是 main → foo → bar。调用链中的每个函数都等待其调用的函

数返回。因此，在调用链中真正活动的函数只有最后一个函数，我们称之为**当前函数**，意思是当前正在执行的函数。

函数通常需要使用**局部变量**和**参数变量**。这些变量是临时的，它们的内存段在函数开始执行时进行分配，并在函数返回时可以回收。这个内存管理任务需要支持任意嵌套的函数调用和递归，因此比较复杂。在运行时，每个函数调用必须独立执行，并维护自己的栈、局部变量和参数变量。如何实现这个支持任意嵌套的函数调用的内存管理任务呢？

事实上，由于函数调用和返回的逻辑存在一个线性的特性，这个内存管理任务可以简单实现。尽管函数调用链可能是任意深度的，也可以是递归的，但在任何给定的时刻，只有一个函数在调用链的末尾执行，而其他函数在调用链上等待它返回。这种"**后进先出**"（简称为 LIFO）的处理模型非常适用于栈数据结构。下面来详细介绍 LIFO。

举例来说，假设当前的函数是 foo，并且 foo 已经向其工作栈上推送了一些值，并且已经修改了其私有内存段中的某些条目。假设在某个时刻，foo 想要调用另一个函数 bar。这时必须暂停 foo 的执行，直到 bar 结束执行后才恢复 foo 的执行。保存 foo 的工作栈不是问题，因为栈只往一个方向增长，所以 bar 的工作栈永远不会覆盖 foo 的工作栈。换言之，由于线性特性和单向的栈结构，保存调用者的工作栈很容易。但是，如何保存 foo 的内存段呢？回想一下，在第 7 章中提到，使用指针 LCL、ARG、THIS 和 THAT 来引用当前函数的 `local` 段、`argument` 段、`this` 段和 `that` 段的 RAM 基地址。如果希望保存这些段，可以将它们的指针入栈；当希望恢复这些段时，再将它们出栈即可。接下来，本书使用术语"**帧**"来指代保存和恢复函数状态所需的指针的集合。

可以看到，当考虑多函数程序时，栈这个数据结构也非常重要。换言之，无论是保存表达式求值的**工作栈**，还是保存调用链上所有函数的帧，都适合使用栈这个数据结构。为了区分，将后者称为**全局栈**。详细信息参见图 8.3。

如图 8.3 所示，在处理"call *functionName*"命令时，虚拟机会将调用函数的帧入栈。接下来，就准备好跳转到被调用函数的代码并执行。实现这个"超级跳转"并不困难。正如稍后将看到的，当处理"function *functionName*"命令时，使用函数的名称来创建一个唯一的符号标签，并将其注入到生成的汇编代码中。该标签标志了函数的起始位置。因此，当处理"call *functionName*"命令时，就可以生成类似"goto *functionName*"的汇编代码。执行时，这个命令能够将控制转移到被调用函数。

当从被调用函数返回到调用函数时，情况会更加棘手。虚拟机的 return 命令没法指定返回地址。实际上，调用函数的匿名性是函数调用固有的特性：像 mult 或 sqrt 这样的函数可以为任何调用函数提供服务，这意味着事先无法通过 return 命令指定返回地址。相反，return 命令的解释如下：将程序的执行重定向到一个保存命令的内存地址，该命令是原先调用当前函数的 call 命令的下一条命令。

虚拟机实现可以这样实现上述约定：**在控制转移到被调用函数之前保存返回地址；在被调用函数返回后，找到保存的返回地址并跳转到该地址**。但是应该在哪里保存返回地址呢？可以再次求助强大的栈。虚拟机翻译器从前往后扫描虚拟机命令，并逐一翻译成汇编代码。当在虚拟机代码中遇到一个 call foo 命令时，已经确切地知道 foo 函数结束时应该返回调用函数并执行哪个命令：正是紧随 call foo 命令之后那条命令。因此，可以让虚拟机翻译器在生成的汇编代码流中直接放置一个标签（表示返回地址），并将这个标签入栈保存。当稍后在虚拟机代码中遇到一个 return 命令时，可以从栈上弹出先前保存的、表示返回地址的标签（记为 *returnAddress*），并在汇编中实现 goto *returnAddress* 操作。正是这个底层技巧，在运行时实现了将控制权转移回到调用函数代码中的正确位置的"魔法"。

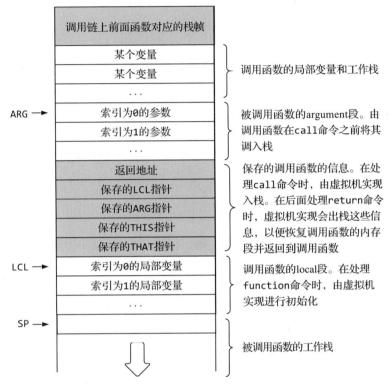

图 8.3 被调用函数执行时的全局栈。被调用函数结束前，会将一个返回值压入栈顶（图中没有展示）。当虚拟机实现处理返回命令 return 时，会将返回值拷贝到 argument 0 的位置，同时将 SP 指针指向 argument 0 后面的地址。这相当于回收了 SP 指向地址下面的全局栈区域。这样，当调用函数恢复执行时，就能在其工作栈的栈顶看到返回值

3. 虚拟机的实际运行

现在逐步说明虚拟机实现如何支持函数的调用和返回操作。下面将通过基于递归的阶乘函数 factional 的例子进行说明。图 8.4 给出了程序的代码，以及在执行 factorial(3) 期间全局栈的快照。这个计算过程的完整模拟还应包括 mult 函数的调用和返回操作，它在 factorial(2) 返回之前被调用了一次，在 factorial(3) 返回之前又被调用了一次。

关注图 8.4 底部最左边和最右边的部分。从 main 的角度来看，以下是从左到右发生的事情：为了做好准备，将常数 3 入栈，然后调用 factorial（见最左边的栈快照）。此时，main 函数休眠；在某个以后的时间点，main 函数被唤醒，发现栈顶现在包含 6（见最终也是最右边的栈快照）。main 函数不知道这个"魔法"是怎么发生的，也不太关心；它只知道调用了 factorial(3) 来计算 3！，而且得到了想要的结果。换句话说，调用函数对被调用命令导致的复杂工作毫不知情。

高级代码	虚拟机代码
| ```
// 测试factorial函数
int main() {
    return factorial(3);
}

// 计算n!
int factorial(int n) {
    if (n==1)
        return 1;
    else
        return n * factorial(n-1);
}
``` | ```
// 测试factorial函数
function main
  push 3
  call factorial
  return
// 计算n!
function factorial(n)
  push n
  push 1
  eq
  if-goto BASE_CASE
  push n
  push n
  push 1
  sub
  call factorial
  call mult
  return
label BASE_CASE
  push 1
  return
``` |

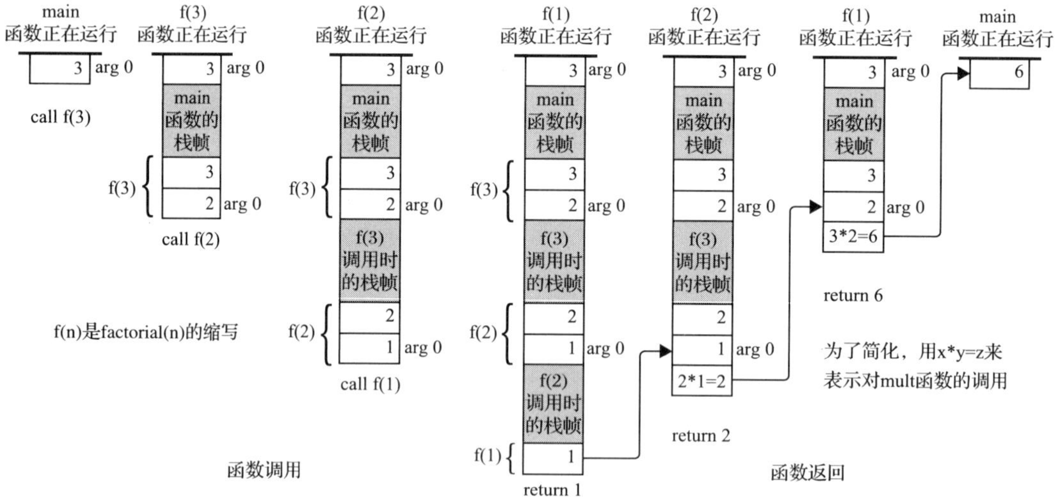

图 8.4 在执行 factorial(3) 期间全局栈的几个快照。当前运行的函数只能看到自己的工作栈，即全局栈顶端的空白区域。全局栈上其余的空白区域是调用链上先前调用的、等待当前函数返回的那些函数的工作栈。注意，阴影区域就像图 8.3 一样，包含 5 个字，没有按照比例绘制

如图 8.4 所示，这些复杂工作发生的后台是全局栈，而导演是是虚拟机实现：每个调用操作都是通过将调用函数的帧保存在栈上并跳转到被调用函数来实现的。每个返回操作通过以下步骤来实现：①使用最近保存的帧来获取调用函数代码内的返回地址，同时恢复其内存段，②将栈顶的值（返回值）复制到参数 0 对应的栈位置上，③跳转到返回地址开始执行调用函数的代码。所有这些操作都必须由生成的汇编代码来实现。

一些读者可能想知道为什么要讨论这些细节。至少有三个理由。首先，实现虚拟机翻译器需要这些细节。其次，函数调用和返回约定的实现是底层软件工程的一个精美的范例，值得花时间去理解。最后，对虚拟机内部的深入了解有助于读者成为更专业、更有见识的

高级语言程序员。例如，栈的机制可以帮助读者深入理解与递归相关的好处和陷阱。注意，在运行时，每次递归调用都会导致虚拟机将一个内存块添加到栈中，该内存块中包括参数、函数帧、局部变量以及被调用函数的工作栈。因此，不受限制地使用递归可能在运行时导致棘手的**栈溢出**的问题。考虑到这个问题以及额外的效率问题，编译器编写人员有时会尽量重写递归代码。但这是另一个故事，我们在第 11 章中讨论。

8.4 虚拟机规范：第二部分

前面介绍了一些常用的虚拟机命令，但是没有详细讨论虚拟机的编程语法和编程习惯。这里准备正式介绍虚拟机的分支命令、函数命令，以及虚拟机程序的结构。这样，从第 7 章开始讨论的虚拟机语言的规范，到这里就完整了。

值得再次说明的是，虚拟机程序通常不是由人来编写的，而是由编译器生成的。因此，这里介绍的虚拟机规范的读者是编译器开发人员。换言之，如果你需要编写一个工具将高级编程语言的程序翻译成虚拟机代码，那么翻译后的虚拟机代码要符合这里描述的虚拟机语言规范。

8.4.1 分支命令

- `label` *label*：标记命令，用于标记函数代码的当前位置。分支命令只能跳转到有标记的位置。标记的作用域（scope）是标记所在的函数。标记用一个字符串表示，由字母、数字、下划线（_）、点（.）和冒号（:）组成，且不能以数字作为首字符。标记命令可以在对应的分支命令前面出现，也可以在对应的分支命令后面出现。
- `goto` *label*：无条件分支命令，使程序跳转到标记 *label* 所在的位置继续执行。无条件分支命令和 *label* 对应的跳转目标必须在同一个函数。
- `if-goto` *label*：条件分支命令。首先弹出栈顶的值，如果值非零，则程序跳转到标记 *label* 所在的位置继续执行；否则，程序从下一个命令继续执行。条件分支命令和 *label* 对应的跳转目标必须在同一个函数。

8.4.2 函数命令

- `function` *functionName nVars*：用于标记一个名为 *functionName* 的函数的初始位置，同时声明这个函数有 *nVars* 个局部变量。
- `call` *functionName nArgs*：调用名为 *functionName* 的函数，同时声明在函数调用之前，已经将 *nArgs* 个参数入栈。
- `return`：结束函数调用，并将控制转移到调用点的下一条命令（即返回地址）。

8.4.3 虚拟机程序

虚拟机程序是对 Jack 高级语言程序进行翻译后得到的。下一章会看到，一个 Jack 程序通常由存储在同一个文件目录下的一个或多个 .jack 类文件组成。Jack 编译器将每个 *FileName*.jack 翻译成对应的 *FileName*.vm 文件，前者是 Jack 代码文件，后者是虚拟机代码文件。

编译之后，*FileName*.jack 中的每个名为 **bar** 的**构造函数**、**函数**（即**静态方法**）和**方法**，都会被翻译成对应的虚拟机函数，具有唯一的命名 *FileName*.bar。虚拟机程序中的函数作用域是全局的：整个程序文件目录中的所有 .vm 文件中的所有函数，都可以借助这个唯一的完整函数名 *FileName.functionName* 互相可见和互相调用。

1. 程序的入口点

在 Jack 程序中，必须有一个名为 `Main.jack` 的文件，且其中必须有一个名为 `main` 的函数。这样，编译之后得到的虚拟机程序中必然有一个名为 `Main.vm` 的文件，且其中必然有一个名为 `Main.main` 的函数。该函数就是虚拟机程序的入口点。当启动一个虚拟机程序时，第一个执行的函数是操作系统中的 `Sys.init` 函数。这个操作系统函数用来调用用户程序中的入口点函数。就 Jack 程序而言，`Sys.init` 函数用来调用 `Main.main`。

2. 程序的执行

有多种方法可以运行虚拟机程序，其中一种是利用第 7 章介绍的**虚拟机模拟器**来解释执行。在虚拟机模拟器中，可以加载一个程序文件夹，这时该文件夹中包含的一个或多个 .vm 文件中的虚拟机函数都会被加载进来（虚拟机函数的加载顺序无关紧要）。最终得到的代码库就是程序文件夹中所有 .vm 文件中所有 VM 函数的集合。此后，.vm 文件的概念不再需要，尽管在加载后的 VM 函数的名称中（*FileName.functionName*）仍然能看到文件名。

这个虚拟机模拟器是一个 Java 程序，其特色是内置了一个同样用 Java 语言编写的 Jack 操作系统的实现。当模拟器检测到对某个操作系统函数（比如 Math.sqrt）的调用时，它进行如下操作。模拟器首先尝试在加载的所有虚拟机函数中查找 Math.sqrt 函数，如果找到了，就直接运行该函数；如果找不到，模拟器就会去寻找和运行内置的 Math.sqrt 函数的实现。这意味着，当你使用虚拟机模拟器运行一个虚拟机程序时，不需要额外包含操作系统文件；模拟器在发现虚拟机程序中的操作系统调用时，会自动调用内置的操作系统实现。

8.5 实现

前一节介绍了虚拟机语言和框架的规范。本节将重点关注实现问题，并着手构建一个完整的、从虚拟机语言到 Hack 汇编语言的翻译器。8.5.1 节提出了如何实现函数调用和返回的约定。8.5.2 节完成了面向 Hack 平台的虚拟机实现的标准映射。8.5.3 节进一步给出了实验 7 构建的虚拟机翻译器的设计和 API。

8.5.1 函数调用和返回

可以分别从调用函数（也称为调用者）和被调用函数（也称为被调用者）的角度来观察函数调用和返回的行为。调用者和被调用者在协同处理 `call`、`function` 和 `return` 命令时，要承担各自的责任，同时对对方有特定的期待，这称为**调用约定**。此外，在执行这一约定时，虚拟机实现起着重要作用。下面用 [†] 标出了虚拟机实现的职责。

调用者（caller）的角度	被调用者（callee）的角度
• 调用一个函数之前，需要将被调用者期望的所有参数入栈 • 然后，通过 call *fileName.functionName nArgs* 命令，调用被调用者 • 在被调用者返回后，原来入栈的所有参数应该已经由被调用者从栈上清除，同时被调用者将返回值置于栈顶。除此之外，看到的工作栈的内容应该跟 call 指令执行之前完全一样 [†] • 在被调用者返回后，main 函数的内存段也应该跟 call 指令执行之前完全一样，只是 static 段的内容可能会被修改（被调用者可能修改全局变量），以及 temp 段是未定义的	• 在运行前，被调用者的 argument 段已经由调用者用实际参数完成初始化；local 段已经被分配且初始化为 0；static 段被设置为所属的 .vm 文件的 static 段；工作栈内容为空。其他几个内存段，包括 this、that、pointer 和 temp，在函数此时是未定义的 [†] • 在返回前，必须将一个返回值置于栈顶

虚拟机的实现通过维护并操作图 8.3 中描述的全局栈来支撑这一约定。具体而言，针对虚拟机代码中的每个 function、call 和 return 命令，都会生成汇编代码来操作全局栈，这些代码如下所示：call 命令生成的代码将调用者的帧保存在栈上并跳转到执行被调用者的位置。function 命令生成的代码初始化被调用者的局部变量。最后，return 命令生成的代码将返回值复制到调用者工作栈的顶部，恢复调用者的段指针，并跳转到返回地址恢复执行调用者代码。详情参见图 8.5。

虚拟机命令	虚拟机翻译器生成的汇编代码（伪代码）

call、f、nArgs
（说明：调用一个函数 f，并提示调用之前需要将 nArgs 个参数入栈）
	push *returnAddress* // 生成一个标签并入栈
	push LCL // 保存调用者的 LCL 指针
	push ARG // 保存调用者的 ARG 指针
	push THIS // 保存调用者的 THIS 指针
	push THAT // 保存调用者的 THAT 指针
	ARG = SP-5-*nArgs* // 修改 ARG 指针
	LCL=SP // 修改 LCL 指针
	goto *f* // 跳转到被调用者
	(*return Address*) // 在代码中注入返回地址标签

function *f* *nVars* （说明：声明一个函数 f，并提示该函数有 nVars 个局部变量）	(*f*) // 在代码中注入一个函数入口标签 repeat *nVars* times: // nVars 为局部变量的数目 push 0 // 将局部变量初始化为 0

return
（说明：结束当前函数的执行，并返回到调用者的位置执行）
	frame=LCL // frame 是一个临时变量
	retAddr=*(*frame*-5) // 将返回地址保存到临时变量
	*ARG=pop() // 为调用者准备好返回值
	SP=ARG+1 // 为调用者恢复 SP 指针
	THAT=*(*frame*-1) // 为调用者恢复 THAT 指针
	THIS=*(*frame*-2) // 为调用者恢复 THIS 指针
	ARG=*(*frame*-3) // 为调用者恢复 ARG 指针
	LCL=*(*frame*-4) // 为调用者恢复 LCL 指针
	goto *retAddr* // 跳到返回地址

图 8.5 虚拟机语言中函数命令的实现。右边描述的所有行为都有生成的汇编指令来实现

8.5.2 Hack 平台上的标准虚拟机映射：第二部分

建议为 Hack 计算机上实现虚拟机的开发人员遵循本节描述的惯例。这些惯例完善了 7.4.1 节 "Hack 平台上的标准虚拟机映射：第一部分" 中给出的标准虚拟机映射。

1. 栈

在 Hack 平台上，RAM 内存地址 0~15 用于指针和虚拟寄存器，RAM 内存地址 16~255 用于静态变量。256 及后续内存地址可用于栈。为了实现这种映射，虚拟机翻译器应该首先生成汇编代码，初始化 SP 为 256。然后，当虚拟机翻译器遇到源代码中的 pop、push、add 等命令时，就生成对应的汇编代码来操作 SP 所指向的内存地址，并在必要时修改 SP 本身。这些操作在第 7 章中已经解释过，并已经在实验 7 中实现。

2. 特殊符号

在将虚拟机命令翻译成 Hack 汇编语言时，虚拟机翻译器处理两种类型的符号。首先，它管理预定义的汇编级符号，如 SP、LCL 和 ARG。其次，它生成并使用符号标签来标记返回地址和函数入口点。为了说明这一点，可以回顾一下在第二部分开始时介绍的

PointDemo 程序。这个程序由两个 Jack 类文件组成，Main.jack（图 II.1）和 Point.jack（图 II.2），它们存储在一个名为 PointDemo 的文件夹中。当 Jack 编译器处理 PointDemo 文件夹时，生成两个虚拟机文件，分别命名为 Main.vm 和 Point.vm。第一个文件包含一个单独的虚拟机函数 Main.main，而第二个文件则包含多个虚拟机函数 Point.new、Point.getx、…、Point.print。

当虚拟机翻译器处理同一文件夹时，它生成一个单一的汇编代码文件，名为 PointDemo.asm。在汇编代码级别，不再存在函数抽象。相反，对于每个 function 命令，虚拟机翻译器生成一个入口标签；对于每个 call 命令，虚拟机翻译器生成一个汇编 goto 指令，创建一个返回地址标签并将其入栈，同时将标签注入生成的代码中。对于每个 return 命令，虚拟机翻译器从栈上弹出返回地址并生成一个 goto 指令。例如：

虚拟机代码	生成的汇编代码
function Main.main	(Main.main)
...	...
call Point.new	goto Point.new
// 下一条虚拟机命令	(Main.main$ret0)
	// 下一条虚拟机命令对应的汇编命令
...	...
function Point.new	(Point.new)
...	...
return	goto Main.main$ret0

图 8.6 描述了虚拟机翻译器涉及的所有符号。

符号	用途
SP	这个预定义符号指向 RAM 内存的栈顶元素的下一个地址
LCL, ARG, THIS, THAT	这些预定义符号分别指向当前运行虚拟机函数的 local、argument、this 和 that 数据段的 RAM 内存基地址
Xxx.i 符号 （表示静态变量）	来自源 *Xxx*.vm 文件中每个静态变量 *i*，都会被翻译成汇编符号 *Xxx.i*。Hack 汇编器会将这些符号分配到 RAM 内存中从地址 16 开始的位置
functionName$label （goto 命令的跳转目标）	假设 foo 是 *Xxx*.vm 文件中的一个函数。foo 函数中的每个 label bar 命令都会生成汇编符号 *Xxx*.foo$bar，并将其注入汇编代码中 在将（foo 函数内的）goto bar 和 if-goto bar 命令翻译成汇编语言时，必须使用 *Xxx*.foo$bar 而不是 bar
functionName （函数入口符号）	*Xxx*.vm 中的每个 function foo 命令，都会生成汇编符号 *Xxx*.foo，用来标记该函数代码块的入口。Hack 汇编器会将该符号翻译成一个函数代码开始处的物理地址
functionName$ret.i （返回地址符号）	假设 foo 是文件 *Xxx*.vm 中的一个函数 对 foo 函数代码中的每条 call 命令，都会生成一个 *Xxx*.foo$ret.*i* 符号，并将其注入到汇编代码流中，其中 *i* 是一个递增的整数。foo 函数中的每个 call 命令都会生成一个这样的符号 这个符号用于标记调用者代码中的返回地址。在后续的汇编过程中，汇编器会将该符号翻译成紧跟在 call 命令之后的物理内存地址
R13 ~ R15	当翻译器生成汇编代码过程中需要使用临时存储时，就可以随意使用这些预定义符号

图 8.6 上述命名约定旨在支持将多个 .vm 文件和函数翻译成单个 .asm 文件，确保生成的汇编符号在文件中是唯一的

3. 引导程序代码

在 Hack 平台上，标准虚拟机映射规定将栈映射到主机 RAM 内存上从地址 256 开始的

位置，并且执行的第一个虚拟机函数是操作系统函数 Sys.init。如何在 Hack 平台上实现这些约定呢？回想一下，在第 5 章中构建 Hack 计算机时，系统重启后总是将位于 ROM 地址 0 处的指令取出并开始执行。因此，如果想要计算机在启动时执行预定代码段，可以将下列代码放入 Hack 计算机的 ROM 存储器中从地址 0 开始的位置。

```
// 引导程序（伪）代码，实际上应该用机器语言表示
SP = 256
call Sys.init
```

Sys.init 函数是操作系统的一部分，这个函数会调用应用程序的主函数，随后进入一个无限循环。该过程会导致翻译后的虚拟机程序开始运行。需要注意的是，**应用程序**和**主函数**的概念在不同的高级语言中是不同的。在 Jack 语言中，常规做法是 Sys.init 调用虚拟机函数 Main.main。这与 Java 语言类似：当指示 JVM 运行指定的 Java 类（例如 Foo）时，它会查找并执行 Foo.main 方法。一般来说，可以通过使用不同版本的 Sys.init 函数来实现特定语言的启动程序。

- 用法：翻译器接受一个命令行参数，如下所示：

提示 > VMTranslator *source*

其中，*source* 可以是以下内容之一：一个形如 *Xxx*.vm 的文件名（后缀是必须的）或一个文件夹名（在这种情况下没有后缀），该文件夹包含一个或多个 .vm 文件。文件或文件夹名称可以包含文件路径。如果没有指定路径，翻译器将在当前文件夹上运行。虚拟机翻译器的输出是一个名为 *source*.asm 的单个汇编文件。如果 *source* 是一个文件夹的名字，则该汇编文件会包含文件夹内所有 .vm 文件中所有函数的翻译后的代码，且输出文件会在和输入文件相同的文件夹中创建。如果文件夹中已有同名文件，则会被覆盖。

8.5.3 有关虚拟机实现的设计建议

在实验 7 中，建议使用三个模块来构建基本的虚拟机翻译器：主程序（VMTranslator）、解析器（Parser）和代码生成器（CodeWriter）。现在，我们进一步讨论如何通过向实验 7 中已经构建的三个模块添加以下功能来将其扩展成完整的翻译器。没有必要开发额外的模块。

1. 主程序（VMTranslator）

如果翻译器的输入是单个文件，比如 Prog.vm，则主程序就会建立一个用于解析 Prog.vm 的解析器和一个代码生成器。该代码生成器首先创建一个名为 Prog.asm 的输出文件。接着，主程序进入一个循环，使用解析器来遍历输入文件并解析每一行虚拟机命令（解析时不考虑空白符）。对于每行被解析的命令，主程序会使用代码生成器来生成 Hack 汇编代码，并将生成的代码写入输出文件中。这些在实验 7 中都已经完成。

如果翻译器的输入是一个文件夹，比如名为 Prog，则主程序会构造一个解析器来解析该文件夹中的每个 .vm 文件，同时利用代码生成器将生成的汇编代码输出到一个输出文件 Prog.asm。每当主程序开始翻译文件夹中的一个新的 .vm 文件时，它必须通知代码生成器正在处理一个新的文件。这是通过调用代码生成器中一个名为 setFileName 的例程来实现的，接下来会讨论这些例程。

2. 解析器（Parser）

这个模块与实验 7 中开发的解析器完全相同。

3. 代码生成器（CodeWriter）

在实验 7 中开发的代码生成器用于处理虚拟机的**算术逻辑**命令和**入栈出栈**命令。下面是翻译所有虚拟机命令所需的代码生成器的完整 API 列表。

例程	参数	返回值类型	功能描述
构造函数 / 初始化器	输出文件 / 流	—	打开一个输出文件 / 流以便写入 写入引导程序代码对应的汇编指令：这个代码必须放在输出文件 / 流的开始位置 注：参考 8.6 节末尾的"实现提示"
setFileName	fileName(string)	—	通知现在开始翻译一个新的虚拟机文件（由主程序调用）
writeArithmetic （实验 7 已完成）	command(string)	—	给定算术逻辑命令，在输出文件中写入对应的汇编代码
writePushPop （实验 7 已完成）	command(C_PUSH/C_POP), segment(string), index(int)	—	给定 push 或 pop 命令，在输出文件中写入对应的汇编代码
writeLabel	label(string)	—	写入 label 命令对应的汇编代码
writeGoto	label(string)	—	写入 goto 命令对应的汇编代码
writeIf	label(string)	—	写入 if-goto 命令对应的汇编代码
writeFunction	functionName(string) nVars(int)	—	写入 function 命令对应的汇编代码
writeCall	functionName(string) nArgs(int)	—	写入 call 命令对应的汇编代码
writeReturn	—	—	写入 return 命令对应的汇编代码
close （实验 7 已完成）	—	—	关闭输出文件

8.6 实验

简而言之，必须扩展第 7 章开发的基本翻译器，使其具备处理多个 .vm 文件的能力，以及将虚拟机分支命令和函数命令翻译为 Hack 汇编代码的能力。对于每个解析过的虚拟机命令，虚拟机翻译器必须生成能够在主机 Hack 平台上实现其语义的汇编代码。相比翻译三个**分支**命令，将三个**函数**命令翻译成汇编更具挑战性，需要使用图 8.6 中描述的符号来实现图 8.5 中列出的伪代码。这里重复前一章给出的建议：先在纸上编写所需的汇编代码。建议绘制 RAM 和全局栈的示意图，以便跟踪栈指针以及相关的内存段指针，确保纸上编写的汇编代码成功地实现了 call、function 和 return 命令涉及的所有底层操作。

（1）目标

将实验 7 中构建的基本虚拟机翻译器扩展为能够处理多文件虚拟机程序的全功能虚拟机翻译器。

该版本的虚拟机翻译器假定源虚拟机代码无错误。错误的检查、报告和处理可以在后续版本中添加，但它们不是实验 8 的一部分。

（2）要求

完成一个符合虚拟机规范第二部分（8.4 节）和 Hack 平台上的标准虚拟机映射第二部分（8.5.2 节）的虚拟机命令到 Hack 代码的翻译器构建。然后，用构建好的翻译器翻译给定的虚拟机测试程序，生成相应的 Hack 汇编语言程序。当用提供的测试脚本在 CPU 模拟器上执行时，翻译器生成的汇编程序应该输出与提供的比较文件中相同的结果。

（3）资源

本实验需要两个工具：用于构建虚拟机翻译器的编程语言和本书提供的软件包中的 **CPU 模拟器**。CPU 模拟器用来执行和测试翻译器生成的汇编代码。如果汇编代码运行正确，就认为虚拟机翻译器构建成功。就本实验的目标而言，对翻译器做这种程度的测试足够了。

在本实验中，另一个方便的工具是软件包提供的**虚拟机模拟器**。使用该工具来执行提供的虚拟机测试程序，并观察虚拟机命令如何影响模拟的栈和内存段的状态。这可以帮助读者理解虚拟机翻译器最终必须在汇编代码中实现哪些动作。

由于全功能虚拟机翻译器是通过扩展实验 7 中构建的虚拟机翻译器来实现的，因此读者还需要后者的源代码。

1. 测试和实现阶段

建议分两个阶段完成虚拟机翻译器的实现。首先，实现分支命令；然后，实现函数命令。这样，可以使用提供的测试程序对当前实现以增量的方式进行单元测试。

（1）测试分支命令 label、goto、if-goto

- `BasicLoop`：计算 1+2+⋯+argument[0]，并将结果置于栈顶。该测试程序可以测试虚拟机翻译器如何处理 `label` 和 `if-goto` 命令。
- `FibonacciSeries`：计算并存储 Fibonacci 数列的前 n 个元素。这是一个更为严格的测试，用于测试虚拟机翻译器如何处理 `label`、`goto` 和 `if-goto` 命令。

（2）测试函数命令 call、function、return

与实验 7 不同，当前版本的虚拟机翻译器应该能够处理多文件程序。按照惯例，在虚拟机程序中开始运行的第一个函数是 Sys.init。通常，Sys.init 会调用程序的主函数 Main.main，但是这里用 Sys.init 来帮助启动不同的测试。

- `SimpleFunction`：执行一个简单的计算并返回结果。测试虚拟机翻译器如何处理 `function` 和 `return` 命令。由于这个测试只需要处理包含单个函数的单个文件，因此不需要 `Sys.init` 测试函数。
- `FibonacciElement`：这个测试程序由两个文件组成：Main.vm 包含一个递归返回 Fibonacci 数列的第 n 个元素的斐波那契函数；Sys.vm 包含一个 Sys.init 函数，它调用 Main.fibonacci 函数并将 n 设置为 4，然后进入一个无限循环（请回顾虚拟机翻译器生成的会调用 Sys.init 的引导代码）。这个设置为虚拟机翻译器提供了严格的测试，包括多个 .vm 文件、虚拟机函数调用和返回命令、引导代码以及绝大多数其他虚拟机命令。由于测试程序由两个 .vm 文件组成，因此必须将整个文件夹翻译成汇编代码，生成一个 FibonacciElement.asm 文件。
- `StaticsTest`：这个测试程序由三个文件组成：Class1.vm 和 Class2.vm 包含设置和获取多个静态变量值的函数，Sys.vm 包含一个用来调用前述函数的 Sys.init 函数。由于该程序包含多个 .vm 程序，整个文件夹都会被翻译，并生成一个单一的 StaticsTest.asm 文件。

2. 实现的提示

因为实验 8 是基于实验 7 进行扩展的，所以建议提前备份好实验 7 的源代码（如果读者还没有这样做的话）。

首先，要弄清楚实现 label、goto 和 if-goto 等虚拟机命令的逻辑所需的汇编代码。接下来，继续实现代码生成器中的 writeLabel、writeGoto 和 writeIf 方法。用构建中的虚拟机翻译器翻译 BasicLoop.vm 和 FibonacciSeries.vm 测试程序来进行测试。

引导代码

为了运行翻译的虚拟机程序，必须包含启动代码。启动代码使得虚拟机实现在主机平台上开始执行该程序。此外，为了使虚拟机代码正常运行，虚拟机实现必须在主机 RAM 的正确位置存储栈和虚拟段的基地址。本实验的前三个测试程序（BasicLoop、FibonacciSeries、SimpleFunction）假定启动代码尚未实现，所以包括手动进行必要初始化的测试脚本。这意味着在此开发阶段，读者不必担心启动代码的问题。最后两个测试程序（FibonacciElement 和 StaticsTest）假定启动代码已经是虚拟机实现的一部分。

考虑到以上因素，代码生成器的构造函数必须分两个阶段进行开发。构造函数的第一个版本不应生成任何引导代码（即忽略 8.5.3 节中代码生成器的 API 列表中有关构造函数的"写入引导代码对应的汇编指令……"部分）。使用此版本的翻译器对 BasicLoop、FibonaciiSeries 和 SimpleFunction 程序进行单元测试。构造函数的第二个也是最终版本必须按照构造函数的 API 中指定的方式编写引导代码。使用此版本对 FibonaciiElement 和 StaticsTest 进行单元测试。

提供的测试程序经过精心组织，以逐步测试虚拟机实现过程中每个阶段的具体特性。请按照建议的顺序实现翻译器，并在每个阶段使用对应的测试程序对其进行测试。如果打乱实现顺序，可能会导致测试程序失败。

www.nand2tetris.org 提供了实验 8 的一个 Web 版本。

8.7 总结与讨论

在所有高级语言中，**分支**和**函数调用**都是基本的概念。这意味着，从高级语言到二进制代码的翻译路径上，必须有人来负担一些复杂的工作以便实现这些概念。在 Java、C#、Python 和 Jack 语言中，负责这些工作的是虚拟机。正如本章前面所述，如果虚拟机架构是**基于栈**的，就非常适合这项工作。

为了充分理解基于栈的虚拟机模型的表达能力，请再次回顾本章中介绍的程序。例如，图 8.1 和图 8.4 展示了高级语言程序及其对应的虚拟机代码。如果进行一些行数统计，读者会注意到每行高级代码平均生成约 4 行对应的虚拟机代码。事实证明，当将 Jack 程序编译成虚拟机代码时，这种 1:4 的翻译比率非常一致。即使对编译了解不多，读者也可以欣赏编译器生成的虚拟机代码的简洁性和可读性。例如，正如我们在后续构建编译器时将看到的那样，像 let y=Math.sqrt(x) 这样高级语句可以被翻译成 push x,call Math.sqrt,pop y。两层编译器之所以能以如此少的工作完成这个目标，是因为它依赖于虚拟机的实现来处理更低层的翻译。如果必须将 let y=Math.sqrt(x) 这样高级的语句直接翻译成 Hack 代码，而放弃中间虚拟机层的优势，那么生成的代码会更加丑陋、更加令人费解。

话虽如此，直接翻译的优点是更加高效。不要忘了，虚拟机代码必须用机器语言来实现——这就是实验 7 和实验 8 的全部内容。通常情况下，通过两层翻译过程得到的最终机器代码比直接翻译生成的代码更长、效率更低。那么，下面哪个做法更可取呢？为 Java 程序生成一千条机器指令（两层翻译模型），还是为等效 C++ 程序生成 700 条指令（直接翻译模型）？务实的答案是，每种编程语言都有其优点和缺点，每个应用程序也有不同的需求。

两层模型的一个主要优点是，中间层虚拟机代码（例如 Java 的字节码）可以托管给其他程序，这些程序可以测试虚拟机代码是否包含恶意代码，或者监控虚拟机代码的行为以便进行业务流程建模等等。一般来说，对于大多数应用程序，托管代码的优点抵消了虚拟机层面造成的性能下降的缺点。然而，对于高性能程序（如操作系统和嵌入式应用程序），需要生成紧凑而高效的代码，因此通常使用可以直接编译成机器语言的 C/C++ 编程语言。

对于编译器开发人员来说，使用中间层虚拟机代码的明显优势在于，它简化了编写和维护编译器的任务。例如，本章开发的虚拟机翻译器处理了函数调用和返回约定的低级实现，从而将编译器从这一重要任务中解放出来。总的来说，中间虚拟机层将从高级语言到低级指令的编译器构建这个艰巨的挑战分解为两个更简单的挑战：构建一个从高级语言到虚拟机的编译器和一个从虚拟机到低级指令的翻译器。后一个翻译器可以视为传统的单层编译器的**后端**，它已经在实验 7 和实验 8 中完成了构建。因此，编译器的整体挑战已经完成了一半。另一半——开发编译器的前端——将在第 10 章和第 11 章中介绍。

最后简单探讨将抽象与实现分离这一原则。将抽象和实现分离，是贯穿本书的一个主题，也是一个远远超出程序编译范围的关键的系统构建原则。回顾一下，在抽象层面，虚拟机函数可以使用 `push argument 2`、`pop local 1` 等命令来访问其内存段，而不需要知道这些值在运行时如何表示、保存和恢复。在实现层面，虚拟机的实现处理所有的细节。这种抽象和实现的完全分离，意味着生成虚拟机代码的编译器前端的开发人员不必担心生成的代码最终将如何运行。其实，你很快就会发现，他们已经有足够多的问题需要处理。

加油！你已经完成了为一种高级的、基于对象的、类似 Java 的编程语言编写两层编译器的后一半。下一章将描述这种高级语言，从而为第 10 章和第 11 章完成完整的编译器开发打下基础。读者即将看到俄罗斯方块游戏中的方块正在不远处掉落。

| 第 9 章 |
The Elements Of Computing Systems

高级语言

> 深邃的思想，需要丰富的语言。
>
> ——阿里斯托芬（公元前 427—386 年）

目前，本书中介绍过的汇编语言和虚拟机语言都是低级语言，这意味着它们主要用于控制机器，而不是开发应用程序。本章将介绍一种高级语言，称为 Jack，旨在使程序员能够编写高级语言程序。Jack 是一种简单的基于对象的语言。它具有 Java 和 C++ 等主流语言的基本特性和风格，但是语法更简单，并且不支持继承。尽管简单，但 Jack 是一种可以用来创建许多应用程序的通用语言。特别是，它非常适合开发交互式游戏，如俄罗斯方块、贪吃蛇、乒乓球、太空侵略者以及类似的经典游戏。

对 Jack 的介绍标志着本书的旅程即将结束。在第 10 章和第 11 章中，会编写一个编译器，将 Jack 程序翻译成虚拟机代码。而在第 12 章中，将为 Jack / Hack 平台开发一个简单的操作系统。这样，本书就完成了整个计算机的构造。记住，本章的目标不是把你变成一个 Jack 程序员，也没有声称 Jack 在本书之外仍然是一门重要的语言。相反，只是将 Jack 视为第 10 ~ 12 章所必需的学习工具。

如果读者具有任何现代面向对象编程语言的使用经验，就会立即对 Jack 感到亲切。因此，本章开始时会介绍几个有代表性的 Jack 程序示例。这些程序都可以用 nand2tetris/tools 中提供的 Jack 编译器进行编译。然后，编译器产生的虚拟机代码可以在任意虚拟机实现上执行，包括在提供的虚拟机模拟器上执行；也可以使用第 7 ~ 8 章中构建的虚拟机翻译器，将编译后的虚拟机代码进一步翻译成机器语言。产生的汇编代码可以在提供的 CPU 模拟器上执行，或者进一步翻译成二进制代码并在第 1 ~ 5 章构建的硬件平台上执行。

Jack 是一种有意简化的语言。首先，读者可以在大约一小时内学会（和忘记）Jack。其次，Jack 语言经过精心设计，可以很方便地应用常见的编译技术。因此，读者可以相对轻松地编写一个优雅的 Jack 编译器。换句话说，Jack 的简单结构旨在揭示 Java 和 C# 等现代语言赖以实现的软件基础设施。作者发现，相比将这些语言的编译器和运行时环境分离开来，由读者自己来构建一个编译器和一个运行时环境会更加有启发性。当然，重点是关注这些构造背后最重要的思想。在本书的最后三章中会完成这个任务。现在，我们开始介绍 Jack 语言。

9.1 例子

Jack 是一种简单易懂的语言，基本上可以不言自明。因此，我们将语言规范推迟到下一节介绍，下面先介绍几个例子。第一个例子是著名的 *Hello World* 程序。第二个例子展示了过程式编程和数组处理。第三个例子展示了如何在 Jack 语言中实现抽象数据类型。第四个例子说明了如何使用该语言的对象处理能力来实现链表。

通过这些例子，简要讨论了面向对象编程的各种常见用法，以及常用的数据结构。本书假设读者已经对这些主题有了基本的了解。如果没有了解也没关系，继续阅读就好，你行的！

示例 1：Hello World

图 9.1 中的程序展示了几个基本的 Jack 语言特性。按照惯例，当执行一个编译后的 Jack 程序时，总是从 Main.main 函数开始执行。因此，每个 Jack 程序必须至少包含一个名为 Main 的类，并且这个类必须至少包含一个名为 Main.main 的函数。图 9.1 中体现了这个约定。

```
/** 打印 "Hello World". 文件名：Main.jack*/
class Main {
    function void main() {
        do Output.printString("Hello World");
        do Output.println();         // 换行
        return;                      // 这个 return 语句是必须的
    }
}
```

图 9.1　用 Jack 语言编写的 Hello World

Jack 自带一个标准类库，其完整的 API 在附录 F 中给出。这个软件库（也称为 Jack 操作系统）提供了各种抽象和服务来扩展基本的 Jack 语言，这些抽象和服务包括数学函数、字符串处理、内存管理、图形以及输入/输出功能。例子中调用了两个这样的操作系统功能，实现了程序的输出。该程序还展示了 Jack 支持的注释格式。

示例 2：面向过程编程和数组的处理

Jack 具有用于处理赋值和迭代的典型语句。图 9.2 中的程序展示了如何使用这些语句进行数组处理。

大多数高级编程语言在基本语法中都支持数组声明。Jack 选择将数组视为 Array 类的一个实例，而 Array 类是 Jack 语言的 OS 扩展的一部分。这种选择是出于实用的目的，以便简化 Jack 编译器的构造。

```
/** 输入一个整数的序列，并计算其平均值 */
class Main {
    function void main() {
        var Array a;        //Jack 数组中的元素不要求统一类型
        var int length;
        var int i, sum;
        let i = 0;
        let sum = 0;
        let length = Keyboard.readInt("How many numbers? ");
        let a = Array.new(length);   // 构造一个数组
        while (i < length) {
            let a[i] = Keyboard.readInt("Enter a number: ");
            let sum = sum + a[i];
            let i = i + 1;
        }
        do Output.printString("The average is: ");
        do Output.printInt(sum / length);
        do Output.println();
        return;
    }
}
```

图 9.2　典型的面向过程编程和简单的数组处理。其中 Array、Keyboard 和 Output 来自标准类库

示例 3：抽象数据类型

每种编程语言都具有一组固定的原始数据类型。Jack 有三种原始数据类型：int、char 和 boolean。在基于对象的语言中，程序员可以根据需要，创建新的抽象数据类型。例如，假设读者希望利用 Jack 来处理有理数，如 2/3 和 314159/100000，而不损失精度。

这个工作可以通过开发一个独立的 Jack 类来完成,该类旨在创建和操作形为 x/y 的分数对象,其中 x 和 y 是整数。任何需要表示和操作有理数的 Jack 程序都可以使用该类提供的分数抽象。现在描述如何开发和使用一个 Fraction 类。这个示例展示了 Jack 中典型的、涉及多个类的基于对象的编程。

类的使用

图 9.3a 列出了一个类的框架(包括一组方法的签名),指定了分数抽象提供的服务接口。这样的规范通常被称为**应用编程接口**(Application Programming Interface,API)。图底部的用户代码展示了如何使用这个 API 来创建和操作分数对象。

图 9.3a 说明了一个重要的软件工程原则:抽象(如 Fraction)的使用者不需要知道抽象的任何实现细节。使用者需要的只是类**接口**,也称为 API。API 说明了该类提供的功能以及如何使用这些功能。用户只需要知道这些。

```
/** 表示 Fraction 类的类型以及相关的操作 (Fraction 类的框架) */
class Fraction {
    /** 基于 x 和 y 构造一个约分 (简化) 后的分数 */
    constructor Fraction new(int x, int y)
    /** 返回该分数的分子 */
    method int getNumerator()
    /** 返回该分数的分母 */
    method int getDenominator()
    /** 返回该分数与另外一个分数的和 */
    method Fraction plus(Fraction other)
    /** 以 x/y 的格式打印该分数 */
    method void print()
    /** 清除该分数对象 */
    method void dispose() {
    // 更多跟分数相关的方法
    // minus、times、div、invert 等
}
```

```
// 计算并打印 2/3 与 1/5 的和
class Main {
    function void main() {
        // 创建三个分数变量 (指向 Fraction 对象的指针)
        var Fraction a, b, c;
        let a = Fraction.new(4,6);  // a = 2/3
        let b = Fraction.new(1,5);  // b = 1/5
        // 将两个分数加起来,并打印结果
        let c = a.plus(b);          // c = a + b
        do c.print();               // 应该输出 "13/15"
        return;
    }
}
```

图 9.3a 抽象类 Fraction 的 API (顶部) 以及一个使用该 API 的 Jack 类的例子

类的实现

到目前为止,只是从使用者的角度将 Fraction 视为一个黑盒抽象。图 9.3b 进一步讨论了该抽象的一种可能的实现。

Fraction 类展示了 Jack 中基于对象编程的几个关键特性。**字段(field)** 指定了对象的属性(也称为**成员变量**)。**构造函数**是创建新对象的子例程,**方法**是操作当前对象的子例程(使用关键字 this 来引用当前对象)。**函数**是类级别的子例程(也称为**静态方法**),它不操作特定的对象。Fraction 类还展示了 Jack 语言中的许多语句:let、do、if、while 和 return。当然,为了支持任何可想象的编程目标,Jack 能够创建无数的类,Fraction 类只是其中一个例子。

示例 4:链表的实现

链表这个数据结构被递归定义为:一个值,后面跟着一个链表。空值 null 也被视为

一个链表。图 9.4 展示了一个整数链表的 Jack 实现。这个例子展示了如何使用 Jack 来实现计算机科学中广泛使用的一种主要数据结构。

```
/** 表示 Fraction 类的类型以及相关的操作（Fraction 类的框架）*/
class Fraction {
    // 每个分数对象都有一个分子和分母
    field int numerator, denominator;
    /** 从 x 和 y 构造一个约分（简化）的分数 */
    constructor Fraction new(int x, int y) {
        let numerator = x;
        let denominator = y;
        do reduce();      // 对分数进行约分
        return this;      // 返回新对象的引用
    }
    // 对分数进行约分
    method void reduce() {
        var int g;
        let g = Fraction.gcd(numerator, denominator);
        if (g > 1) {
            let numerator = numerator / g;
            let denominator = denominator / g;
        }
        return;
    }
    // 计算两个整数的最大公约数
    function int gcd(int a, int b) {
        // 应用欧几里得算法
        var int r;
        while (~(b = 0)) {
            let r = a - (b * (a / b));   // r 表示余数 (remainder)
            let a = b;
            let b = r;
        }
        return a;
    }
    // 更多 Fraction 类的声明见右上图
```

```
/** 访问器方法 */
method int getNumerator() {
    return numerator;
}
method int getDenominator() {
    return denominator;
}
/** 打印该分数与另外一个分数的和 */
method Fraction plus(Fraction other) {
    var int sum;
    let sum = (numerator * other.getDenominator())+
              (other.getNumerator() * denominator);
    return Fraction.new(sum, denominator *
                        other.getDenominator());
}
/** 以 x/y 的格式打印该分数 */
method void print() {
    do Output.printInt(numerator);
    do Output.printString("/");
    do Output.printInt(denominator);
    return;
}
/** 清除该分数对象 */
method void dispose() {
    // 释放该对象占用的内存
    do Memory.deAlloc(this);
    return;
}
// 更多的分数相关的方法可以在此处实现，包括 minus、times、
//div、invert 等
}  // 结束 Fraction 类的声明
```

图 9.3b　Fraction 类的一种 Jack 语言的实现

```
/** 表示一个元素均为整数类型的链表 */
class List {
    field int data;      // 一个链表包括一个 int 类型的值和
    field List next;     // 另外一个链表
    /* 创建一个链表，链表头是 car，链表尾是 cdr*/
    // 这些标识符的命名源自 Lisp 编程语言
    constructor List new(int car, List cdr) {
        let data = car;
        let next = cdr;
        return this;
    }
    /* 访问器方法 */
    method int getData() { return data; }
    method List getNext() { return next; }
    /* 打印链表中的元素 */
    method void print() {
        // 将一个指针初始化为指向该链表的第一个元素
        var List current;
        let current = this;
        // 迭代遍历该链表
        while (~(current = null)) {
            do Output.printInt(current.getData());
            do Output.printChar(32);   // 打印空格
            let current = current.getNext();
        }
        return;
    }
    // 更多 List 类的声明见右上图
```

```
/* 清除该链表 */
method void dispose() {
    // 递归地清除该链表的尾部元素
    if (~(next = null)) {
        do next.dispose();
    }
    // 使用一个操作系统例程来释放该对象
    // 占用的内存
    do Memory.deAlloc(this);
    return;
}
// 这里可以有更多 list 相关的方法
}  // 结束 List 类的声明
```

```
// 用户代码的示例
// 创建、打印和清除链表 (2,3,5)，该链表的完整
// 形式是 (2, (3, (5, null)))
//（这里的代码可以出现在任何 Jack 类中）
...
var List v;
let v = List.new(5,null);
let v = List.new(2,List.new(3,v));
do v.print();       // 打印 2 3 5
do v.dispose();     // 清除该链表
...
```

图 9.4　链表的一种基于 Jack 语言的实现（见左图和右上图）和使用示例（右下图）

操作系统

Jack 程序广泛使用了 Jack 操作系统提供的服务，这些服务将在第 12 章中详细讨论并进行构建。就目前而言，只需要说明的是，Jack 程序抽象地使用操作系统服务，而不关注其底层实现。Jack 程序无须包含或导入任何外部代码，就可以直接使用这些操作系统服务。

操作系统包括八个类，如图 9.5 所示。附录 F 中有更详细的说明。

操作系统的类	提供的服务
Math	常见的数学操作： max(int, int), sqrt(int), ……
String	字符串及相关操作： length(), cahrAt(int), ……
Array	数组及相关操作： new(int), dispose()
Output	屏幕上的文本输出操作： printString(String), printInt(int), println(), ……
Screen	屏幕上的图形化输出操作： setColor(boolean), drawPixel(int, int), drawLine(int, int, int, int), ……
Keyboard	来自键盘的输入操作： readLine(String), readInt(String), ……
Memory	主机 RAM 的访问操作： peek(int), poke(int, int), alloc(int), deAlloc(Array)
Sys	运行相关的服务： halt(), wait(int), ……

图 9.5 操作系统服务。完整的操作系统 API 请参考附录 F

9.2 Jack 语言规范

本节只需要快速浏览一遍，后续有需要的时候，可以把本节作为技术手册进行查询。

9.2.1 语法元素

一个 Jack 程序是由标记（token）组成的序列。这些标记由任意数量的空白和注释分隔。标记可以是符号、保留字、常量和标识符，如图 9.6 所示。

空白符和注释	空白字符、换行符和注释都会被忽略。 支持如下注释格式： // 后面直到行尾为注释 /* 和 */ 之间为注释 /** …*/ 特殊的注释格式，可以辅助软件工具从中自动提取 API 文档
符号	(): 为算术表达式区优先级，在子例程调用或声明时区分参数链表 []: 用于数组索引访问 {}: 用于对程序单元和语句进行分组 ,: 变量列表的分隔符 ;: 语句的结束符 =: 复制和比较运算符 .: 类成员关系符 + - * / & | ~ < >: 运算符

图 9.6 Jack 语言的语法元素

保留字	class, constructor, method, function：程序的组成单位 int, boolean, char, void：基本类型 var, static, field：变量的声明 let, do, if, else, while, return：语句 true, false, null：常量值 this：当前对象的引用
常量	• 整型常量：0 ~ 32 767。负整数不是常量，而是一个表达式，包括一元运算符和一个整型常量。这样，完整的整数常量范围是：-32 768 ~ 32 767。其中 -32 768 可以用 -32 767-1 表示 • 字符串常量：用双引号（" "）包围的字符序列，其中的字符不能是换行符或者双引号。这两个符号由操作系统函数 String.newLine() 和 String.doubleQuote() 来提供 • 逻辑常量：true 和 false • null 常量：表示空引用
标记符	标记符是一个由字母 A ~ Z 或 a ~ z、数字 0 ~ 9 和字符 "_" 组成的序列。第一个字符必须是字母或者 "_"。Jack 语言是大小写敏感的，即 x 和 X 被识别为不同的标记符

图 9.6　Jack 语言的语法元素（续）

9.2.2　程序结构

一个 Jack 程序是存储在同一文件夹中的一个或多个类的集合。必须有一个类名为 Main，并且这个类必须有一个名为 main 的函数。编译后的 Jack 程序始终从 Main.main 函数开始执行。

Jack 中的基本编程单位是**类**。每个类 *Xxx* 都单独存储在名为 *Xxx*.jack 的文件中，并进行单独编译。按照惯例，类名以大写字母开头。文件名必须与类名相同，包括大小写。类的声明具有以下结构：

```
class name {
    字段变量声明      // 必须在子例程声明之前
    静态变量声明      // 必须在子例程声明之前
    子例程声明       // 构造函数、方法和函数的声明，对顺序没有要求
}
```

每个类的声明都会指定一个类的名称，借助该名称，该类提供的服务可以被全局范围的代码访问。接下来是零个或多个**字段变量**声明，以及零个或多个**静态变量**声明。紧跟其后的是一个或多个子例程声明。每个子例程声明定义一个**方法**（method）、**函数**（function）或**构造函数**（constructor）。

其中，**方法**操作当前对象。**函数**是类级别的静态方法，不关联任何特定对象。**构造函数**创建并返回该类的新对象。子例程声明具有以下结构：

```
子例程类别 类型 名称 ( 参数列表 ) {
    局部变量声明
    语句
}
```

其中，**子例程类别**是 constructor、method 或者 function 中的一个。每个子例程都有一个名称和一个返回类型。如果某个子例程没有返回值，则返回类型声明为 void。**参数列表**是一个用逗号分隔的 <类型 标记符> 列表，比如，(int x, boolean sign, Fraction g)。

如果子例程是方法或函数，其返回类型可以是 Jack 语言支持的任何基本数据类型（int、

char 或 boolean)、标准类库提供的类的类型（String 或 Array）或程序中自定义实现的任何类型（例如，Fraction 或 List）。如果子例程是**构造函数**，它可以有任意名称，但其类型必须是它所属的类。一个类可以有 0、1 或多个构造函数。按照惯例，其中一个构造函数名为 new。

根据子例程的接口规范，子例程声明包含一个或多个局部变量声明（var 语句），然后是一个或多个语句。每个子例程必须以语句 return *expression* 作为结束。对于返回类型为 void 的子例程，子例程必须以语句 return 结束（这可以视为 return void 的简写，其中 void 是一个代表"空"的常量）。构造函数必须以语句 return this 结束，此操作返回新创建的对象的内存地址，用 this 表示（Java 语言中的构造函数也隐式执行相同的操作）。

9.2.3 数据类型

变量的数据类型可以是基本类型（int、char 或 boolean），也可以是类名，其中类名可以是 String、Array 或程序文件夹中某个类的名称。

（1）基本类型

Jack 具有三种基本数据类型：

- int 类型：二进制补码表示的 16 位整数。
- char 类型：非负的 16 位整数。
- boolean 类型：true 或 false。

这三种基本数据类型 int、char 和 boolean 在内部都用 16 位值表示。该语言是弱类型的：可以将任何类型的值赋给任何类型的变量，无须强制类型转换。

（2）数组

用操作系统中（或标准类库中）的 Array 类来声明数组类型。数组元素使用典型的 arr[i] 表示法来访问，其中第一个元素的索引为 0。可以通过创建数组的数组来获得多维数组。数组元素没有类型，即同一数组中的不同元素可能具有不同的类型。数组的声明只是创建了一个引用，而数组本身则需要通过执行构造函数 Array.new(*arrayLength*) 来创建。图 9.2 展示了一个使用数组的示例。

（3）对象类型

每个至少包含一个方法的 Jack 类都定义了一个对象类型。在典型的面向对象编程中，对象的创建包括两步：声明和创建。下面给出一个例子。

```
// 这个用户代码使用了 Car 和 Employee 类，此处没有给出这两个类的实现
// Car 类有两个字段：model（字符串类型）和 licensePlate（字符串类型）
// Employee 类有两个字段：name（字符串类型）和 car（Car 类型）
...
// 声明一个 Car 对象和两个 Employee 对象（一共三个指针变量）
var Car c;
var Employee emp1, emp2;
...
// 创建一个新的 Car 对象
let c = Car.new("Aston Martin", "007"); // 设置 c 指向新的 Car 对象的内存基地址
// 构造一个新的 Employee 对象，并将现有的 Car 对象分配给它
let emp1 = Employee.new("Bond", c);
...
// 创建 Bond 的一个别名
let emp2 = emp1; // 只拷贝引用（地址），不需要创建新的对象
// 现在两个 Employee 指针指向同一个对象
```

（4）字符串

字符串是标准类库中 String 类的实例，该类用 char 类型的数组来实现字符串。Jack 编译器将字符串"foo"视为 String 对象。可以使用 charAt（*index*）和 String 类的 API（参见附录 F）中的其他方法来访问 String 对象的内容。比如：

```
var String s;   // 一个 String 类型的对象变量
var char c;     // 一个 char 类型的变量
...
let s = "Hello World";   // 将 s 设置为 String 对象 "Hello World"
let c = s.charAt(6);     // 将 c 设置为 'W' 的整数编码，即 87
```

语句 let s ="Hello World" 等价于语句 let s = String .new(11)，其后紧随 11 次方法调用 do s.appendChar(72), ..., do s.appendChar(100)，其中 appendChar 的参数是对应字符的整数编码。实际上，这正是编译器处理 let s ="Hello World" 的方式。请注意，Jack 语言不支持直接引用单个字符常量。表示字符的唯一方法是使用其整数字符编码或使用 charAt 方法。Hack 字符集在附录 E 中有文档说明。

（5）类型转换

Jack 是一种弱类型语言。Jack 语言规范并没有规定当一个类型的值被赋给另一个类型的变量时会发生什么。是否允许进行这样的转换操作，以及如何处理它们，都留给 Jack 编译器来决定。这种简化的语言规范是故意为之的，旨在构建不用考虑类型问题的最小编译器。尽管如此，所有的 Jack 编译器都应该支持并自动完成以下的赋值操作。

- 一个字符值可以被赋值给一个整型变量，反过来也可以。赋值过程遵守附录 E 中的 Jack 字符集规范。比如：

```
var char c;
let c = 33;   // 'A'
// 与下面的代码等价
var string s;
let s="A";
let c = s.charAt(0);
```

- 一个整型值可以被赋值给任意对象类型的引用变量，此时整数被当作一个内存地址。比如：

```
var Array arr;        // 创建一个指针变量
let arr = 5000;       // 将 arr 设置为 5000
let arr[100] = 17;    // 将内存地址 5100 指向的内容设置为 17
```

- 一个对象变量可以被赋值给一个 Array 变量，反之亦然。这样，可以将对象字段当成数组元素来访问，反之亦然。比如：

```
// 创建数组 [2, 5]
var Array arr;
let arr = Array.new(2);
let arr[0] = 2;
let arr[1] = 5;
// 创建分数 2/5
var Fraction x;
let x = arr;                          // 设置 x 为数组 [2,5] 所在内存块的基地址
do Output.printInt(x.getNumerator()); // 输出 "2"
do x.print()                          // 输出 "2/5"
```

9.2.4 变量

Jack 语言中有四种变量。**静态变量**在类级别定义，可以被类的所有子例程访问。**字段变量**也在类级别定义，用于表示单个对象的属性，可以被类的所有构造函数和方法访问。**局部变量**由子例程用于局部计算，**参数变量**表示调用者传递给子例程的参数。局部变量值和参数值在子例程开始执行之前创建，并在子例程返回时回收。图 9.7 给出了详细信息。变量的**作用域**是程序中可识别该变量的代码区域。

类别	描述	声明所在位置	作用域
静态变量（static）	static *type varName1, varName2*, …；每个静态变量只有一个备份，该备份被该类所有的实例共享（就像 Java 语言中的 *private static* 变量）	类声明	声明位置所在的类
字段变量（field）	field *type varName1, varName2*, …；每个对象（类的实例）都有一个私有的字段变量的备份（就像 Java 语言中的成员变量）	类声明	声明位置所在的类
局部变量（local）	var *type varName1, varName2*, …；局部变量在子例程开始运行时创建，在子例程返回时清除	子例程声明	声明位置所在的子例程
参数变量（parameter）	表示传递给子例程的参数。像局部变量一样处理，不过由调用者初始化参数的值	子例程声明	声明位置所在的子例程

图 9.7 Jack 语言中的变量类别。表格中的子例程可能是一个函数、方法或者构造函数

1）变量初始化：静态变量在使用前，需要程序员编写代码来初始化它们。字段变量将由类构造函数进行初始化。局部变量需要程序员自行初始化。参数变量由调用者传递的参数来初始化。

2）变量可见性：静态变量和字段变量无法从类的外部直接访问。它们只能通过类设计者提供的访问器方法和修改器方法来访问。

9.2.5 语句

Jack 语言支持 5 种语句，如图 9.8 所示。

语句	语法	描述
let	let *varName* = *expression*; let *varName*[*expression1*] = *expression2*;	赋值语句。 变量的类别可以是 *static*、*local*、*field* 或者 *parameter*
if	if (*expression*) {*statements1*;} else {*statements2*;}	典型的 *if* 语句，可能有一个 *else* 从句。 花括号是必须的，即使 *statements* 只有一条语句
while	while (*expression*) {*statements*;}	典型的 *while* 语句。 花括号是必须的，即使 *statements* 只有一条语句
do	do *function-or-method-call*;	调用一个函数或者方法，忽略返回值
return	return *expression*; return;	从子例程返回一个值。 第二种形式只能在返回类型为 void 的子例程使用。 构造函数必须返回 this

图 9.8 Jack 语言中的语句

9.2.6 表达式

一个 Jack 表达式可能是：

- 一个**常量**。
- 一个作用域中的**变量名**。可以是静态变量、字段变量、局部变量或参数变量。
- **关键字 this**，表示当前的对象。只能在构造函数和方法中使用，不能在函数内使用。
- 形如 arr[*expression*] 的一个**数组元素**，其中 *arr* 是一个 Array 类型的变量名。
- 一个返回类型非空的**子例程调用**。
- 一个表达式，前面附带一个一元运算符 - 或 ~：
  - - *expression*：算术求负运算。
  - ~ *expression*：布尔求反运算（对整数按位取反）。
- 形如 *expression* op *expression* 的二元运算表达式，其中 op 可以是如下二元运算符：
  - + - * /：整数算术运算符。
  - & |：布尔"与"和"或"运算符（对整数按位运算）。
  - < > =：比较运算符。
  - (*expression*)：括号中的表达式。

运算符优先级和求值顺序

除了括号中的表达式应该首先计算之外，Jack 语言没有定义其他运算符优先级。因此，表达式 2+3*4 的值是不可预测的，而表达式 2+（3*4）保证会被计算为 14。本书中提供的 Jack 编译器以及将在第 10 ～ 11 章中开发的编译器都会从左到右计算表达式，所以表达式 2+3*4 的计算结果为 20。再次提醒，此处是为了简化，如果读者希望得到代数意义上正确的结果，应该使用 2+（3*4）。

由于用括号来确保运算符优先级，因此 Jack 表达式显得有点麻烦。然而，这种运算符优先级的缺乏是为了简化 Jack 编译器的实现而故意设计的。如果需要，读者当然可以指定运算符优先级并将其添加到语言文档中。

9.2.7 子例程调用

子例程调用使用语法 *subroutineName* (*exp*$_1$, *exp*$_2$, ⋯ , *exp*$_n$) 来调用函数、构造函数或方法，其中，每个参数 *exp* 都是一个表达式。参数的数量和类型必须与子例程声明中指定的参数的数量和类型一致。即使参数列表为空，也必须使用括号。

根据以下语法规则，可以从子例程所在的类或者其他类调用子例程。

1. 函数调用和构造函数调用

- 类名 . 函数名（表达式 1, 表达式 2, ⋯, 表达式 *n*）
- 类名 . 构造函数名（表达式 1, 表达式 2, ⋯, 表达式 *n*）

需要说明的是，即使函数或者构造函数与其调用者属于同一个类，在调用时也必须指定类名。

2. 方法调用

- 对象名 . 方法名（表达式 1, 表达式 2, ⋯, 表达式 *n*）

将方法应用于特定对象。

- 方法名（表达式 1, 表达式 2, ⋯, 表达式 *n*）

将方法应用于当前对象，等同于 this.方法名（表达式 1, 表达式 2, ⋯, 表达式 *n*）。

下面是一些子例程调用的例子：

```
class Foo {
   ...
   method void f() {
      var Bar b;            // 声明一个 Bar 类型的局部变量
      var int i;            // 声明一个 int 类型的局部变量
      ...
      do Foo.g()            // 调用当前类的 g 函数
      do Bar.h()            // 调用 Bar 类的 h 函数
      do m()                // 调用当前类（this 对象）的 m 方法
      do b.q()              // 调用 Bar 类（b 对象）的 q 方法
      let i = w(b.s(), Foo.t())  // 调用 this 对象的 w 方法
                                 // 调用 Bar 类 b 对象的 s 方法
                                 // 调用 Foo 类的 t 函数（或构造器）
   }
}
```

9.2.8 对象的创建与清除

对象的构造分为两个阶段。首先，声明一个引用变量（指向对象的指针）。然后，调用该对象所属类的构造函数来完成对象的创建。因此，实现一个类型的类（例如，Fraction）必须具有至少一个构造函数。Jack 的构造函数可以有任意名称，按照惯例，其中一个构造函数被命名为 new。

通常使用形如

let 变量名 = 类名.构造函数名（参数 1，参数 2，…，参数 n）

的语句，来创建对象并将其分配给变量。例如，let c = Circle.new (x,y,50)。构造函数通常包含用参数值来初始化新对象的字段的代码。

当一个对象不再需要时，可以将其清除，以释放其占用的内存。例如，假设 c 指向的对象不再需要，就可以通过调用操作系统函数 Memory.deAlloc (c) 从内存中释放该对象。由于 Jack 没有垃圾回收机制，因此最佳实践是每个类都必须具有一个封装了内存释放操作的 dispose() 方法。图 9.3 和图 9.4 给出了示例。为了避免内存泄漏，建议 Jack 程序员在不再需要对象时及时将其清除。

9.3 编写 Jack 应用程序

Jack 是一种通用语言，可以在不同的硬件平台上实现。本书计划开发一个面向 Hack 平台的 Jack 编译器，因此这里讨论 Hack 平台上的 Jack 应用程序。

1. 示例

一般来说，Jack/Hack 平台非常适合简单的交互式游戏，如弹球游戏、贪吃蛇、俄罗斯方块和类似的经典游戏。project/09/Square 文件夹中包括一个简单的交互式程序的完整 Jack 代码，该程序允许用户使用键盘上的 4 个方向键在屏幕上移动方形图像。

一边执行该程序一边查看其 Jack 源代码，是学习如何使用 Jack 编写交互式图形应用程序的好方法。本章稍后将描述如何使用提供的工具来编译和执行 Jack 程序。

2. 应用程序的设计和实现

软件开发应该始终建立在精心规划的基础上，尤其是在像 Hack 计算机这样简单的硬件平台上进行开发时更应做好规划。首先，程序设计者必须考虑硬件的物理限制并据此进行规划。比如，计算机屏幕的尺寸限制了程序可以处理的图形 / 图像的大小。同样，必须

考虑编程语言中输入/输出命令的范围和平台的执行速度，才会对能做和不能做的事情有现实的期望。

设计过程通常从对程序行为的概念描述开始。对于图形化的交互式程序，需要先为典型屏幕进行手工绘图。接下来，通常会设计一个基于对象的程序架构。这需要识别**类**、**字段和子例程**。例如，如果目标程序允许用户创建方块并使用键盘的方向键在屏幕上移动它们，那么可以设计一个 Square 类来封装这些操作，使用诸如 moveRight、moveLeft、moveUp 和 moveDown 之类的方法，以及一个用于创建方块的构造函数和一个用于清除方块的 dispose 函数。此外，还可以设计一个支持用户交互的 SquareGame 类和一个启动程序的 Main 类。一旦指定了这些类的 API，就可以继续进行实现、编译和测试。

3. 编译和运行 Jack 程序

构成程序的所有 .jack 文件必须位于同一个文件夹中。将 Jack 编译器应用于程序文件夹时，文件夹中的每个源 .jack 文件将被翻译成相应的 .vm 文件，并存储在同一个程序文件夹中。

运行或调试已编译的 Jack 程序的最简单方法是将程序文件夹加载到虚拟机模拟器中。模拟器将依次加载文件夹中所有 .vm 文件中的所有虚拟机函数，输出一个（可能很长）的虚拟机函数列表，并在虚拟机模拟器的代码窗格中列出它们的完整名称，形如文件名.函数名。当指示模拟器运行程序时，模拟器将首先运行操作系统中的 Sys.init 函数，该函数再调用 Jack 程序中的 Main.main 函数。

第二种选择是使用虚拟机翻译器（比如实验 7 和 8 中开发的翻译器）将已编译的虚拟机代码以及 8 个提供的操作系统文件（见 tools/OS/*.vm）翻译成单个用 Hack 机器语言表示的 .asm 文件。然后，可以在提供的 CPU 模拟器上执行汇编代码。

第三种选择是使用汇编器（比如实验 6 中开发的汇编器）将 .asm 文件进一步翻译成二进制代码 .hack 文件。接下来，可以将一个 Hack 计算机芯片（比如实验 1 ~ 5 中开发的芯片）加载到硬件模拟器中，或使用自带的计算机芯片，将二进制代码加载到 ROM 芯片中并运行。

4. 操作系统

Jack 程序广泛使用该语言的**标准类库（standard class libary）**，这里将其称为**操作系统（Operating System，OS）**。在实验 12 中，读者将使用 Jack 语言开发 OS 类库（就像 Unix 是用 C 编写的那样），并使用 Jack 编译器进行编译。编译过程将产生 8 个 .vm 文件，构成操作系统的实现。如果读者将这 8 个 .vm 文件放在程序文件夹中，则应用程序的虚拟机代码将可访问所有的操作系统函数，因为它们属于同一个文件夹（从而属于同一个代码库）。

不过，目前不需要担心 Jack 操作系统的实现。本书提供的虚拟机模拟器（一个 Java 程序）具有内置的用 Java 实现的 Jack 操作系统。当加载到模拟器中的虚拟机代码调用一个操作系统函数时，比如 Math.sqrt，可能发生两种情况。如果在加载的代码库中可以找到该操作系统函数，则虚拟机模拟器将运行它，就像运行任何其他虚拟机函数一样；如果在加载的代码库中找不到该操作系统函数，模拟器将运行其内置的操作系统实现。

9.4 实验

与本书中的其他实验不同，此实验与底层硬件特性关系不大。相反，读者只需要选择某个感兴趣的应用程序，并在 Hack 平台上使用 Jack 语言开发该应用程序。

（1）目标

这个实验的一个隐含的任务是要熟悉 Jack 语言。该任务在后期有两个用途：在实验 10 和 11 中编写 Jack 编译器，在实验 12 中编写 Jack 操作系统。

（2）要求

自行挑选一个应用程序的主题，比如一个简单的电脑游戏或某个交互式程序。然后设计、开发和构建应用程序。

（3）资源

需要使用本书提供的 tools/JackCompiler 将开发的应用程序翻译成一组 .vm 文件，以及使用提供的 tools/VMEmulator 来运行和测试编译后的代码。

编译和运行 Jack 程序

编译和运行 Jack 程序的步骤如下：

0）创建一个用于存放程序的文件夹，称之为**程序文件夹**。

1）编写 Jack 程序。Jack 程序包括一个或多个 Jack 类，每个类都存储在一个单独的 *ClassName*.jack 文本文件中。将所有这些 .jack 文件放入程序文件夹中。

2）使用提供的 Jack 编译器编译程序文件夹。编译器会将文件夹中找到的所有 .jack 类转换为相应的 .vm 文件。如果编译器报告了错误，应调试程序并重新编译，直到不再报告错误为止。

3）此时，程序文件夹中应包含源 .jack 文件以及已编译的 .vm 文件。接下来，要测试已编译的程序，需要利用提供的虚拟机模拟器加载程序文件夹，然后运行加载的代码。如果出现运行时错误或异常的程序行为，应修复相关文件，然后返回到步骤 2。

1. 程序示例

nand2tetris/project/09 文件夹中包含一个完整的、有三个类的交互式 Jack 程序（Square）的源代码。它还包括本章讨论的其他 Jack 程序的源代码。

2. 位图编辑器

如果开发的程序需要高性能的图形处理，最好为渲染程序的关键图形元素专门设计高性能的图形元素（比如精灵）。例如，Sokoban 应用程序（推箱子游戏）的输出由几个重复的"精灵"元素组成。如果觉得操作系统中 Screen 类提供的服务的性能太低，可以考虑借助 projects/09/BitmapEditor 提供的工具专门设计这些精灵并将它们直接写入屏幕的内存映射。

www.nand2tetris.org 提供了实验 9 的一个 Web 版本。

9.5 总结与讨论

Jack 是一种**基于对象**的语言，它支持对象和类，但不支持继承。因此，它介于过程化语言（如 Pascal 或 C）与面向对象语言（如 Java 或 C++）之间。Jack 显然比这些工业级编程语言更简单。但是，它的基本语法和基本语义与这些现代编程语言相似。

Jack 语言的一些特性不太令人满意。例如，它的基本类型系统相当简陋。此外，它是一种弱类型语言，这意味着在赋值和操作过程中不严格强制类型的一致性。此外，读者可能会好奇为什么 Jack 语法中包括笨拙的关键字（如 do 和 let），为什么每个子例程都必须以 return 语句结束，为什么语言不强制执行运算符优先级等。读者还能找到更多的不足之处。

这些略显笨拙的特性都是为了达到一个目的：允许开发简单的、最小化的 Jack 语言编译器（这是接下来的两章中的任务）。例如，在任何语言中，如果语句的第一个标记就揭示了语句的类型，会让语句的解析过程变得更加容易。这就是 Jack 语言在赋值语句的前面使用 let 关键字的原因。因此，尽管在编写 Jack 应用程序时 Jack 的简单性可能会让人感到烦恼，但在编写 Jack 编译器时，会受益于这种简单性。接下来的两章会证实这一点。

大多数现代编程语言都具有一组**标准类**，Jack 语言也不例外。这些类作为一个整体可以被视为一个可移植的、面向该语言的操作系统。然而，工业级语言的标准库通常具有众多的类，而 Jack 操作系统只提供了一组最基本的服务。尽管如此，这已足够用于开发简单的交互式应用程序了。

显然，扩展 Jack 操作系统以支持多线程的并发能力、用于永久存储的文件系统、用于通信的套接字等功能是不错的主意。尽管所有这些服务都可以添加到操作系统中，但读者也许更希望在别的课程中锻炼自己的编程技能。毕竟，作者不指望在本书之外，Jack 语言仍然得到广泛应用。因此，最好将 Jack/Hack 平台视为一个给定的环境，并充分利用它。这正是程序员为受限环境中运行的嵌入式设备和专用处理器而开发软件时所面临的场景。与其将主机平台强加的约束视为麻烦，不如像专业人士一样，将其视为展示自己的聪明才智的机会。这是实验 9 对读者的期待。

第 10 章
The Elements Of Computing Systems

编译器 I：语法分析

> 没有思想的组织和表达，就无处寻觅语言的修辞；而没有语言修辞的光辉，也无法闪耀思想的深邃。
>
> ——西塞罗（公元前 106—公元前 43）

上一章介绍了 Jack 语言——一种具有类似 Java 语言的语法、简单的、基于对象的编程语言。本章将开始构建 Jack 语言的编译器。**编译器**是一个将用源语言表达的程序翻译为用目标语言表达的程序的程序。这个翻译过程称为**编译**，它在概念上包括两个不同的任务。首先，必须理解源程序的语法，并从中揭示出程序的语义。例如，对程序代码的解析可以揭示出程序试图声明一个数组或操作一个对象。其次，一旦了解了语义，就可以使用目标语言的语法重新表达它。第一个任务通常称为**语法分析**（syntax analysis），这个任务会在本章中进行讨论；第二个任务通常称为**代码生成**（code generation），将在下一章中讨论。

如何确认一个编译器能够"理解"程序呢？只要编译器生成的代码按照预期运行，就可以乐观地认为编译器能够正常工作。然而，在本章中，只构建了编译器的语法分析模块，没有代码生成的能力。如果希望单独对语法分析器进行单元测试，就必须想出一种方法来证明它确实能够理解源程序。本章的解决方案是让语法分析器输出一个 XML 文件，其中标记化的内容反映了源代码的语法结构。通过检查生成的 XML 输出，就能够确定分析器是否正确理解了输入程序。

从零开始编写一个编译器是一项涉及计算机科学中几个基本主题的"壮举"。它需要使用语言解析和语言翻译技术、经典的数据结构（比如树和哈希表），以及递归的编译算法。因此，编写编译器是一项很有挑战性的任务。然而，通过将编译器的构建分成两个独立的实验（如果考虑第 7 章和第 8 章，实际上是 4 个实验），并允许每个实验以模块化的方式进行独立开发和单元测试，就可以更容易地管理编译器的开发任务。

为什么要费力地构建一个编译器呢？除了证明能力和获得成就感之外，深入理解编译的原理有助于读者成为一名优秀的高级语言程序员。此外，用于描述编程语言的规则和语法也可以应用于计算机图形学、通信和网络、生物信息学、机器学习、数据科学和区块链技术等诸多领域。而且，**自然语言处理**这一活跃领域也需要文本分析和语义合成的能力。自然语言处理是智能聊天机器人、机器人个人助手、语言翻译器和许多人工智能应用背后的支撑性科学和实践。因此，尽管大多数程序员在日常工作中不会开发编译器，但程序员必须解析和操作具有复杂多变的结构的文本和数据集。使用本章描述的算法和技术，可以高效而优雅地完成这些任务。

10.1 节概述了构建语法分析器所需的基本概念：词法分析、语法规则、语法解析、解析器和递归下降解析算法。基于这些概念，10.2 节介绍了 Jack 语言的语法以及 Jack 语言的语法分析器。10.3 节提出了一个用于构建 Jack 语言分析器的软件架构，以及一个建议的 API。与往常一样，实验部分（10.4 节）提供了如何构建语法分析器的开发步骤指南，以及有关的测试程序。在下一章中，这个分析器将被扩展为一个完整的编译器。

10.1 背景

编译过程包括两个主要的阶段：**语法分析**和**代码生成**。语法分析阶段通常进一步分为两个子阶段：**标记化**（tokenizing），即将输入字符组合成称为**标记**（token）的基本语言单元，以及**解析**（parsing），即将标记划分为具有独立意义的结构化语句。

标记化和解析任务与编译器的目标语言是完全独立的。由于本章中不涉及代码生成，因此选择让语法分析器将解析后的输入程序的结构输出为 XML 文件。这种选择有两个好处。首先，可以很容易地检查输出文件，以证明语法分析器正确地解析了源程序。其次，明确要求输出 XML 文件使读者要编写一个可以后续转化为完整编译器的软件架构。实际上，正如图 10.1 所示，下一章将扩展本章开发的语法分析器，将其变成一个能够生成可执行的虚拟机代码而不是静止的 XML 代码的完整编译引擎。

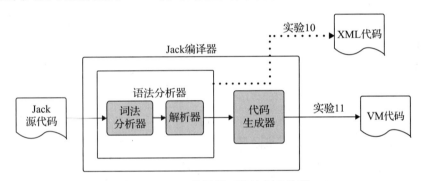

图 10.1　Jack 编译器开发计划的阶段

本章只关注编译器的语法分析器模块，该模块的作用是**理解程序的结构**。这个概念需要进一步解释。当人们阅读计算机程序的源代码时，他们可以立即理解程序的结构。他们之所以能够这样做，是因为他们对语言的**语法**有一个参考标准。具体而言，他们能感知哪些程序构造是有效的，哪些是无效的。借助这种语法洞察力，人们可以识别类和方法的起始和结束位置、什么是声明、什么是语句、什么是表达式以及它们的构成，等等。为了识别这些可能嵌套的语言构造，人们会递归地将它们映射到该语言的语法允许的模式上。

基于类似的思路，可以根据给定的**语法规则**（定义编程语言的语法的一组规则）来构建一个语言的语法分析器。理解（或**解析**）一个给定的程序，意味着确定该程序文本与语法规则之间的确切的对应关系。为了做到这一点，首先必须将程序文本转化为一个**标记**的列表，下面来描述这个过程。

10.1.1　词法分析

每种编程语言规范都包括语言能够识别的**标记**（或单词）的类别。在 Jack 语言中，标记分为五个类别：**关键字**（如 class 和 while）、**符号**（如 + 和 <）、**整数常量**（如 17 和 314）、**字符串常量**（如 "FAQ" 和 "Frequently Asked Questions"），以及**标识符**。标识

符是用于命名变量、类和子例程的文本标签。由这些词法类别定义的标记的集合称为语言的**词汇**。

计算机程序可以简单地视为存储在文本文件中的字符流。分析程序的语法的第一步是将这些字符流按照语言词汇中定义的标记进行分组（忽略空格和注释）。这个任务被称为**词法分析**（lexical analysis）、**扫描**（scanning）或**标记化**（tokenizing），它们的意思完全相同。

一旦程序被标记化，就可以将标记（而不再是字符）视为程序的基本元素。因此，接下来编译器的主要输入是标记流。

图 10.2 展示了 Jack 语言的词汇表，以及一个典型的代码段的标记化过程。这个版本的标记器（也称分词器）输出了标记的列表以及它们的词法分类。

标记化是一个很简单但是很重要的任务。给定语言的词汇表，编写一个程序将任何给定的字符流转换为标记流并不难。这为开发语法分析器提供了第一块基石。

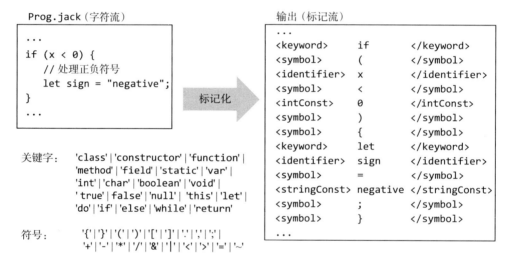

图 10.2　Jack 语言词汇的定义，以及一个词法分析的示例

10.1.2　语法规则

标记化完成以后，源程序文本已经被转换成一个标记流或单词流；接下来，可以尝试将这些单词组合成有效的句子。例如，类似于"Bob got the job"这样的句子听起来比较合理，而像"Got job the Bob"或"Job Bob the got"这样的句子听起来很奇怪。人类在不经过思考的情况下就会执行这些解析任务，因为人类的大脑已经训练成能够将单词序列映射到被英语语法接受或拒绝的模式上。编程语言的语法比自然语言的语法简单得多。可以参考图 10.3 中的示例。

语法是用**元语言**编写的，元语言是一种描述语言的语言。编译理论中发展了大量用来对语法、语言和元语言进行规定和推理的形式化工具。其中一些形式化是相当正式的。为了保持简单，本书中将语法视为一组规则。每个规则由左侧和右侧组成。左侧指定规则的名称，这不是语言的一部分。相反，它可以由描述语法的人自行命名。比如，如果我们在整个语法中将一个规则的名称替换成另一个名称,那么语法仍然是有效的(虽然语法的可读性可能会变差)。

规则的右侧描述了规则指定的语言模式。这个模式是一个从左到右的序列,由三个构建块组成:**终结符**、**非终结符**和**限定符**。终结符是词法分析识别出来的标记,非终结符是其他规则的名称,限定符包括五个符号:|、*、?、(和)。终结符元素(如 **if**)用粗体字指定,并用单引号括起来;非终结符元素(如 *expression*)以斜体字体指定;限定符使用常规字体指定。例如,规则:*ifStatement*: **'if'** '(' *expression* ')' '{' *statements* '}' 规定了每个合法的 *ifStatement* 实例必须以标记 **if** 开头,然后是标记 (,后面是合法的 *expression* 实例(在语法的其他地方定义),接着是标记),其后是标记 {,然后是合法的 *statements* 实例(在语法的其他地方定义),最后是标记 }。

当解析模式存在多种可能时,使用限定符 | 列出这些备选项。例如,规则 *statement*: *letStatement* | *ifStatement* | *whileStatement* 规定了一个 *statement* 实例可以是 *letStatement*、*ifStatement* 或 *whileStatement* 中的任何一种。

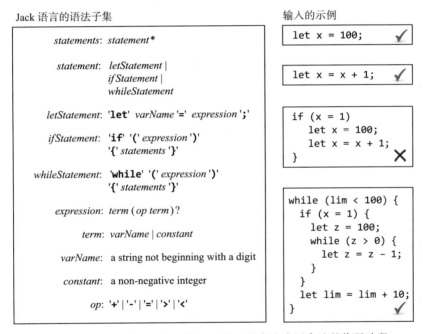

图 10.3 Jack 语言语法的子集,以及一些合法或不合法的代码片段

限定符 * 用于表示"0 次、1 次或多次"。例如,规则 *statements*: *statement**规定:*statements* 可以由 0 个、1 个或多个 *statement* 的实例构成。类似地,限定符 ? 用于表示"0 次或 1 次"。例如,规则 *expression*: *term* (*op term*)? 规定 *expression* 是一个 *term*,后面可能跟着一个 *op term*。这意味着,x 是一个 *expression*,x+17、5*7 和 x<y 都是 *expression*。括号 (和) 用于对语法元素进行分组。例如,(*op term*) 规定在此规则的上下文中,*op* 后跟 *term* 应被视为单个语法元素。

10.1.3 语法解析

语法具有递归的本质。就像在英语中的句子"Bob got the job that Alice offered"被认为合乎语法一样，在编程语言中的语句 if(x<0){if(y>0){...}} 也是合法的。如何确定这个输入是否被语法接受呢？在获取第一个标记并意识到这是一个 if 模式后，可以查看规则 *ifStatement* : 'if' '(' *expression* ')' '{' *statements* '}'。该规则告诉我们，在标记 if 之后，应该跟着标记 (，然后是一个 *expression*，接着是标记)。而事实上，这些要求都被输入元素 (x<0) 满足了。根据语法规则，接下来应该是标记 {，然后是 *statements*，后面是标记 }。其中，*statements* 被定义为 0 个或多个 *statement* 实例，而 *statement* 本身可以是 *letStatement*、*ifStatement* 或 *whileStatement* 之一。这个预期被输入元素 if(y>0){...} 满足，这是一个 *ifStatement*。

现在可以看到，编程语言的语法可以用来明确、无歧义地确定给定的文本输入是被语法接受还是被拒绝⊖。作为这个解析过程的副产品，解析器会产生给定输入与语法规则允许的语法模式之间的精确对应关系。这个对应关系可以用一个称为**解析树**或**推导树**的数据结构来表示，如图 10.4a 所示。如果可以构建这样的树，解析器认为输入是合法的；否则，解析器会报告输入中包含语法错误。

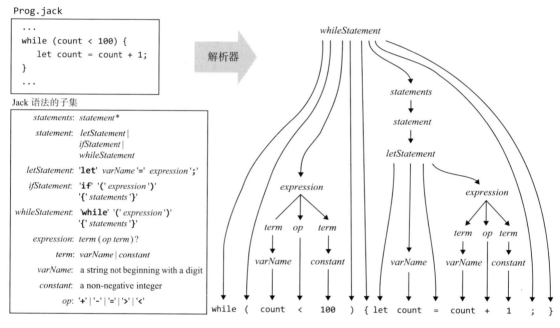

图 10.4a　一个典型代码片段对应的解析树。解析过程由语法规则驱动

如何以文本方式来表示解析树呢？在本书中，决定让解析器输出一个 XML 文件，其标记化格式可以反映树结构。通过检查这个 XML 输出文件，可以确认解析器正确地解析了输入。请参考图 10.4b 中的示例。

⊖ 这里存在编程语言和自然语言之间的关键区别。在自然语言中，可以说 "Whoever saves one life, saves the world entire." 这样的话。在英语中，把形容词放在名词之后在语法上是不正确的；然而，在特定情况下，这样的表达听起来完全可以接受。与编程语言不同，自然语言要求有诗意的表达，因此允许打破语法规则，只要写作者知道自己正在做什么。这种表达的自由使自然语言变得极为丰富。

```
Prog.xml
  ...
  <whileStatement>
    <keyword> while </keyword>
    <symbol> ( </symbol>
    <expression>
      <term> <varName> count </varName> </term>
      <op> <symbol> < </symbol> </op>
      <term> <constant> 100 </constant> </term>
    </expression>
    <symbol> ) </symbol>
    <symbol> { </symbol>
    <statements>
      <statement> <letStatement>
        <keyword> let </keyword>
        <varName> count </varName>
        <symbol> = </symbol>
        <expression>
          <term> <varName> count </varName> </term>
          <op> <symbol> + </symbol> </op>
          <term> <constant> 1 </constant> </term>
        </expression>
        <symbol> ; </symbol>
      </letStatement> </statement>
    </statements>
    <symbol> } </symbol>
  </whileStatement>
  ...
```

图 10.4b 用 XML 表示的解析树

10.1.4 解析器

解析器根据给定的语法进行工作。解析器接受一个标记流作为输入，并试图生成输入标记流的解析树作为输出。在本章的例子中，应该按照 Jack 语言的语法对输入的标记流进行结构化，并输出 XML 格式的解析树。不过，这里描述的解析技术适用于处理任何编程语言和输出任何结构化的文件格式。

有几种用于构建解析树的算法。自顶向下的方法（也称为**递归下降解析**）试图使用该语言的语法允许的嵌套结构，递归地解析标记化的输入。这样的算法可以实现如下。对于语法中的每条非平凡的规则，都为解析器程序提供一个例程，专门用于解析对应该规则的输入。例如，图 10.3 中列出的语法可以使用一组名为 compileStatements、compileStatement、compileLet、compileIf、……、compileExpression 之类的函数来实现。函数名中使用 *compile* 而不是 *parse*，是因为这些函数不仅包括解析的功能，而且将在下一章中扩展成一个完整的编译引擎。

每个 compile*xxx* 例程的解析逻辑应遵循 *xxx* 规则右侧指定的语法模式。以规则 *whileStatement* : 'while' '(' *expression* ')' '{' *statements* '}' 为例，根据前述方案，这个规则将由名为 compileWhile 的解析例程实现。这个例程应该实现由模式 'while' '(' *expression* ')' '{' *statements* '}' 指定的从左到右的推导逻辑。以下是一种用伪代码实现此逻辑的方式：

```
// 该例程实现规则 whileStatement：
// 'while' '(' expression ')' '{' statements '}'
// 如果当前的标记是 'while'，则调用该例程
compileWhile():
    print("<whileStatement>")
    process("while")
    process("(")
```

```
// 一个辅助例程，用于处理当前
// 标记，并获取下一个标记
process(str):
    if (currentToken == str)
        printXMLToken(str)
    else
```

```
compileExpression()                        print("syntax error")
process(")")                               // 获取下一个标记
process("{")                               currentToken =
compileStatements()                            tokenizer.advance()
process("}")
print("</whileStatement>")
```

这个解析过程会持续下去,直到 while 语句的 *expression* 和 *statements* 部分的解析完成为止。当然,*statements* 部分可能包含一个更低级别的 while 语句,这种情况下将递归地进行解析。

前面的示例展示了一个简单规则的实现,其推导逻辑是一种线性解析的简单情形。一般来说,语法规则可以更复杂。例如,考虑以下规则,它规定了 Jack 语言中类级别的静态变量和实例级别的字段变量的定义:

classVarDec: (**'static'**|**'field'**) type varName (',' varName)* ';'
　　　　　　(注:可以在 Jack 语言的完整语法中查看 type 和 varName 的定义)
示例:　　　　static int count;
　　　　　　static char a, b, c;
　　　　　　field boolean sign;
　　　　　　field int up, down, left, right;

这个规则体现了两个线性解析之外的挑战。首先,该规则接受 static 或 field 作为第一个标记。其次,该规则允许多个变量声明。为了应对这两个挑战,相应的 compileClassVarDec 例程的实现可以先直接处理第一个标记(static 或 field),然后使用循环来处理输入中包含的所有变量声明。一般来说,不同的语法规则需要略有不同的解析实现。同时,它们都遵循相同的约定:每个 compile*xxx* 例程应该从输入中获取构成 *xxx* 的所有标记并进行处理,同时将分词器推进到这些标记之后,并输出 *xxx* 的解析树。

递归的解析算法简单而优雅。如果一个语言很简单,那么只需向前看一个标记就足以知道接下来应该调用哪个解析规则。例如,如果当前标记是 let,就知道接下来需要解析一个 *letStatement*;如果当前标记是 while,就知道接下来需要解析一个 *whileStatement*,依此类推。事实上,在图 10.3 中显示的简单语法中,向前看一个标记就足以确定地知道,应该使用哪个规则进行解析。具有这种语言属性的语法称为 **LL(1) 语法**。这些语法可以通过递归下降算法简单而优雅地处理,无须回溯。

术语 LL 表示语法从左(left)到右解析输入,同时进行输入的最左(leftmost)推导;参数 (1) 表示向前看 1 个标记就足以确定接下来应该使用哪个解析规则。如果该标记不足以确定应该使用哪个规则,可以再向前多看 1 个标记,这样的解析器被称为 **LL(2) 解析器**。如果仍然不能确定,可以再向前看一个标记,依此类推。显然,随着需要向前看的标记流越来越多,情况就会变得越来越复杂,相应地也就需要更复杂的解析器。

即将展示的完整的 Jack 语言的语法是 LL(1) 语法。虽然其中有一个例外情况,但是可以轻松处理。因此,Jack 非常适合使用递归下降解析器,这是实验 10 的核心。

10.2 规范

本节分为两部分。首先,介绍了 Jack 语言的语法。接下来,介绍一个根据这个语法来解析程序的语法分析器。

10.2.1 Jack 语言的语法

在第 9 章中介绍的 Jack 语言的功能规范是面向 Jack 程序员的，现在介绍的 Jack 语言的正式规范是面向 Jack 编译器开发人员的。语言规范（或**语法**）使用以下符号表示：

符号	说明	符号	说明
'xxx'	表示字面常量	x y	x 后面跟着 y
xxx	表示终结符和非终结符的名字	x?	x 出现 0 或者 1 次
( )	用于分组	x*	x 出现 0 或者多次
x|y	x 或者 y		

完整的 Jack 语法如图 10.5 所示。

词法元素	Jack 语言包括 5 种终结符标记的类别，如下：
关键字：	`'class'`|`'constructor'`|`'function'`|`'method'`|`'field'`|`'static'`|`'var'`|`'int'`|`'char'`|`'boolean'`|`'void'`|`'true'`|`'false'`|`'null'`|`'this'`|`'let'`|`'do'`|`'if'`|`'else'`|`'while'`|`'return'`
符号：	`'{'`|`'}'`|`'('`|`')'`|`'['`|`']'`|`'.'`|`','`|`';'`|`'+'`|`'-'`|`'*'`|`'/'`|`'&'`|`'|'`|`'<'`|`'>'`|`'='`|`'~'`
整数常量：	0 ~ 32 767 范围内的十进制整数
字符串常量：	由字符组成的序列，但是不包括双引号和换行符
标识符：	字母、数字和下划线 '_' 组成的序列，首字符不能是数字
程序结构	一个 Jack 程序是类的集合，每个类在一个单独的文件中定义 类是基本的编译单元。一个类是标记的序列，语法如下：
class:	`'class'` className `'{'` classVarDec* subroutineDec* `'}'`
classVarDec:	(`'static'`|`'field'`) type varName (`','` varName)* `';'`
type:	`'int'`|`'char'`|`'boolean'`|className
subroutineDec:	(`'constructor'`|`'function'`|`'method'`) (`'void'`|type) subroutineName `'('` parameterList `')'` subroutineBody
parameterList:	((type varName) (`','` type varName)*)?
subroutineBody:	`'{'` varDec* statements `'}'`
varDec:	`'var'` type varName (`','` varName)* `';'`
className:	identifier
subroutineName:	identifier
varName:	identifier
语句	
statements:	statement*
statement:	letStatement | ifStatement | whileStatement | doStatement | returnStatement
letStatement:	`'let'` varName (`'['` expression `']'`)? `'='` expression `';'`
ifStatement:	`'if'` `'('` expression `')'` `'{'` statements `'}'` (`'else'` `'{'` statements `'}'`)?
whileStatement:	`'while'` `'('` expression `')'` `'{'` statements `'}'`
doStatement:	`'do'` subroutineCall `';'`
returnStatement:	`'return'` expression? `';'`
表达式	
expression:	term (op term)*
term:	integerConstant | stringConstant | keywordConstant | varName | varName `'['` expression `']'` | `'('` expression `')'` | (unaryOp term) | subroutineCall
subroutineCall:	subroutineName `'('` expressionList `')'` | (className | varName) `'.'` subroutineName `'('` expressionList `')'`
expressionList:	(expression (`','` expression)*)?
op:	`'+'`|`'-'`|`'*'`|`'/'`|`'&'`|`'|'`|`'<'`|`'>'`|`'='`
unaryOp:	`'-'`|`'~'`
keywordConstant:	`'true'`|`'false'`|`'null'`|`'this'`

图 10.5 Jack 语言的语法

10.2.2 Jack 语言的语法分析器

语法分析器的工作包括两部分：标记化和解析。在本书中，语法分析器的主要作用是处理 Jack 程序并根据 Jack 语法理解其语法结构。**理解**是指，语法分析器必须在解析过程的每一点上知道它当前正在处理的程序元素对应的语法结构，比如，是不是表达式、语句、变量名，等等。语法分析器必须在完全递归的意义上具备这种语法知识。如果没有这个知识，它将无法继续完成编译过程的最终目标——代码生成。

1. 用法

语法分析器只有一个命令行输入参数，如下：

```
prompt > JackAnalyzer source
```

其中，*source* 可以是形如 *Xxx*.jack 的文件名（扩展名是必需的），或者是一个文件夹的名称（在这种情况下没有扩展名），其中包含一个或多个 .jack 文件。文件或文件夹名称可以包含文件路径。如果没有指定路径，分析器将在当前文件夹中操作。对于每个 *Xxx*.jack 文件，解析器将创建一个输出文件 *Xxx*.xml，并将解析的输出写入其中。输出文件将在与输入文件相同的文件夹中创建。如果文件夹中已经有同名文件，它将被覆盖。

2. 输入

一个 *Xxx*.jack 文件可以视为一个字符流。如果该文件代表一个有效的程序，则字符流可以根据 Jack 词汇表的规定，被转换成合法的标记流。标记之间可以用任意数量的空格字符、换行符和注释进行分隔。在语法分析过程中，这些分隔符都会被忽略。有三种可能的注释格式：/* 和 */ 包围的注释，/** 和 */ 包围的、可支持自动提取的 API 注释和 // 注释（表示直到该行结束为注释）。

3. 输出

语法分析器输出一个 XML 描述。对于输入中出现的每个 *xxx* 类别的终结符 token，语法分析器打印 XML 中的输出 *<xxx> token </xxx>*，其中 *xxx* 是关键字、符号、整数常量、字符串常量或标识符这 5 种 Jack 语言能识别的标记类别之一。每当检测到非终结符 *xxx* 时，语法分析器使用以下伪代码来处理它：

```
print("<xxx>")
    递归分析 xxx 对应的子标记流
print("</xxx>")
```

其中，*xxx* 是且只能是以下标签之一：`class`、`classVarDec`、`subroutineDec`、`parameterList`、`subroutineBody`、`varDec`、`statements`、`letStatement`、`ifStatement`、`whileStatement`、`doStatement`、`returnStatement`、`expression`、`term` 和 `expressionList`。

为了简化，在 XML 输出中不会明确列出以下 Jack 语法规则：*type*、*className*、*subroutineName*、*varName*、*statement*、*subroutineCall*。在下一节中讨论编译引擎的架构时，将进一步解释这一点。

10.3 实现

前文说明了语法分析器应该**做什么**，但没有提供实现细节。本节将描述**如何构建**这样一个分析器。本章提出的实现基于三个模块：
- JackAnalyzer：Jack 分析器，设置并调用其他模块的主程序。
- JackTokenizer：Jack 分词器（或者标记器）。
- CompilationEngine：编译引擎，此处是递归的、自顶向下的解析器。

下一章将使用两个额外的模块来扩展这个软件架构，以处理程序的语义：**符号表和虚拟机代码生成器**。这样，就可以完成 Jack 语言的一个完整编译器的构建。由于在本实验中驱动解析过程的主要模块最终也将驱动整个编译过程，因此我们将其命名为 CompilationEngine。

10.3.1 Jack 分词器

Jack 分词器（JackTokenizer）模块会忽略输入流中的所有注释和空白，并逐个访问输入流中的标记。同时，它会按照 Jack 语法的规定，解析并提供每个标记的类别。

函数	参数	返回值类型	功能描述
构造函数 / 初始化器	输入文件 / 流	—	打开输入的 .jack 文件 / 流，并准备对其标记化
hasMoreTokens	—	boolean	输入中是否还有更多标记
advance	—	—	从输入流中获取下一个标记，并视为当前标记。只有在 hasMoreTokens 返回 True 时，才调用该函数。初始状态下，当前标记为空
tokenType	—	KEYWORD, SYMBOL, INDENTIFIER, INT_CONST, STRING_CONST	返回当前标记的类型，是一个常量
keyWord	—	CLASS, METHOD, FUNCTION, CONSTRUCTOR, INT, BOOLEAN, CHAR, VOID, VAR, STATIC, FIELD, LET, DO, IF, ELSE, WHILE, RETURN, TRUE, FALSE, NULL, THIS	返回当前标记对应的关键词实例，是一个常量。只有 tokenType 标记为 KEYWORD 类型时，才调用该方法
symbol	—	char	返回当前标记对应的字符。只有 tokenType 标记为 SYMBOL 类型时，才调用该方法
identifier	—	string	返回当前标记对应的字符串。只有 tokenType 标记为 IDENTIFIER 类型时，才调用该方法
intVal	—	intVal	返回当前标记对应的整型值。只有 tokenType 标记为 INT_CONST 类型时，才调用该方法
stringVal	—	stringVal	返回当前标记对应的字符串，但不用考虑两端的引号。只有 tokenType 标记为 STRING_CONST 时，才调用该方法

10.3.2 编译引擎

编译引擎（CompilationEngine）是本章描述的语法分析器和下一章描述的完整编译器的核心模块。在本章的语法分析器中，编译引擎采用 XML 标签的形式输出源代码的结构化表示。在下一章的编译器中，编译引擎输出可执行的虚拟机代码。在这两个版本中，编译引擎用于解析的逻辑和 API 完全相同。

编译引擎从 JackTokenizer 获取输入，并生成输出文件。输出是通过调用一系列的 compile*xxx* 例程生成的，其中每个例程用于编译一个特定的 Jack 语言结构 *xxx*。这些例程之间的约定是，每个 compile*xxx* 例程都应该从输入中获取构成 *xxx* 的所有标记并进行处理，然后将标记器推进到这些标记之后，并输出 *xxx* 的解析结果。通常情况下，只有当前标记是 *xxx* 时，才会调用 compile*xxx* 例程。

（1）没有对应 compile*xxx* 函数的语法规则

这些规则包括 *type*、*className*、*subroutineName*、*varName*、*statement*、*subroutineCall*。引入这些规则是为了改善 Jack 语法的结构。事实证明，这些规则的解析逻辑更适合由引用它们的规则对应的例程来处理。例如，不必专门编写一个 compileType 例程，而是每当在某个规则 *xxx* 中引用到 *type* 时，由 compile*xxx* 例程直接完成对 *type* 的解析。

（2）前看标记

Jack 几乎是一个 LL(1) 语言：根据当前标记足以确定接下来应该调用哪个 compile*xxx* 例程。唯一的例外发生在解析表达式的**项（term）**时。考虑一个虚构但合法的表达式：y+arr[5]-p.get(row)*count()-Math.sqrt(dist)/2。这个表达式由六个项组成：变量 y、数组元素 arr[5]、对象 p 上的方法调用 p.get(row)、this 对象上的方法调用 count()、对函数（静态方法）Math.sqrt(dist) 的调用以及常量 2。

假设正在解析这个表达式，并且当前标记是标识符 y、arr、p、count 或 Math 中的一个。此时，我们遇到了一个以标识符开始的项，但不知道接下来应该遵循哪种解析（即不确定该标识符是一个单一变量项还是数组元素项的数组名，或者方法调用项的对象名）。这时，只需要向前**多看一个标记**（也称**前看标记**）就足以解决这个困境。

这种异常的**前看标记**需求在 CompilationEngine 中出现了两次：在解析 *term*（只有在解析表达式时才会出现项）和解析 *subroutineCall* 时。通过检查 Jack 语法可知，*subroutineCall* 仅在两个地方出现：要么在 do *subroutineCall* 语句中，要么在 *term* 中。

考虑到这一点，建议在解析时将 do *subroutineCall* 语句视为 do *expression*。这一务实的建议避免了在两处位置分别处理前看标记。这也意味着 *subroutineCall* 的解析现在可以直接由 compileTerm 例程来处理。换言之，只需要在 compileTerm 函数中编写处理这种异常的前看标记的代码，从而省去了编写 compileSubroutineCall 例程的需求。

（3）compileExpressionList 例程

返回列表中表达式的数量。在实验 11 中可以看到，在生成虚拟机代码时有必要用到返回值。但是，当前实验不生成虚拟机代码，因此 compileExpressionList 的返回值可以忽略。

函数名	参数	返回值类型	功能描述
构造函数 / 初始化器	输入文件 / 流 输出文件 / 流	—	用给定的输入和输出文件，创建一个新的编译引擎 JackAnalyzer 首先调用的例程一定是 compileClass
compileClass	—	—	编译一个完整的 class
compileClassVarDec	—	—	编译一个静态变量声明，或者一个字段声明
compileSubroutine	—	—	编译一个完整的方法、函数或者构造函数
compileParameterList	—	—	编译一个（可能为空）参数列表。不需要处理"（"和"）"这两个括号标记

(续)

函数名	参数	返回值类型	功能描述
compileSubroutineBody	—	—	编译一个子例程的代码体
compileVarDec	—	—	编译一个 var 变量声明
compileStatements	—	—	编译一个语句序列。不需要处理"{"和"}"这两个花括号标记
compileLet	—	—	编译一个 let 语句
compileIf	—	—	编译一个 if 语句,可能附带一个 else 从句
compileWhile	—	—	编译一个 while 语句
compileDo	—	—	编译一个 do 语句
compileReturn	—	—	编译一个 return 语句
compileExpression	—	—	编译一个表达式
compileTerm	—	—	编译一个项。如果当前标记是 identifier,则视其为变量、数组元素或者子例程调用。一个前看标记,比如 [、(或者 .,足以区分这三种可能性。任何其他标记类型都不是项的一部分,所以没必要前看标记
compileExpressionList	—	int	编译一个(可能为空)用逗号分隔的表达式列表。返回列表中表达式的数量

10.3.3　Jack 分析器

JackAnalyzer 是 Jack 分析器的主程序,它调用 JackTokenizer 和 CompilationEngine 的服务来驱动整个语法分析过程。对于每个源 *Xxx*.jack 文件,Jack 分析器执行以下操作:

1)为输入文件 *Xxx*.jack 创建一个 JackTokenizer。

2)创建一个名为 *Xxx*.xml 的输出文件。

3)使用 JackTokenizer 和 CompilationEngine 解析输入文件,并将解析后的 XML 代码写入 *Xxx*.xml。

本书没有为这个模块提供 API,鼓励读者按照自己的方式去实现它。请记住,在编译一个 .jack 文件时必须先调用 compileClass 程序。

10.4　实验

(1)目标

构建一个语法分析器,能够根据 Jack 语言的语法规则解析 Jack 程序。该分析器的输出为 XML 格式,如 10.2.2 节所述。

这个版本的语法分析器假定 Jack 源代码没有错误。错误检查、报告和处理可以在分析器的新版本中添加,但不是实验 10 的一部分。

(2)资源

这个实验中的主要工具是用于实现语法分析器的编程语言。读者还需要用到本书提供的 TextComparer 工具。这个工具支持在忽略空白符的情况下进行文件比较。这能够方便读者将分析器生成的输出文件与本书提供的参考文件进行比较。读者可能还想使用 XML 查看器检查这些文件。任何标准的 Web 浏览器都可以胜任这项工作——只需使用浏览器的"打开文件"选项打开需要检查的 XML 文件即可。

（3）要求

为 Jack 语言编写一个语法分析器，并在提供的测试文件上进行测试。在不考虑空白符的情况下，分析器生成的 XML 文件应与提供的参考文件相同。

（4）测试文件

本书提供了一些 .jack 文件用于测试。其中，projects/10/Square 程序是一个包含三个类的应用程序，可以实现使用键盘的方向键在屏幕上移动一个黑色的方块。projects/10/ArrayTest 程序是一个包含单个类的应用程序，通过数组来计算用户提供的整数序列的平均值。这两个程序在第 9 章中介绍过，因此读者应该不陌生。不过，请注意，为了更完整地测试语法分析器，这里对原始代码进行了一些不影响语义的更改，以确保利用 Jack 语言的所有语法特征对语法分析器进行全面的测试。例如，在 projects/10/Square/Main.jack 中添加了一个静态变量，以及一个名为 `more` 的函数，这些变量和函数从未被使用或调用。这些更改能够测试分析器如何处理原始 `Square` 和 `ArrayTest` 程序中未出现的语言元素，比如静态变量、`else` 和一元运算符。

（5）开发计划

建议按照以下四个阶段开发和测试分析器：

- 首先，编写并测试一个 Jack 语言分词器。
- 其次，编写并测试一个基本的编译引擎，处理 Jack 语言的所有特性，但不包括表达式和访问数组的语句。
- 再次，扩展编译引擎以处理表达式。
- 最后，扩展编译引擎以处理访问数组的语句。

本书为每个阶段提供了输入 .jack 文件和用于对比输出 .xml 文件，以便进行单元测试。

10.4.1 分词器

实现 10.3 节所述的 `JackTokenizer` 模块，并通过编写一个基础版本的 `JackAnalyzer` 进行测试。Jack 分析器是主程序，可以使用命令 `JackAnalyzer source` 来调用，其中 *source* 可以是形如 *Xxx*.jack（扩展名是必需的）的文件名，也可以是文件夹名称（在这种情况下没有扩展名）。在后一种情况下，文件夹包含一个或多个 .jack 文件，可能还包含其他文件。文件或文件夹名称中可以包括文件路径。如果未指定路径，则分析器将在当前文件夹上进行操作。

分析器单独处理每个文件。具体来说，对于每个 *Xxx*.jack 文件，分析器构造一个 `JackTokenizer` 来处理输入，并生成一个输出文件。在这个分析器的第一个版本中，输出文件命名为 *Xxx*T.xml（其中 T 代表标记化输出）。然后，分析器进入一个循环，以便使用 `JackTokenizer` 中的方法逐个前移和处理输入文件中的所有标记。每个标记单独输出一行，格式为 `<tokenType> token </tokenType>`，其中 *tokenType* 是五种标记类别对应的 XML 标签。以下是一个示例：

输入（如 Prog.jack）
```
...
// 忽略注释符和空白符

if (x < 0) {
    let quit = "yes";
}
...
```

JackAnalyzer 输出（如 ProgT.xml）
```
<tokens>
...
<keyword> if </keyword>
<symbol> ( </symbol>
<identifier> x </identifier>
<symbol> &lt; </symbol>
<integerConstant> 0 </integerConstant>
```

```
            <symbol> ) </symbol>
            <symbol> { </symbol>
            <keyword> let </keyword>
            <identifier> quit </identifier>
            <symbol> = </symbol>
            <stringConstant> yes </stringConstant>
            <symbol> ; </symbol>
            <symbol> } </symbol>
            ...
            </tokens>
```

需要说明的是，根据设计要求，在处理字符串常量时，会忽略双引号。

生成的输出中有两个涉及 XML 约定的技术细节。首先，XML 文件必须包含在一些起始和结束标记内；通过 `<tokens>` 和 `</tokens>` 标记可以满足这一约定。其次，Jack 语言中使用的四个符号（`<`、`>`、`"`、`&`）也可用于 XML 标记，因此，它们不能作为文本内容出现在 XML 文件中。按照约定，分析器分别用 `&lt;`、`&gt;`、`&quot;` 和 `&amp;` 来表示这些符号。例如，当解析器在输入文件中遇到 `<` 符号时，它输出 `<symbol> &lt; </symbol>`。这种所谓的**转义序列**会被 XML 查看器正确地展示为 `<symbol> < </symbol>`。

测试指南

- 首先，将 JackAnalyzer 应用于提供的一个 .jack 文件，验证它在单个输入文件上的操作是否正确。
- 其次，将 JackAnalyzer 应用于包含多个文件 Main.jack、Square.jack 和 SquareGame.jack 的 Square 文件夹，以及包含文件 Main.jack 的 TestArray 文件夹。
- 使用提供的 TextComparer 工具将由 JackAnalyzer 生成的输出文件与提供的 .xml 参考文件进行比较。例如，将生成的文件 SquareT.xml 与提供的参考文件 SquareT.xml 进行比较。
- 由于生成的文件和参考文件具有相同的名称，因此建议将它们放在不同的文件夹中。

10.4.2 编译引擎

下一个版本的语法分析器应该能够解析 Jack 语言中除了表达式和面向数组的命令之外的所有元素。为此，当前需要实现 10.3 节中所述的 CompilationEngine 模块，但不包括处理表达式和数组的例程。使用 Jack 分析器进行测试，如下所示。

对于每个 *Xxx*.jack 文件，分析器构建一个 JackTokenizer 来处理输入，并创建一个名为 *Xxx*.xml 的输出文件。然后，分析器调用 CompilationEngine 中的 compileClass 例程。从这里开始，CompilationEngine 中的例程应该递归地彼此调用，生成类似于图 10.4b 所示的 XML 输出。

将这个版本的 JackAnalyzer 应用于 ExpressionlessSquare 文件夹来进行单元测试。这个文件夹中包含了 Square.jack、SquareGame.jack 和 Main.jack 文件的修改版本。在这些版本中，原始代码中的每个表达式都已被替换为单个标识符（单个作用域内的变量名）。例如：

Square 文件夹
```
// Square.jack
...
method void incSize() {
    if (((y + size) < 254) & ((x + size) <510))
        do erase();
        let size = size + 2;
        do draw();
    }
```

ExpressionlessSquare 文件夹
```
// Square.jack
...
method void incSize() {
    if (x) {
        do erase();
        let size = size;
        do draw();
    }
```

```
        return;                                    return;
     }                                          }
  ...                                        ...
```

注意，用变量替换表达式会导致无意义的代码。但是，这没关系，因为实验 10 只关心语法，并不关心程序的语义。无意义的代码在语法上是正确的，这对于测试解析器来说就够了。注意，原始版本的文件和无表达式版本的文件具有相同的名称，但位于不同的文件夹中。

使用本书提供的 `TextComparer` 工具来比较 `JackAnalyzer` 生成的输出文件与提供的 .xml 参考文件。

接下来，需要实现处理表达式的 `CompilationEngine` 的例程，并通过将 `JackAnalyzer` 应用于 `Square` 文件夹来测试它们。最后，实现处理数组的例程，并通过将 `JackAnalyzer` 应用于 `ArrayTest` 文件夹来测试它们。

www.nand2tetris.org 提供了实验 10 的 Web 版本。

10.5 总结与讨论

虽然使用解析树和 XML 文件来描述计算机程序的结构很方便，但是要理解一点，编译器不一定需要显式地维护这些数据结构。例如，本章描述的解析算法在读取输入时进行解析，但不会将整个输入程序保留在内存中。有两种基本的解析策略。比较简单的策略是本章介绍的自顶向下的策略。较为先进的自底向上的解析算法没有在这里描述，因为介绍它们需要引入更多的编译理论。

事实上，本章绕过了编译课程中通常会介绍的形式语言理论。本书选择了一种简单的 Jack 语言语法，可以很容易地使用递归下降技术进行编译。例如，Jack 语法没有规定代数表达式求值过程中通常的运算符优先级，比如乘法必须在加法之前运算。这使读者能够避免使用比递归下降技术更强大、但也更复杂的解析算法。

每个程序员都见识过编译器对编译错误的糟糕处理，这是许多编译器的典型特点。事实证明，错误的诊断和报告是一个很有挑战性的问题。很多时候，在错误代码之后的几行或许多行，才能检测到错误的影响。因此，错误报告有时显得晦涩和很不友好。事实上，不同的编译器在诊断和帮助调试错误的能力方面差异很大。为了做到这一点，编译器会根据需要，将部分解析树保存在内存中，并在解析树上增加额外的注释信息，从而帮助精确定位错误源以及回溯诊断的过程。本书绕过了所有这些扩展，假设编译器处理的源文件是没有语法错误的。

到目前为止几乎没有提到的另一个话题是，在计算机科学和认知科学中如何研究编程语言的语法和语义。有大量关于形式语言和自然语言的理论，讨论了语言的分类及相关的性质，以及用于刻画这些性质的元语言和形式化方法。这也是计算机科学与人类语言研究相结合的地方，引发了计算语言学、自然语言处理等领域活跃的研究和实践。

最后，值得一提的是，语法分析器通常不是独立的、从头开始编写的程序。相反，程序员通常使用各种编译器生成工具，比如用于词法分析的 LEX（LEXical *analysis*）工具和用于语法分析的 YACC（Yet Another Compiler Compiler）工具。这些实用工具以某种语言的上下文无关语法为输入，并输出能对该语言编写的程序进行标记化和解析的语法分析代码。之后，还可以进一步定制生成的代码以满足编译器编写者的特定需求。然而，本书坚持寻根究底的一贯宗旨，选择从零开始构建一切，而不是直接使用这些"黑盒子"。

第 11 章

编译器 II：代码生成

> 当我在解决问题时，我从不考虑优美。但当我完成后，如果发现解决方案不优美，我就知道该方案是错误的。
>
> ——理查德·巴克敏斯特·富勒（1895—1993）

绝大多数程序员认为使用编译器是理所当然的。但如果停下来思考一下，会发现将高级语言程序转换为二进制代码的能力就像魔法一样神奇。本书专门用了四章（第 7 章到第 11 章）来揭开这个魔法的面纱。本书的实验是为 Jack 语言开发一个编译器。Jack 语言是一种简单的、现代的、面向对象的语言。与 Java 和 C# 一样，整个 Jack 编译器基于两个层次：一个将虚拟机命令翻译为机器语言的虚拟机**后端**，以及一个将 Jack 程序翻译为虚拟机命令的**前端**编译器。构建编译器是一项具有挑战性的工作，所以本书将其进一步分为两个概念上的模块：第 10 章中构建的**语法分析器**，以及本章将要构建的**代码生成器**。

语法分析器能够将高级语言程序解析成其语法规定的语法元素。本章将把这个分析器扩充成一个完整的编译器；该程序将解析后的语法元素翻译成在第 7 章到第 8 章描述的抽象虚拟机上运行的虚拟机命令。本章的方法遵循一种模块化的分析–综合范式，以帮助读者构建设计良好的编译器。本章的方法还体现了将文本从一种语言翻译为另一种语言的精髓：首先，使用源语言的**语法**来分析源文本，并弄清其**语义**，即源文本想要表达的内容；接下来，使用目标语言的语法重新表达解析出来的语义。就本章的内容而言，源语言和目标语言分别是 Jack 语言和虚拟机语言。

现代高级编程语言非常丰富并且功能强大。它们支持定义和使用复杂的抽象（如函数和对象），使用优雅的语句来表达算法，以及构建非常复杂的数据结构。相比之下，最终运行这些程序的硬件平台是极为简单的。通常，它们只不过提供一组用于存储的寄存器和一组用于处理的基本指令。因此，将程序从高级语言翻译成低级语言是一项具有挑战性的任务。如果目标平台是虚拟机而不是裸机硬件，那么翻译工作相对容易，因为抽象的虚拟机命令不像具体的机器指令那么原始。尽管如此，高级语言与虚拟机语言的表达能力之间的差距仍然很大。

11.1 节针对**代码生成**进行了一般性讨论，分为六个部分。首先，描述编译器如何使用**符号表（symbol table）**来将符号变量映射到虚拟内存段。其次，介绍了编译**表达式**和**字符串**的算法。然后，介绍了编译 `let`、`if`、`while`、`do` 和 `return` 等语句的技术。上述编译变量、表达式和其他语句的能力共同为构建一个简单的、过程化的、类似 C 语言的编译器奠定了基础。在此基础上，11.1 节的最后讨论了**对象**和**数组**的编译思路。

11.2 节（规范）提供了将 Jack 程序映射到虚拟机平台和语言的指南，11.3 节（实现）提出了一个用于构建编译器的软件架构和 API。与往常一样，11.4 节讨论实验，提供逐步构建编译器的实践指南和测试程序。最后是总结与讨论章节，讨论本章中遗漏的各种内容。

尽管许多专业人士希望了解编译器的工作原理，但很少有人会亲自动手从头开始构建一个编译器。这是因为获得这种经验的成本太高——至少在学业方面通常需要完成一门令人生畏的、一个学期的选修课程。本书将这种经验的关键点压缩成了 4 章和 4 个实验，并在本章中进行集成。在这个过程中，本书讨论和展示了构建典型编译器所需的关键算法、数据结构和编程技巧。看到这些巧妙的想法和技巧在实际工作中的应用，会让人再次惊叹于人类化腐朽为神奇的智慧——将一个原始的、基于开关的机器变成接近魔法的东西。

11.1 代码生成

高级语言程序员使用抽象的构建块，如**变量**、**表达式**、**语句**、**子例程**、**对象**和**数组**。程序员使用这些抽象构建块来描述他们希望程序执行的任务。编译器的工作是将这些任务翻译成目标计算机能够理解的语言。

对本章而言，目标计算机是在第 7 章到第 8 章中描述的虚拟机。因此，必须找出如何系统地将表达式、语句、子例程以及对变量、对象和数组的操作转换为基于栈的虚拟机命令的序列，后者能够在目标虚拟机上实现源代码表达的语义。不必担心将虚拟机程序进一步转换为机器语言的问题，因为我们已经在第 7 章到第 8 章的实验中处理了这个令人头痛的问题。这是两层编译模型和模块化设计带来的好处。

在本章中，将基于前文介绍过的 Point 类涉及的多种语法构造，展示对应的编译示例。图 11.1 中再次给出该类的定义，其中包括了 Jack 语言的大多数特性。建议现在快速查看一下这个 Jack 代码，以回顾 Point 类的功能。然后，读者就可以深入研究如何系统地将这种高级语言程序（以及任何其他类似的基于对象的程序）转换成虚拟机代码。

11.1.1 变量的编译

编译器的基本任务之一是将在高级语言程序中声明的变量映射到目标平台的主机 RAM 上。例如，在 Java 语言中，int 变量用于表示 32 位值，long 变量表示 64 位值，依此类推。如果主机 RAM 恰好是 32 位宽，那么编译器就会分别将 int 和 long 变量映射到一个内存字和两个连续的内存字。在本书中情况更简单，Jack 中的所有基本类型（int、char 和 boolean）都是 16 位宽，Hack 平台中 RAM 的地址和字长也是 16 位宽。因此，每个 Jack 变量（包括保存 16 位地址值的指针变量）都可以刚好映射到内存中的一个字。

编译器面临的第二个挑战是不同种类的变量具有不同的生命期。类级别的静态变量可以被该类的（不同对象的）所有子例程全局共享访问。因此，在程序的整个执行期间应该保留每个静态变量的单个副本。实例级别的字段变量则不同，每个对象（类的实例）都有自己的私有字段变量集合，并且在不再需要该对象时，应该释放其字段变量集合占用的内存。子例程级别的局部变量和参数变量在每次子例程启动时创建，并且在子例程终止时释放。

好消息是，事实上前面已经解决了所有这些麻烦。在本书的两层编译器架构中，内存分配和释放的任务都委托给了虚拟机级别（第 7 章和第 8 章）。当前层次所要做的是将这些变量映射到不同的虚拟内存段，比如 Jack 静态变量映射到 static 0、static 1、static 2 等位置，字段变量映射到 this 0、this 1 等位置，局部变量映射到 local 0、local 1 等位置，参数变量映射到 argument 0、argument 1 等位置。至于虚拟内存段在主机 RAM 上的映射，以及这些内存段的运行时生命周期的复杂管理，都由虚拟机实现来全权处理。

```
/** 该类表示一个二维空间的点，文件名: Point.jack. */
class Point {
    // 点的坐标值
    field int x, y;
    // 目前为止创建的 Point 对象的数目
    static int pointCount;

    /** 构造函数 */
    constructor Point new(int ax, int ay) {
        let x = ax;
        let y = ay;
        let pointCount = pointCount + 1;
        return this;
    }
    /** 返回点的 x 坐标值 */
    method int getx() { return x; }
    /** 返回点的 y 坐标值 */
    method int gety() { return y; }
    /** 返回目前为止创建的 Point 对象的数目 */
    function int getPointCount() {
        return pointCount;
    }
```

```
    /** 返回 this 指向的 Point 对象加上参数
    Point 对象后得到的 Point 对象 */
    method Point plus(Point other) {
        return Point.new(x + other.getx(),
                         y + other.gety());
    }
    /** 返回 this 对象和参数 Point 对象间的欧
    式距离 */
    method int distance(Point other) {
        var int dx, dy;
        let dx = x - other.getx();
        let dy = y - other.gety();
        return Math.sqrt((dx*dx) + (dy*dy));
    }
    /** 用格式 "(x,y)" 打印点对象 */
    method void print() {
        do Output.printString("(");
        do Output.printInt(x);
        do Output.printString(",");
        do Output.printInt(y);
        do Output.printString(")");
        return;
    }
} // 结束 Point 类的定义
```

图 11.1 Point 类的定义。这个类包含所有种类的变量（字段变量、静态变量、局部变量和参数变量）和子例程（构造函数、方法和函数），后者的返回值类型包括基本类型、对象类型和 void 类型。此外，该例子还展示了对当前对象（this）和其他对象的函数调用、构造函数调用和方法调用

回顾一下，这种虚拟机实现并不简单：在实现函数调用和函数返回的协议时，必须生成一些动态地将虚拟内存段映射到主机 RAM 上的汇编代码。由此带来的好处是，编译器的唯一任务是将高级变量映射到虚拟内存段上，而在 RAM 上管理这些段的所有后续细节都由虚拟机实现来处理。这就是本书有时将虚拟机实现称为编译器的后端的原因。

总之，在两层编译模型中，变量的处理可以简化为将高级语言中的变量映射到虚拟内存段上，并根据需要在整个代码生成过程中使用这个映射。利用一个经典的抽象（即**符号表**）可以方便地完成这些任务。

1. 符号表

当编译器在高级语句中遇到变量时，例如 let y = foo(x)，它需要知道这些变量代表什么。x 是一个类级别的静态变量、一个对象的字段变量、一个局部变量还是子例程的一个参数？它表示一个整数类型、布尔类型、字符类型还是某个 class 类型？所有这些问题都必须在源代码中每次碰到变量 x 时得到解答，以便进行代码生成。当然，变量 y 也应该以完全相同的方式处理。

变量的属性可以方便地使用**符号表**进行管理。当在源代码中声明静态变量、字段变量、

局部变量或参数变量时，编译器将其分配到（或映射到）相应的 static、this、local 或 argument 虚拟段中的下一个可用条目，并在符号表中记录该映射关系。当在代码中的其他地方遇到一个变量时，编译器会在符号表中查找其名称，获取其属性，并根据需要在代码生成过程中使用这些信息。

高级语言的一个重要特性是分离的**命名空间**，也就是说，在程序的不同区域，相同的标识符可以表示不同的事物。为了实现分离的命名空间，每个标识符都隐含地关联到一个可以识别该标识符的程序区域，称为**作用域**（scope）。在 Jack 语言中，静态变量和字段变量的作用域是它们的声明所在的类，局部变量和参数变量的作用域是它们的声明所在的子例程。Jack 编译器可以通过管理两个单独的符号表来实现作用域的抽象，如图 11.2 所示。

高级 (Jack) 代码

```
class Point {
   field int x, y;
   static int pointCount;
   ...
   method int distance(Point other) {
      var int dx, dy;
      let dx = x - other.getx();
      let dy = y - other.gety();
      return Math.sqrt((dx*dx) + (dy*dy));
   }
   ...
}
```

name	type	kind	#
x	int	field	0
y	int	field	1
pointCount	int	static	0

类级别符号表

name	type	kind	#
this	Point	arg	0
other	Point	arg	1
dx	int	var	0
dy	int	var	1

子例程级别符号表

图 11.2 符号表的例子。子例程级别符号表中的 this 这一行暂不讨论

这些域是嵌套的，内部域会隐藏外部域中的同名标识符。例如，当 Jack 编译器遇到表达式 x+17 时，它首先检查 x 是否为子例程级别的变量（局部变量或参数）；如果失败，编译器会继续检查 x 是否为静态变量或字段变量。某些语言支持无限深度嵌套的作用域，支持在任意代码块内声明局部变量。为了支持无限嵌套，编译器可以使用一个符号表的链表，每个符号表对应一个单一作用域，且链表中上一个符号表对应的作用域嵌套在下一个符号表对应的作用域内部。当编译器在与当前作用域关联的符号表中找不到变量时，它会在链表中的下一个符号表中查找，这意味着从内部作用域向外部作用域查找。如果在链表中都找不到变量，编译器可以抛出"未声明的变量"错误。

在 Jack 语言中只有两个作用域级别：子例程和子例程的声明所在的类。因此，Jack 语言的编译器只需管理两个符号表。

2. 处理变量声明

当 Jack 编译器开始编译一个类的声明时，它会创建一个类级别的符号表和一个子例程级别的符号表。当编译器解析静态变量或字段变量的声明时，它会给类级别的符号表添加一个新行。该行记录了变量的**名称**、**类型**（integer、boolean、char 或类名）、**类别**（static 或 field）以及该类别内的**索引**。

当 Jack 编译器开始编译子例程（构造函数、方法或函数）的声明时，它会重建子例程级别的符号表。如果子例程是一个方法，那么编译器会向子例程级别的符号表添加行 < this，类名，arg，0 >，即将 this 视为方法的第一个参数。该初始化过程的细节将在

11.1.5 节中解释，在那之前可以忽略细节。当编译器解析局部变量或参数变量的声明时，它会向子例程级别的符号表添加一个新行，记录变量的名称、类型（integer、boolean、char 或类名）、类别（var 或 arg）以及该类别内的索引。每个类别（var 或 arg）的索引从 0 开始，并在每次向表中添加相同类别的新变量时递增 1。

3. 处理语句中的变量

当编译器在语句中遇到变量时，它会在子例程级别的符号表中查找变量名称。如果找不到变量，就会在类级别的符号表中继续查找。一旦找到变量，编译器就可以完成语句的翻译。例如，考虑图 11.2 中显示的符号表，并假设正在编译方法中的 Jack 语句 let y = y + dy。编译器将把这个语句翻译成虚拟机命令：push this 1（将 y 入栈），push local 1（将 dy 入栈），add，pop this 1（将 y 出栈）。其中，this 1 表示虚拟机的 this 段中索引为 1 的元素，源自类级别符号表中类别为 field（字段变量）、索引为 1 的 y；local 1 表示虚拟机中当前子例程对应的 local 段中索引为 1 的元素（即 dy），源自子例程级别符号表中类别为 var（局部变量）、索引为 1 的 dy。这里假设编译器知道如何处理表达式和 let 语句，这是接下来两节涉及的主题。

11.1.2 表达式的编译

首先考虑简单表达式的编译，比如 x+y-7。这里的"简单表达式"是指一个形如："*term operator term operator……*"的序列，其中 *term* 可以是变量或常数，*operater* 可以是 +、-、* 或 /。

Jack 语言跟大多数高级语言一样，它的表达式使用**中缀**表示法。比如，将 x 和 y 相加，可以写成 x + y。相比之下，编译的目标语言是**后缀**风格的，同样的加法语义在基于栈的虚拟机代码中表示为 push x, push y, add。在第 10 章介绍的算法中，使用 XML 标签以中缀风格输出已解析的源代码。在本章中，尽管该算法的解析逻辑部分可以不变，但算法的输出部分必须修改以生成后缀风格的虚拟机命令，如图 11.3 所示。

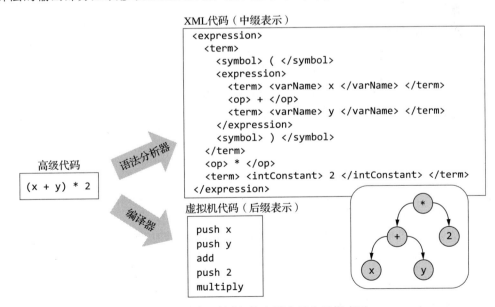

图 11.3 同一种语义的中缀表示和后缀表示

总之，需要一种算法（codeWrite）来解析中缀表达式，并输出后缀代码，以在栈机器上实现同样的语义，如图11.4所示。该算法从左到右处理输入表达式，并生成虚拟机代码。该算法也能处理一元运算符和函数调用。

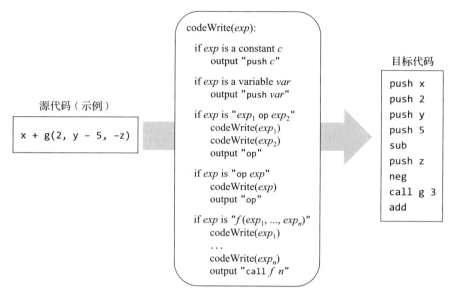

图11.4　一个表达式的虚拟机代码生成算法，以及一个编译示例。该算法假设输入表达式是合法的。最终的算法实现应该将输出的符号变量替换成对应的符号表映射

如果运行由算法 codeWrite 生成的基于栈的虚拟机代码（见图11.4的右侧），运行过程最后会将表达式全部的项出栈，并将表达式的值放在栈顶。这正是我们对于表达式的编译后代码的期待。

到目前为止，我们处理了相对简单的表达式。图11.5 给出了 Jack 表达式的完整的语法定义，以及几个符合该语法的表达式示例。

```
定义（来自Jack语言的语法）：
    expression:  term (op term) *
          term:  integerConstant | stringConstant | keywordConstant | varName |
                 varName '[' expression ']' | ' (' expression ')' | (unaryOp term) | subroutineCall
 subroutineCall:  subroutineName '(' expressionList ')' |
                 (className | varName) '.' subroutineName '(' expressionList ')'
 expressionList:  (expression (',' expression) * ) ?
             op:  '+' | '-' | '*' | '/' | '&' | '|' | '<' | '>' | '='
        unaryOp:  '-' | '~'
keywordConstant:  'true' | 'false' | 'null' | 'this'

整数常量、字符串常量、关键字常量和其他元素的定义来自Jack语言的完整语法（参见图10.6）。

例子:  5
       x
```

图11.5　Jack 语言中的表达式

```
x + 5
(-b + Math.sqrt(b*b - (4 * a * c))) / (2 * a)
arr[i] + foo(x)
foo(Math.abs(arr[x + foo(5)]))
```

图 11.5 Jack 语言中的表达式（续）

Jack 表达式的编译将由一个名为 `compileExpression` 的例程处理。开发人员可以基于图 11.4 中提出的算法进行扩展，以处理图 11.5 中描述的各种表达式。本章后面将更详细地讨论实现细节。

11.1.3 字符串的编译

计算机程序中广泛使用字符串，字符串是字符的序列。面向对象的语言通常将字符串视为 `String` 类的实例。Jack 语言中的 `String` 类是 Jack 操作系统的一部分，见附录 F。当在语句或表达式中出现字符串常量时，编译器会生成调用 `String` 构造函数的代码，以创建并返回一个新的 `String` 对象。然后，编译器用字符串对新对象进行初始化。其思路是为字符串常量中的每个字符生成一次对 `String.appendChar` 方法的调用。

这种字符串常量的实现方式可能会浪费内存，导致内存泄漏。考虑语句 `Output.printString("Loading…please wait")`。理论上，高级语言程序员只是希望显示一条消息，而不会关心编译器是否创建了一个新对象。如果程序员知道该对象会一直占用内存直到程序终止，可能会感到惊讶。然而这就是真实发生的事情：一个新的 `String` 对象将被创建，并且这个对象将会在后台静静地存在，什么也不做。

Java、C# 和 Python 使用运行时**垃圾回收**（garbage collection）机制来回收不再使用的对象占用的内存。从技术上来说，不再使用的对象是指不再被变量所引用的对象。一般来说，现代语言使用各种优化方法，以及针对不同场景进行特别优化的 `String` 类来提升字符串对象的使用效率。但 Jack 操作系统只包含一个 `String` 类，并没有与字符串相关的优化。

操作系统服务

在编译字符串时，首次提到编译器可以根据需要使用操作系统服务。事实上，Jack 编译器的开发人员可以将操作系统 API（见附录 F）中列出的所有构造函数、方法和函数视为**已编译的虚拟机函数**。从技术上讲，编译器生成的代码可以任意调用这些虚拟机函数。在第 12 章中，我们将用 Jack 语言实现这些操作系统 API 并将其编译成虚拟机代码，从而完全实现这些调用。

11.1.4 语句的编译

Jack 语言包括五种语句：`let`、`do`、`return`、`if` 和 `while`。本节讨论 Jack 编译器如何生成对应的虚拟机命令，从而实现这些语句的语义。

1. 编译 return 语句

了解编译表达式的方法后，`return` 表达式的编译方式就很简单了。首先，调用 `compileExpression` 例程，它生成计算表达式并将表达式的值放入栈顶的虚拟机代码。接下来，再生成虚拟机命令 `return` 就可以了。

2. 编译 let 语句

这里讨论形如 `let varName = expression` 的语句的编译方式。由于解析是一个从左到右的过程,因此首先会记住 varName。接下来,调用 compileExpression,生成的虚拟机代码会将表达式的值放入栈顶。最后,生成虚拟机命令 pop varName,这里 varName 实际上是 Jack 语言中 varName 的符号表映射(例如,local 3、static 1 等)。

在本章后面专门讨论数组的编译时,会讨论形如 let varName[expression1]= expression2 的语句的编译过程。

3. 编译 do 语句

这里讨论形如 do className.functionName(exp_1, exp_2, ···, exp_n) 的函数调用的编译方式。do 抽象旨在调用子例程,同时忽略其返回值。在第 10 章中,建议将这种语句视同 do expression 进行编译。这意味着,为了编译 do className.functionName (···) 语句,需要调用 compileExpression,然后通过生成类似于 pop temp 0 的虚拟机命令来清除堆顶值。该值是表达式的值,本来可以作为返回值,但是这里利用 temp 段忽略其返回值。

本章后面专门讨论方法调用的编译时,会讨论形如 do varName.methodName (···) 和 do methodName (···) 的方法调用的编译。

4. 编译 if 和 while 语句

高级编程语言包括各种**控制流语句**,如 if、while、for 和 switch 等,不过 Jack 语言中只包括 if 和 while。相比之下,低级汇编和虚拟机语言使用两种基本的分支原语来控制执行流程:**条件分支**和**无条件分支**。因此,编译器开发人员面临的一个挑战是使用分支原语来表达高级控制流语句的语义。图 11.6 显示了如何系统性地弥合二者之间的鸿沟。

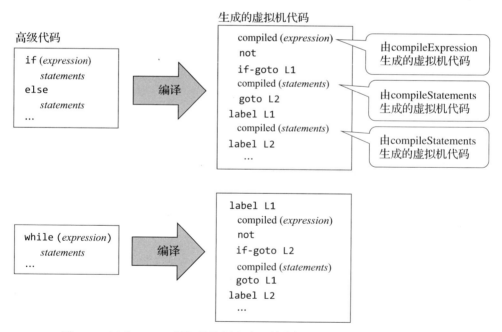

图 11.6 if 和 while 语句的编译方式。其中标签 L1 和 L2 由编译器生成

当编译器检测到 if 关键字时,它知道必须解析 if(*expression*) {*statements*} else {*statements*} 这样的语法模式。因此,编译器首先调用 compileExpression,生成的虚拟机命令计算表达式并将表达式的值置于栈顶。然后,编译器生成虚拟机命令 not,用于否定表达式的值(这里是 bool 类型的值)。接下来,编译器创建一个标签,比如 L1,并将其

用于生成虚拟机命令 if-goto L1（即，如果分支条件表达式不成立，则跳转到 else 对应的语句块执行）。然后，编译器调用 compileStatements 例程来编译 if 对应的语句块。这个例程用于编译形如 *statement; statement;…;statement;* 的序列，其中每个 *statement* 都是 let、do、return、if 或 while 中的一个。所产生的虚拟机代码在图 11.6 中被称作"compiled(*statements*)"。余下的编译策略是显而易见的，所以不再赘述。

一个高级语言程序通常包含多个 if 和 while 的实例。为了处理这种复杂情况，编译器需要生成全局唯一的标签名，例如，标签名的后缀是一个全局计数器的值。此外，控制流语句通常是嵌套的，例如，一个 if 语句嵌套在一个 while 语句内部，这个 while 语句又嵌套在另一个 while 语句里。因为 compileStatements 例程本身是递归的，所以可以支持对嵌套的处理。

11.1.5 对象的编译

目前为止，我们讨论了**变量**、**表达式**、**字符串**和**语句**的编译技术。这涵盖了构建一个过程式的、类似于 C 语言的编译器所需的大部分知识。然而，本书的目标更高：希望构建一个基于对象的、类似于 Java 语言的编译器。现在讨论对象的处理。

面向对象语言中，可以定义和操作一种称为**对象**的聚合抽象。每个对象在物理上实现为一个内存块，对象可以被静态变量、字段变量、局部变量或参数变量引用。引用变量（也称为**对象变量**或**指针**）包含该内存块的基地址。操作系统将这些内存块组织成一个称为堆（heap）的 RAM 上的逻辑区域，进行统一管理。堆内存可以被视为一个内存池，当需要创建一个新对象时，就从内存池中划出一个内存块来表示新的对象；当不再需要一个对象时，该对象占用的内存块可以被释放并回收到堆中。后面将会讨论编译器如何通过调用操作系统函数执行这些内存管理操作。

在程序运行期间，堆可以包含许多对象。假设想将一个方法 foo 应用于其中一个对象 p。在面向对象语言中，可以通过方法调用 p.foo() 来实现这一点。与任何其他方法一样，方法 foo 总是在一个当前对象（或 this 对象）上操作。具体而言，当执行方法调用 p.foo() 时，如果 foo 代码中的虚拟机命令引用 this 0、this 1、this 2 等，它们应该访问对象 p 的相关字段。这就引出了一个问题：如何将 this 内存段关联到对象 p？

在第 7～8 章中构建的虚拟机具有实现该关联的机制：虚拟机内存中有一个直接映射到 RAM 位置 3 和 4 的双值指针段，也称为 THIS 和 THAT 指针。根据虚拟机规范，指针 THIS（称为指针 0）用来保存内存段 this 的基地址。因此，要想将 this 段与对象 p 关联，可以将对象 p 的值（p 是一个地址）入栈，然后通过出栈保存到指针 THIS 中。后续在编译构造函数和方法的过程中，会使用类似的初始化技巧。

1. 构造函数的编译

在面向对象语言中，对象是由**构造函数**创建的。本节中将分别讨论如何从调用者的角度，编译一个构造函数调用（类似 Java 语言中的 new 运算符），以及从被调用者的角度，编译构造函数本身的代码。

（1）构造函数调用的编译

对象的构建过程通常包括两个步骤。首先，声明一个 class 类型的变量，例如，var Point p。然后，可以通过调用类的构造函数来实例化对象，例如，let p = Point.new(2, 3)。有些语言也可以使用单个高级语句来同时声明和构造对象。它们背后的原理是一样的，这个操作总是分为两个单独的步骤：先声明，然后构造。

仔细分析语句 let p = Point.new(2, 3)。这个抽象可以描述为"使用 Point.new 构造函数分配一个两字长的内存块，用于表示一个新的 Point 实例；然后将该内存块的两个字分别初始化为 2 和 3，并使 p 引用该块的基地址"。这个语义中隐含着两个假设：首先，构造函数知道如何分配所需大小的内存块。其次，当构造函数作为一个子例程返回时，会将分配的内存块的基地址返回给调用者。图 11.7 展示了如何实现这个抽象。

关于图 11.7，有三点值得注意。第一点，编译 let p = Point.new(2,3) 和 let p = Point.new(5,7) 这些语句并没有什么特殊之处。前面已经讨论了如何编译 let 语句和子例程调用。唯一特别的是现在需要构建 2 个对象。该工作完全委托给了被调用者（即构造函数）来完成。构造函数创建了图 11.7 中 RAM 上看到的两个对象。第二点，图中具体的物理地址 6012 和 9543 是无关紧要的，Jack 程序以及编译后的虚拟机代码都不需要知道对象在内存中存储的具体位置。对这些对象的引用是严格符号化的，Jack 程序通过 p1 和 p2 来引用，而编译后的虚拟机代码通过 local 0 和 local 1 来引用。这有一个额外的好处，程序具有可重定位性并且更安全。第三点，除非生成的虚拟机代码被实际执行，否则不会有实质性的操作发生。具体来说，**在编译时**，只会更新符号表，以及生成低级代码；**在运行时**，即编译后的代码真正执行时，才会构建对象并将地址绑定到引用变量上。

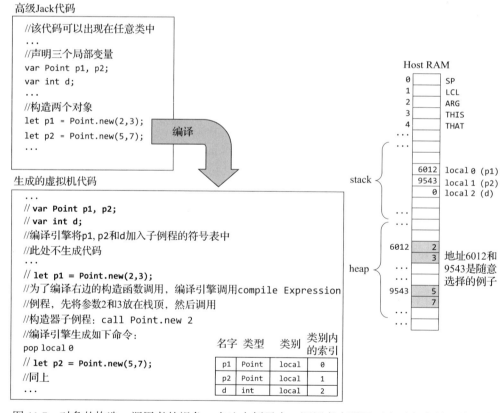

图 11.7 对象的构造：调用者的视角。在这个例子中，调用者声明了两个对象变量，然后分别调用类的构造函数来构造这两个对象。构造函数负责分配用于表示这两个对象的内存块。构造函数返回的内存块的基地址被赋给这两个对象变量

（2）构造函数本身的编译

目前为止，我们将构造函数视为黑盒抽象，即假设它们以某种方式构造对象。图11.8揭示了这种魔法的内部工作。首先要记住，构造函数是一个子例程，它可以包括参数、局部变量和一组语句，因此编译器也应该如此看待构造函数。编译构造函数的特殊之处在于，在常规子例程之外，编译器还必须生成代码来创建一个新对象并使新对象成为**当前对象**（也称为 this 对象），即构造函数代码要操作的对象。

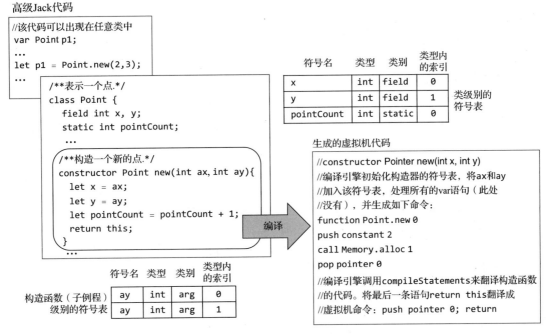

图11.8　对象的构造：构造函数的视角

创建新对象需要找到一个足够大的可用 RAM 内存块以容纳新对象的数据，并将该内存块标记为已使用。这些任务被委托给主机操作系统。根据附录 F 中列出的操作系统 API，操作系统函数 Memory.alloc(*size*) 知道如何找到给定大小（以 16 位字长为单位）的可用 RAM 块，并返回内存块的基地址。

Memory.alloc 函数和对应的 Memory.deAlloc 函数使用巧妙的算法来高效地分配和释放 RAM 资源。这些算法将在第 12 章构建操作系统时进行介绍。当前只需要知道编译器在生成低级代码时，会在构造函数中使用 alloc 函数，而在析构器中使用 deAlloc 函数。

在调用 Memory.alloc 之前，编译器会根据类级别的符号表，计算一个对象所需内存块的大小。例如，Point 类的符号表指示了每个 Point 对象包括两个 int 值（点对象的 *x* 坐标和 *y* 坐标）。因此，编译器生成命令 push constant 2 和 call Memory.alloc 1，实现了函数调用 Memory.alloc(2)。接下来，操作系统函数 alloc 开始工作，找到大小为 2 的可用 RAM 内存块，并将其基地址入栈，这相当于返回一个值。然后，编译器生成虚拟机命令 pop pointer 0，该命令将 THIS 设置为 alloc 返回的基地址。从这一刻开始，构造函数的 this 段就与新构造的对象所在的 RAM 内存块关联起来。

一旦将 this 段关联到 RAM 内存块，代码生成就变得简单多了。例如，当调用 compileLet

例程来处理语句 `let x = ax` 时，它会搜索符号表，将 x 翻译成 `this 0`，并将 ax 翻译成 `argument 0`。因此，compileLet 会生成命令 `push argument 0，pop this 0`。后一条命令之所以有效，就是基于这样的假设——由于前面将 pointer 0（实际上是 THIS）设置为 alloc 返回的基地址，因此 this 段与新对象的基地址已经正确对齐。这种一次性的初始化确保了所有后续的入栈/出栈操作都能够准确地操作 RAM 上存储的对象。希望读者能够领会其精妙之处。

根据 Jack 语言规范，每个构造函数都必须以 `return this` 语句结束。这一约定要求编译器生成构造函数的虚拟机代码时，需要以 `push pointer 0` 和 `return` 命令结束。这些命令将 THIS 的值（即新构造的对象的基地址）入栈。在类似 Java 的一些语言中，构造函数不必以显式的 `return this` 语句结束。但是，Java 构造函数的虚拟机实现也要完成相同的操作，因为这就是构造函数的任务：创建一个对象并将其 RAM 地址返回给调用者。

请记住，刚才描述的复杂的低级细节是由调用者的语句 *let varName = className.constructorName* (…) 触发的。因此，当构造函数终止时，*varName* 将存储新对象的基地址。这样的好处是，高级语言程序员可以从对象构建的烦琐细节中解脱出来，从而能够轻松、透明地创建对象。

2. 方法的编译

与构造函数一样，本节先讨论方法调用的编译，再讨论方法本身的编译。

（1）方法调用的编译

假设要计算平面上两个点 p1 和 p2 之间的欧几里得距离。在 C 语言风格的过程式编程中，可以使用一个类似 `distance(p1, p2)` 的函数调用来实现，其中 p1 和 p2 是复合数据类型。然而，在面向对象编程中，p1 和 p2 将被实现为某个 Point 类的实例，然后使用 `p1.distance(p2)` 这样的方法调用来完成同样的计算。与**函数**不同，**方法**是在特定的对象（这个例子中是 p1 对象）上进行操作的子例程，而且调用者必须指定这个对象。注意，例子中的 distance 方法以另一个 Point 对象作为参数只是巧合。通常来说，方法可以有 0、1 或多个任意类型的参数，可以在一个对象上操作。

方法 distance 可以视为计算两个点之间距离的**过程**，而 p1 可以视为该过程操作的**数据**。此外，`distance(p1, p2)` 和 `p1.distance(p2)` 都计算并返回相同的值。虽然 C 语言风格的语法将重点放在 distance 上，但在面向对象的语法中，字面上先出现对象。这就是 C 风格的语言有时被称为**过程式**语言，而面向对象的语言被称为**数据驱动**语言的原因。面向对象的编程风格基于这样一个假设，即对象知道如何管理自己。例如，一个 Point 对象知道如何计算它与另一个 Point 对象之间的距离。换句话说，距离的计算被**封装在** Point 的定义之中。

通常，由编译器负责这些复杂的抽象概念的具体实现。因为目标虚拟机语言没有对象或方法的概念，编译器用同样的方法处理类似 `p1.distance(p2)` 的面向对象风格的方法调用与类似 `distance(p1,p2)` 的过程调用。具体来说，它将 `p1.distance(p2)` 翻译成 `push p1, push p2, call distance`。一般而言，Jack 语言具有如下两种方法调用：

```
// 对指定的对象 varName 进行方法调用
varName.methodName(exp₁, exp₂,…, expₙ)
// 对当前对象进行方法调用
methodName(exp₁, exp₂,…, expₙ)   // 等同于 this.methodName(exp₁, exp₂,…, expₙ)
```

对方法调用 *varName.methodName(exp1, exp2,...,expn)* 的编译如下：1）首先生成命令 `push` *varName*。该命令本质上是将方法调用的第一个参数（即方法调用施加的对象）入栈。其中 *varName* 是符号表中的映射。如果方法调用时没有提及 *varName*（即第二种方法调用），就将符号表中 `this` 的映射入栈。2）调用 compileExpressionList。这个例程重复 n 次调用 compileExpression，每次翻译括号中的一个参数表达式。3）生成命令 `call` *className.methodName n* + 1，表示方法调用前已经将 n+1 个参数入栈。对于无参数方法调用的特殊情况，翻译成 `call` *className.methodName* 1。需要注意的是，*className* 是符号表中 *varName* 标识符的类型。可参考图 11.9 中的例子。

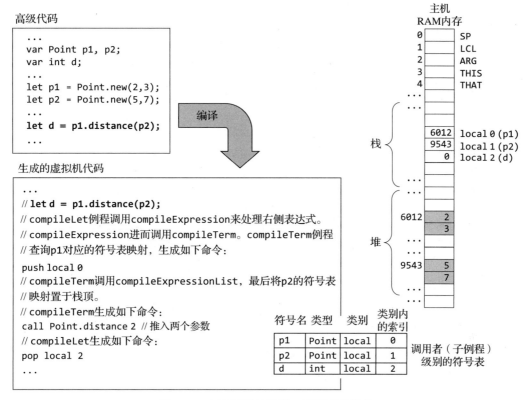

图 11.9　方法调用的编译：调用者的视角

（2）对方法本身的编译

前面只是从调用者的角度，抽象地讨论了 `distance` 方法。该方法的实现如下（Java 语言版本）：

```
/** 一个 Point 类的方法：返回当前 Point 对象和另外一个 Point 对象之间的距离 **/
int distance(Point other) {
    int dx, dy;
    dx = x - other.x;
    dy = y - other.x;
    return Math.sqrt((dx*dx) + (dy*dy));
}
```

和其他方法一样，`distance` 方法是用于操作**当前对象**的，而在 Java（以及 Jack）中，当前对象由内置标识符 `this` 表示。但是，正如上面的例子所示，程序员可以编写一个完整的方法却从未提及 **this**。这是因为 Java 编译器会将语句 dx = x - other.x 当作 dx = this.x - other.x 来处理。这个约定使得高级代码更具可读性和更容易编写。

不过，需要注意的是，在 Jack 语言中，不支持 *object.field* 这种用法。因此，除了当前对象以外，其他对象的字段只能通过访问器和修改器方法进行操作。例如，x - other.x 表达式在 Jack 中被实现为 x - other.getx()，其中 getx 是 Point 类中的一个访问器方法。

那么，Jack 编译器如何处理类似 x - other.getx() 的表达式呢？与 Java 编译器类似，它会在符号表中查找 x，并发现它表示当前对象中的第一个字段。但是，在众多的对象中，当前对象是指哪个对象呢？根据方法调用约定，它必须是方法调用者传递的第一个参数的值。从被调用者的角度来看，当前对象的基地址就是 argument 0 的值。简而言之，这种技巧使得在诸如 Java、Python 和 Jack 等语言中广泛实现"将方法应用于特定对象"的抽象成为可能。有关详细信息参见图 11.10。

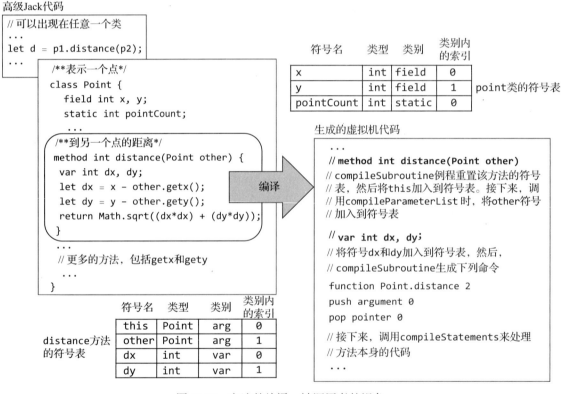

图 11.10 方法的编译：被调用者的视角

从图 11.10 的左上角可以看到，调用者的代码使用了方法调用 p1.distance(p2)。现在关注被调用方法 distance(Point other) 编译后的虚拟机代码。开始是 push argument 0，然后是 pop pointer 0。这些命令将方法的 THIS 指针设置为参数 0 的值。根据方法调用的约定，参数 0 包含了方法调用所操作的对象的基地址。因此，从这一点开始，方法的 this 段被正确地对齐到目标对象的基地址，从而使随后的 push / pop this i 命令也能正确对齐到目标对象的字段的地址。例如，表达式 x - other.getx () 将被编译成 push this 0, push argument 1, call Point.getx 1, sub。由于在编译每个方法时将 THIS 设置为被调用对象的基地址，因此可以保证 this 0（以及任何其他引用 this i）将定位到正确的对象字段。

11.1.6 数组的编译

数组与对象类似。在 Jack 中，数组被实现为操作系统中的 Array 类的实例。因此，数组和对象的声明、实现和存储方式完全相同。实际上，数组就是一种对象，唯一的区别在于数组抽象允许使用索引来访问数组元素，例如，let arr[3]=17。接下来，我们将讨论编译器是如何使得数组能够支持索引访问的。

如果使用指针符号，arr[i] 可以写为 *(arr + i)，即访问内存地址为 arr+i 处的值。这种理解对于编译跟数组操作相关的语句至关重要。为了计算 arr[i] 的物理地址，执行 push arr, push i, add，就可以将目标地址置于栈顶。接下来，执行 pop pointer 1。根据虚拟机规范，此操作将目标地址存储在方法的 THAT 指针（即 RAM[4]）中，其效果是将 that 内存段的基地址与目标地址对齐。接下来，通过执行 push that 0 和 pop x，可以完成 let x= arr[i] 的翻译。详细信息参见图 11.11。

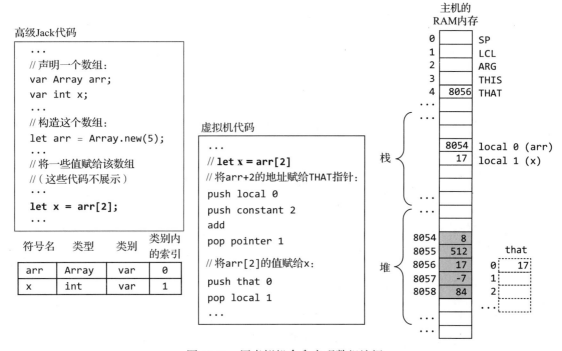

图 11.11 用虚拟机命令实现数组访问

这个很好的编译策略并不能解决所有问题。更准确地说，对于像 let a=b[j] 这样的语句，它有效；但对于赋值语句的左侧有索引的情形，例如 let a[i]=b[j]，上述编译策略无法正常工作。参见图 11.12。

好消息是，这个有缺陷的编译策略很容易修复，从而正确编译任何形式的 let arr[*expression*1]=*expression*2 语句。与之前一样，先生成命令 push *arr*，然后调用 compileExpression，并生成命令 add。这个序列将目标地址（*arr*+*expression*1）置于栈顶。接下来，调用 compileExpression，最终将 *expression*2 的值置于栈顶。此时，可以使用 pop temp 0 来保存这个值。这样使得 (*arr* +*expression*1) 重新成为栈顶元素。现在可以执行 pop pointer 1, push temp 0, 然后执行 pop that 0。这个小修复，加上 **compileExpression** 例程的递归性质，就使得这个编译策略能够处理具有任何递归复杂度的形如 let *arr* [*expression*1]=*expression*2 语句，比如 let a[b[i]+a[j+b[a[3]]]]=b[b[j]+2]。

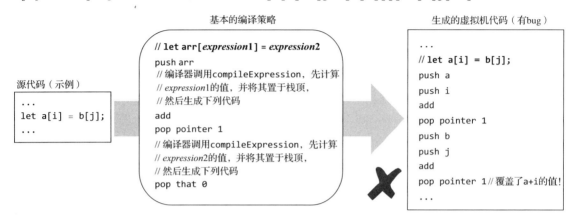

图 11.12 数组的基本编译策略，以及一个有 bug 的示例。在这个特例中，存储在 pointer 1 中的值会被覆盖，因此 a[i] 的地址会丢失

最后，需要说明的是，有几个因素使得 Jack 数组的编译相对简单。首先，Jack 数组没有类型，它们被设计为存储 16 位字长的值。其次，Jack 中的所有基本数据类型都是 16 位宽的，所有地址都是 16 位宽的，RAM 的字长也是 16 位。在强类型的编程语言中，以及在无法保证这种单一位宽的语言中，数组的编译需要更多的工作。

11.2 规范

目前为止讨论的编译挑战及其解决方案具有一般性，可以用于任何基于对象的编程语言的编译。现在我们来讨论 Jack 编译器。Jack 编译器是一个以 Jack 程序作为输入，并生成可执行的虚拟机代码作为输出的程序。生成的虚拟机代码可以在第 7～8 章规定的虚拟机上实现程序的语义。

用法

编译器接受一个命令行参数，如下所示：

prompt> JackCompiler *source*

其中，*source* 可以是形如 *Xxx*.jack 的文件名（必须有扩展名），也可以是一个包含一个或多个 .jack 文件的文件夹的名称（在这种情况下没有扩展名）。文件或文件夹的名称可以包含文件路径。如果未指定路径，编译器将在当前文件夹进行操作。对于每个 *Xxx*.jack 文件，编译器将创建一个输出文件 *Xxx*.vm，并将生成的虚拟机代码写入其中。输出文件将在与输入文件相同的文件夹中创建。如果文件夹中有同名文件，它将被覆盖。

11.3 实现

本节讨论如何将第 10 章构建的语法分析器扩展成一个完整的 Jack 编译器的实现指南和一个推荐的 API。

11.3.1 虚拟机上的标准映射

可以为不同的目标平台开发 Jack 编译器。本节提供的设计指南可用于指导如何将 Jack 语言的各种构造映射到一个特定平台——第 7～8 章描述的虚拟机。

1. 文件和函数的命名
- 一个名为 *Xxx*.jack 的 Jack 类文件，将被编译为名为 *Xxx*.vm 的虚拟机类文件。
- 一个文件 *Xxx*.jack 中的子例程 *yyy*，将被编译为名为 *Xxx.yyy* 的虚拟机函数。

2. 变量的映射
- 在类声明中声明的第一个、第二个、第三个**静态**变量依次被映射到虚拟段的条目 `static 0`、`static 1`、`static 2`，依此类推。
- 在类声明中声明的第一个、第二个、第三个**字段**变量依次被映射到 `this 0`、`this 1`、`this 2`，依此类推。
- 在子例程的 `var` 语句中声明的第一个、第二个、第三个**局部**变量依次映射到 `local 0`、`local 1`、`local 2`，依此类推。
- 在**函数**或**构造函数**（但不是方法）的参数列表中声明的第一个、第二个、第三个**参数**变量依次映射到 `argument 0`、`argument 1`、`argument 2`，依此类推。
- 在**方法**的参数列表中声明的第一个、第二个、第三个**参数**变量依次映射到 `argument 1`、`argument 2`、`argument 3`，依此类推。`argument 0` 预留给方法调用时的当前对象。

3. 对象字段的映射

使用虚拟机命令 `push argument 0`，`pop pointer 0` 来关联 `this` 虚拟段与调用者传递的当前对象。

4. 数组元素的映射

通过将 `pointer 1` 设置为 (*arr* + *expression*)，然后访问 `that 0`，来实现高级的数组索引访问抽象 *arr*[*expression*]。

5. 常量的映射
- 对 Jack 常量 `null` 和 `false` 的引用编译为 `push constant 0`。
- 对 Jack 常量 `true` 的引用编译为 `push constant 1`，`neg`。这个序列将值 –1 推送到栈上。
- 对 Jack 常量 `this` 的引用编译为 `push pointer 0`。这个命令将当前对象的基地址置于栈顶。

11.3.2 实现指南

在本章中，已经看到了许多编译示例。现在对这些编译技术给出一个简洁而正式的总结。

1. 标识符的处理

变量的标识符可以使用符号表来处理。在编译合法的 Jack 代码时，任何未在符号表中出现的标识符都可以假定为子例程名称或类名。由于 Jack 语法规则足以区分这两种情况，并且 Jack 编译器不执行"链接"，因此无须将这些标识符保留在符号表中。

2. 表达式的编译

所有形如序列 *term op term op term* ……的表达式都可以用 `compileExpression` 例程进

行处理。compileExpression 应实现 codeWrite 算法（参见图 11.4），以处理 Jack 语法规则（参见图 11.5）中指定的所有可能的 *term*。实际上，检查语法规则就会发现，在编译表达式的过程中，大部分操作都用于对组成表达式的 *term* 的编译。事实上，在第 10 章建议将对子例程调用的编译直接转换成对 *term* 的编译时（参见 10.3.2 节），这点表现得尤其明显。

表达式的语法及相应的 compileExpression 例程本质上是递归的。例如，当 compileExpression 检测到左括号时，它应该递归调用 compileExpression 来处理内部表达式。这种递归下降的风格确保将首先评估内部表达式。除了这个优先级规则外，Jack 语言**不支持运算符优先级**。当然，处理运算符优先级是可能的，但在本书中，将其视为可选的特定编译器的扩展，而不是 Jack 语言的标准特性。

表达式 x * y 被编译为 push x，push y，call Math.multiply 2。表达式 x / y 被编译为 push x，push y，call Math.divide 2。其中，Math 类是操作系统的一部分，详见附录 F。这个类将在第 12 章中开发。

3. 字符串的编译

每个字符串常量 "*ccc ... c*" 的处理方式是：首先将字符串长度推送到栈上，并调用 String.new 构造函数；然后对于字符串中的每个字符 *c*，依次将其整数编码入栈并调用 String 类的 appendChar 方法将其存放到字符串对象的内存块上（Jack 字符集参见附录 E）。正如在附录 F 中 String 类 API 所描述的那样，new 构造函数和 appendChar 方法都将字符串作为返回值（即它们将字符串对象入栈）。这简化了编译过程，避免了每次调用 appendChar 时需要重新将该字符串入栈。

4. 函数调用（无须操作特定对象）和构造函数调用的编译

对具有 *n* 个参数的函数或构造函数的调用语句的编译过程如下：首先调用 compileExpressionList，该方法将重复 *n* 次调用 compileExpression；然后在生成 call 调用命令之前，需要说明已将 *n* 个参数入栈。

5. 方法调用（需要操作当前对象）的编译

调用具有 *n* 个参数的方法的编译过程如下：首先将方法所操作的对象的引用入栈；然后调用 compileExpressionList，该方法将重复 *n* 次调用 compileExpression；最后，在生成 call 调用命令之前，需要说明已将 *n+1* 个参数入栈。

6. do 语句的编译

建议将 do *subroutineCall* 语句视为 do *expression* 语句进行编译，然后使用 pop temp 0 放弃栈顶的返回值。

7. 类的编译

开始编译类时，编译器创建一个类级别的符号表，并向其中添加在类声明中声明的所有**字段**变量和**静态**变量。编译器还创建一个空的子例程级别的符号表。此处不生成任何代码。

8. 子例程的编译

- 编译子例程（**构造函数**、**函数**或**方法**）时，编译器初始化子例程的符号表。如果子例程是一个**方法**，编译器先将 <this, *className*, arg, 0> 的映射添加到符号表中。
- 接下来，编译器将所有在子例程的参数列表中声明的参数添加到符号表中。随后，编译器将子例程中所有通过 var 语句声明的局部变量添加到符号表中。
- 下一步，编译器开始生成代码，先生成 function *className.subroutineName nVars*，

其中 nVars 是子例程中局部变量的数目。
- 如果子例程是一个**方法**，编译器需要生成代码 push argument 0, pop pointer 0。这个代码将虚拟内存段 this 与方法操作的当前对象的基地址关联起来。

9. 构造函数的编译
- 首先，编译器执行前面部分描述的所有操作，最终生成命令 function *className.constructorName nVars*。
- 然后，编译器生成代码 push constant *nFields*, call Memory.alloc 1, pop pointer 0，其中 *nFields* 是被编译的类中的字段变量的数目。这将分配一个内存块，大小为 *nFields**16 位，并将虚拟内存段 this 与新分配的块的基地址对齐。
- 编译后的构造函数必须以 push pointer 0, return 结束。这个代码将新创建的构造函数的对象的基地址置于栈顶，以返回给调用者。

10. 空方法和空函数的编译

每个虚拟机函数在返回之前都应该在栈顶压入一个值。在编译 Jack 空方法或空函数时，约定生成的代码以 push constant 0, return 结束。

11. 数组的编译

形如 let arr[*expression*1] = *expression*2 的语句使用 11.1.6 节末尾描述的方法进行编译。**提示**：在处理数组时，永远不需要使用索引大于 0 的 that 项。

12. 操作系统

考虑高级表达式 Math.sqrt((dx*dx)+(dy*dy))。编译器将其编译成如下虚拟机代码：push *dx*, push *dx*, call Math.multiply 2, push *dy*, push *dy*, call Math.multiply 2, add, call Math.sqrt 1。其中，*dx* 和 *dy* 是 dx 和 dy 的符号表映射。这个例子说明了在编译过程使用操作系统服务的两种方式。方式一，一些高级抽象（比如表达式 x * y）可以直接翻译成调用操作系统子例程（如 Math.multiply）的代码。方式二，当 Jack 表达式中包含对操作系统例程的高级调用时，例如 Math.sqrt(x)，编译器直接将其翻译成以虚拟机的后缀语法调用同名的操作系统例程的代码。

操作系统包含八个类，详见附录 F。本书提供了两种不同的操作系统实现方式：本地实现和模拟实现。

13. 操作系统的本地实现

在实验 12 中，读者将基于 Jack 开发操作系统的类库，并使用 Jack 编译器进行编译。编译过程将生成八个 .vm 文件，构成操作系统的本地实现。如果读者将这八个 .vm 文件与其他 Jack 程序编译后的 .vm 文件放在同一文件夹中，那么后者也能直接访问所有这些操作系统函数，因为它们属于相同的代码库。

14. 操作系统的模拟实现

本书提供的虚拟机模拟器是一个 Java 程序，具有一个内置的 Jack 语言 OS 的 Java 实现版本。当加载到模拟器中的虚拟机代码调用操作系统函数时，模拟器会检查加载的代码库中是否存在同名的虚拟机函数。如果存在，则执行该虚拟机函数；否则，调用该操作系统函数的内置实现。换言之，如果读者像在实验 11 中一样，使用提供的虚拟机模拟器来执行编译器生成的虚拟机代码，那么无须担心操作系统的配置，模拟器将毫不费力地处理所有操作系统调用。

11.3.3 软件架构

本书提出的编译器架构基于第 10 章描述的语法分析器来构建。具体而言，本书计划通过以下模块，逐渐将语法分析器发展为一个完整的编译器：

- `JackCompiler`：Jack 编译器，设置并调用其他模块的主程序。
- `JackTokenizer`：Jack 分词器（或标记器）。
- `SymbolTable`：符号表，可以跟踪 Jack 代码中出现的所有变量。
- `VMWriter`：代码生成器，输出虚拟机代码。
- `CompilationEngine`：递归下降的编译引擎。

1. Jack 编译器（JackCompiler）

该模块驱动整个编译过程。它可以编译形如 *Xxx*.jack 的单个文件，也可以编译一个文件夹（文件夹中包含一个或多个 .jack 文件）。对于每个源 *Xxx*.jack 文件，该程序执行以下操作：

1）为 *Xxx*.jack 输入文件创建一个 Jack 分词器。
2）创建一个名为 *Xxx*.vm 的输出文件。
3）使用一个编译引擎、一个符号表和一个代码生成器来解析输入文件，并将生成的代码写入输出文件。

本书没有规定该模块的 API，所以读者可以自行选择函数来实现。需要注意的是，当编译一个 .jack 文件时，第一个调用的处理函数是 `compileClass`。

2. Jack 分词器（JackTokenizer）

该模块就是实验 10 开发的词法分析器。10.3 节中有 API 的相关介绍。

3. 符号表（SymbolTable）

该模块提供了构建、填充和使用符号表的服务。符号表跟踪符号的属性，包括名称、类型、类别和类别内的索引。图 11.2 提供了一个示例。

例程	参数	返回值类型	功能
构造函数 / 初始化器	—	—	创建一个符号表
reset	—	—	清空符号表，重置四个索引为 0。在开始编译一个子例程的声明时，调用该例程
define	name(string) type(string) kind(STATIC, FIELD, ARG, 或 VAR)	—	根据给定的名字、类型（type）和类别（kind），定义一个变量（即往符号表中添加一个表项）。同时，赋给该变量一个关联到类别（kind）的索引值，然后将索引加一
varCount	kind(STATIC, FIELD, ARG, 或 VAR)	—	返回符号表中已有的、具有指定类别（kind）的变量的数目
kindOf	name(string)	(STATIC, FIELD, ARG, VAR, NONE)	返回名为 name 的标识符的类别（kind）。如果没有找到对应的标识符，则返回 NONE
typeOf	name(string)	string	返回名为 name 的变量的类型
indexOf	name(string)	int	返回名为 name 的变量的类别内索引

实现时要注意：在编译一个 Jack 类文件时，Jack 编译器使用了两个符号表的实例。

4. 代码生成器（VMWriter）

该模块具有一组简单的例程，用于将虚拟机代码写入输出文件。

例程	参数	返回值类型	功能
构造函数/初始化器	输出文件/流	—	创建一个新的输出文件（.vm 文件）/流，并准备写入内容
writePush	segment(CONSTANT, ARGUMENT, LOCAL, STATIC, THIS, THAT, POINTER, TEMP) index(int)	—	写入一个虚拟机的 push 命令
writePop	segment(ARGUMENT, LOCAL, STATIC, THIS, THAT, POINTER, TEMP) index(int)	—	写入一个虚拟机的 pop 命令
writeArithmetic	command(ADD, SUB, NEG, EQ, GT, LT, AND, OR, NOT)	—	写入一个虚拟机的算术或逻辑命令
writeLabel	label(string)	—	写入一个虚拟机的 label 命令
writeGoto	label(string)	—	写入一个虚拟机的 goto 命令
writeIf	label(string)	—	写入一个虚拟机的 if-goto 命令
writeCall	name(string) nArgs(int)	—	写入一个虚拟机的 call 命令
writeFunction	name(string) nVars(int)	—	写入一个虚拟机的 function 命令
writeReturn	—	—	写入一个虚拟机的 return 命令
close	—	—	关闭输出文件/流

5. 编译引擎（CompilationEngine）

该模块完成编译过程。尽管该模块的 API 和第 10 章的基本相同，但这里还是重复一下，以便参考。

编译引擎从 Jack 分词器获取输入，并使用代码生成器输出虚拟机代码（而不像在实验 10 中那样生成 XML）。输出由一系列 compile*xxx* 例程生成，每个例程都用于处理特定的 Jack 语言结构 *xxx*。例如，compileWhile 用来生成实现 while 语句的虚拟机代码。这些例程之间的协议如下：每个 compile*xxx* 例程从输入获取组成 *xxx* 的所有标记并进行处理，然后将标记器推进到这些标记之后，并输出能够实现 *xxx* 的语义的虚拟机代码。如果 *xxx* 是表达式的一部分从而具有一个值，那么生成的虚拟机代码应该计算此值并将其置于栈顶。通常情况下，只有在当前标记是 *xxx* 时才调用对应的 compile*xxx* 例程。由于一个合法的 .jack 文件中的第一个标记必须是关键字 class，因此，编译过程从调用 compileClass 例程开始。

例程	参数	返回值类型	功能
构造函数/初始化器	输入文件/流 输出文件/流	—	用给定的输入输出，创建一个新的编译引擎。下一个被调用的例程一定是 compileClass
compileClass	—	—	编译一个完整的类
compileClassVarDec	—	—	编译一个静态变量声明，或者一个字段声明
compileSubroutine	—	—	编译一个完整的方法、函数或者构造函数
compileParameterList	—	—	编译一个（可能为空）参数列表。不需要处理"("和")"标记
compileSubroutineBody	—	—	编译一个子例程的代码体
compileVarDec	—	—	编译一个 var 变量声明
compileStatements	—	—	编译一个语句序列。不需要处理"{"和"}"标记

(续)

例程	参数	返回值类型	功能
compileLet	—	—	编译一个 let 语句
compileIf	—	—	编译一个 if 语句，可能附带一个 else 从句
compileWhile	—	—	编译一个 while 语句
compileDo	—	—	编译一个 do 语句
compileReturn	—	—	编译一个 return 语句
compileExpression	—	—	编译一个表达式
compileTerm	—	—	编译一个项。如果当前标记是 *identifier*，则视其为变量、数组元素或者子程序调用。一个前看标记，比如 [、(或者 . ，足以区分这三种可能性。任何其他标记类型都不会是项的一部分，所以没必要前看标记
compileExpressionList	—	int	编译一个（可能为空）用逗号分隔的表达式列表。返回列表中表达式的数量

注意：下列几条 Jack 语法规则在编译引擎中没有对应的 **compile**xxx 例程：*type*、*className*、*subroutineName*、*varName*、*statement*、*subroutineCall*。这些规则的解析逻辑由引用它们的外层规则对应的解析逻辑来实现。参见 10.2.1 节 Jack 语言的详细语法。

前看标记：在 10.3 节有关编译引擎 API 的介绍之后，讨论了前看标记的需求，以及相应的解决方案。

11.4 实验

（1）目标

将在第 10 章构建的语法分析器扩展为一个完整的 Jack 编译器。将编译器应用于后面描述的所有测试程序。执行每个编译后的程序，并确保其按照给定的文档运行。

该版本的编译器假设源 Jack 代码是没有错误的。错误的检查、报告和处理可以在编译器的后续版本中添加，但这不是实验 11 的一部分。

（2）资源

读者需要的主要工具是用来实现该编译器的编程语言。读者还需要本书提供的虚拟机模拟器，以测试编译器生成的虚拟机代码。由于编译器是通过扩展在实验 10 中构建的语法分析器来实现的，因此读者还需要分析器的源代码。

11.4.1 实施阶段

本书建议直接将项目 10 中构建的语法分析器改进为最终的编译器。特别是，本书建议将原来生成 XML 的例程，逐渐替换为生成可执行的虚拟机代码的例程。这包括两个主要的开发阶段。

阶段 0：在开发之前，备份在实验 10 中开发的语法分析器代码。

阶段 1：符号表（symbol table）。首先构建编译器的符号表模块，并使用它来扩展在实验 10 中构建的语法分析器，具体步骤如下。在原来的实现中，遇到标识符（如 foo）时，语法分析器输出 XML 行 `<identifier> foo </identifier>`。现在，扩展该语法分析器以输出每个标识符的以下信息：

- 名称（name）。
- 类别（category），field, static, var, arg, class, subroutine 等。
- 索引（index），当标识符的类别是 field, static, var 或者 arg 时，符号表为标识符分配的递增的索引。
- 用法（usage），标识符当前是被声明（例如，标识符出现在 static, field 或者 var 修饰的 Jack 变量声明中）还是被使用（例如，标识符出现在 Jack 表达式中）。

让新的语法分析器在输出 XML 时，将此信息作为 XML 输出的一部分。可以自行为这些信息选择 XML 标记标签。

通过在实验 10 中提供的测试用 Jack 程序上运行扩展的语法分析器，可以测试新构建的 SymbolTable 模块和刚刚描述的新功能。如果扩展后的语法分析器能够正确输出上述信息，则表示已经实现了能够理解 Jack 程序的语义的完整功能。这时，可以继续逐步开发完整的编译器，并开始生成虚拟机代码，而不是 XML 输出。

（阶段 1.5：备份已扩展的语法分析器代码。）

阶段 2：代码生成。本书提供了六个应用程序，旨在逐步对 Jack 编译器的代码生成功能进行单元测试。建议按照给定的顺序在测试程序上开发和测试逐步完善的编译器。这种方式可以引导读者按照每个测试程序提出的要求，为构建编译器的代码生成功能合理地划分阶段。

通常，当编译高级语言程序并遇到错误时，人们会认为程序出了问题。在这个实验中，情况正好相反。提供的所有测试程序都是没有错误的。因此，如果它们的编译产生任何错误，需要修复的是编译器而不是程序。具体而言，对于每个测试程序，建议执行以下例程：

1）使用开发中的编译器编译整个测试程序的文件夹。此操作应该可以为文件夹中的每个源 .jack 文件生成一个 .vm 文件。

2）检查生成的虚拟机文件。如果有明显的问题，修复编译器并返回到步骤 1。记住：提供的所有测试程序都是没有错误的。

3）将程序文件夹加载到虚拟机模拟器中，并运行加载的代码。注意，提供的六个测试程序每一个都包含专门的运行指南，根据这些指南可以测试编译后的虚拟机代码。

4）如果程序有意料之外的行为，或者虚拟机模拟器显示错误消息，则需要修复编译器并返回到步骤 1。

11.4.2 测试程序集

1. Seven

测试编译器如何处理简单程序，该程序包含使用整数常量的算术表达式、do 语句和 return 语句。具体而言，该程序计算表达式 1+(2*3) 并在屏幕左上角打印结果。为了测试开发的编译器是否正确翻译了该程序，请在虚拟机模拟器中运行翻译后的代码，并验证它是否正确地显示 7。

2. ConvertToBin

测试编译器如何处理 Jack 语言的所有面向过程的元素：表达式（不包括数组或方法调用）、函数以及 if、while、do、let 和 return 语句。该程序不测试对方法、构造函数、数组、字符串、静态变量和字段变量的处理。具体而言，该程序从 RAM[8000] 中获取一个 16 位的十进制值，将其转换为二进制，并将二进制值的各个位依次存储在 RAM[8001…8016] 中（每个位置将包含 0 或 1）。在开始转换之前，程序将 RAM[8001…8016] 初始化为 –1。为了测试开发的编译器是否正确翻译了该程序，请将翻译后的代码加载到虚拟机模拟器中，然后按以下步骤操作：

1）将某个十进制值放入 RAM[8000] 中（通过模拟器的图形化界面进行交互）。
2）运行程序几秒，然后停止其执行。
3）通过肉眼检查，确保内存位置 RAM[8001…8016] 包含正确的位，并且它们都不会包含 –1。

3. Square

测试编译器如何处理 Jack 语言的面向对象特性：构造函数、方法、字段以及包含方法调用的表达式。该程序不测试对静态变量的处理。具体而言，这个包含多个类的程序展示了一个简单的交互式游戏，可以使用键盘的四个方向键在屏幕上移动一个黑色的方块。

在移动时，可以通过按 <z> 和 <x> 键来分别增加和减少方块的大小。可以通过按 <q> 键退出游戏。为了测试开发的编译器是否正确翻译了该程序，请在虚拟机模拟器中运行翻译后的代码，并验证游戏是否按预期工作。

4. Average

测试编译器如何处理数组和字符串。该程序计算用户提供的整数序列的平均值。要测试编译器是否正确翻译了程序，请在虚拟机模拟器中运行翻译后的代码，并按照屏幕上显示的指令进行操作。

5. Pong

这是一个有关编译器如何处理基于对象的应用程序的完整测试，包括对象和静态变量的处理。在经典的 Pong 游戏中，一个球随机移动，遇到屏幕的边缘就反弹。用户试图用可以通过键盘的左右箭头键移动的小挡板击中球。每当挡板击中球时，用户得 1 分，同时挡板会缩小一点，这样游戏变得更具挑战性。如果用户错过击球，使得球撞到底部，游戏就结束了。要测试编译器是否正确翻译了这个程序，请在虚拟机模拟器中运行翻译后的代码并试玩这个游戏。确保得一些分，以测试程序中显示屏幕上得分的部分。

6. ComplexArrays

测试编译器如何处理复杂的数组引用和表达式。为此，该程序使用数组执行五个复杂的计算。对于每个这样的计算，程序在屏幕上打印出期望的结果以及编译后的程序实际计算出的结果。为了测试开发的编译器是否正确翻译了该程序，请在虚拟机模拟器中运行翻译后的代码，并确保期望结果和实际结果相同。

实验 11 的基于 Web 的版本可在 www.nand2tetris.org 上找到。

11.5 总结与讨论

Jack 是一种通用的、基于对象的编程语言。从设计上讲，它是一种相对简单的语言。这种简单性让我们能够回避一些棘手的编译问题。例如，虽然 Jack 看起来是一种带有类型的语言，但实际上并非如此：Jack 的所有数据类型（int、char 和 boolean）都是 16 位宽，使 Jack 编译器几乎可以忽略所有类型信息。特别是在编译和评估表达式时，Jack 编译器无须确定它们的类型。唯一的例外是对形如 x.m() 的方法调用的编译过程，需要确定 x 所属的 class 类型。此外，Jack 语言类型的简单性还体现在，其数组元素也没有类型。

与 Jack 不同，大多数编程语言具有丰富的类型系统，这对它们的编译器提出了额外的要求：必须为不同类型的变量分配不同大小的内存；从一种类型转换为另一种类型需要隐式和显式的强制类型转换操作；一个简单表达式的编译，比如 x+y，取决于 x 和 y 的类型，等等。

另一个重要的简化是 Jack 语言不支持**继承**。在支持继承的语言中，像 x.m() 这样的方法调用的处理取决于对象 x 所属的运行时 class 类型，而这只能在运行时确定。因此，支持继承的面向对象语言的编译器必须将所有方法都视为虚方法，并根据方法所操作的当前对象的运行时类型来选择真正的方法进行调用。由于 Jack 不支持继承，因此所有方法调用都可以在编译时静态确定并翻译。

Jack 不支持面向对象语言的另一个常见特征——区分私有的和公共的类成员。在 Jack 中，所有静态变量和字段变量都是私有的（仅在声明它们的类内部可见），而所有子例程都是公共的（可以从任何类调用）。

由于缺乏对类型、继承和公共字段的支持，因此 Jack 类的编译能够真正独立地进行。Jack 类可以在不访问其他类的代码的情况下进行编译。对其他类的字段永远不会直接引用，对其他类的方法的所有链接都是"后期"完成的，并且只按名称来链接。

Jack 语言还有许多不那么重要的简化，而且这些简化很容易恢复。例如，很容易通过添加 for 和 switch 语句来扩展语言。同样，可以增加将字符常量如 'c' 赋给 char 类型变量的能力。

最后，本书的代码生成策略并没有关注优化。考虑一条简单的高级语言代码：c++。一个简单的编译器将其翻译成一系列低级虚拟机操作 push c，push 1，add，pop c。接下来，虚拟机翻译器进一步将每个虚拟机命令翻译成几条机器级指令，从而导致较多的代码量。与此同时，一个优化过的编译器如果注意到正在处理一个简单的自增，可以将其翻译成两条机器指令 @c；M=M+1。当然，这只是一个简单的例子。一个工业级编译器会实现更强大的优化能力。总体而言，编译器的编写者付出了很多努力和巧思，以确保生成的代码在时间和空间上是高效的。

在本书中，通常不考虑效率的问题，只有一个例外：操作系统。Jack 操作系统基于高效的算法和优化过的数据结构来实现，这是下一章的内容。

第 12 章
The Elements Of Computing Systems

操 作 系 统

> 文明的进步在于扩充我们可以在不加思索的情况下执行的运算的数目。
>
> ——阿尔弗雷德·诺思·怀特海，《数学导论》（1911）

在第 1～6 章中，本书介绍并构建了一个通用的硬件体系结构。在第 7～11 章中，本书开发了一个软件层次结构来使硬件可用，最终构建了一个现代的、基于对象的编程语言。在该硬件平台上，也可以指定和实现其他高级编程语言，不过每种语言都需要自己的编译器。

在这个"拼图"中，缺失的最后一个主要部分是**操作系统**。操作系统旨在弥合计算机硬件和软件之间的鸿沟，使计算机系统对程序员、编译器和用户更友好。例如，在屏幕上显示文本"Hello World"，需要在特定的屏幕位置绘制数百个像素。这当然可以通过查阅硬件规范，并编写代码来打开和关闭选定的 RAM 位置上的比特位。但是，很显然，高级语言程序员希望有一个更好的接口。他们希望只需要编写 `print("Hello World")`，而不用关心底层细节。这就是操作系统的作用。

本章对**操作系统**这个术语的使用比较宽泛。本书的操作系统是最小化的，有两个目的：将低级硬件的特定服务封装为对高级语言程序员友好的软件服务；利用常用的函数和抽象数据类型来扩展高级语言的能力。从这个意义上说，**操作系统**和**标准类库**之间的分界线并不清晰。实际上，现代编程语言将许多标准的操作系统服务（如图形、内存管理、多任务处理等）打包成所谓的语言标准类库。按照这个思路，Jack 操作系统被打包为一组提供支持的类，每个类通过 Jack 子例程调用提供一组相关的服务。完整的操作系统 API 在附录 F 中给出。

高级语言程序员期望操作系统通过精心设计的接口来提供其服务，同时对他们的应用程序隐藏硬件细节。为此，操作系统代码必须完成靠近硬件底层的相关工作，几乎直接操纵内存、输入/输出和处理设备。此外，因为操作系统为计算机上运行的每个程序的执行提供支撑，所以它必须高效。例如，应用程序会频繁地创建和释放对象和数组，所以最好能够快速而经济地完成这些操作。操作系统服务在时间和空间效率上的提升，都可能对依赖于它的所有应用程序的性能有显著的影响。

操作系统通常用高级语言编写并编译成二进制形式，比如 UNIX 是用 C 语言编写的。本章的操作系统也不例外——它是用 Jack 语言编写的。与 C 语言一样，Jack 被设计成具有足够的"底层性"，以便在需要时直接操作硬件。

本章从一个相对较长的背景部分开始，介绍了通常在操作系统实现中使用的关键算法。这些算法包括数学运算、字符串操作、内存管理、文本和图形输出以及键盘输入。然后，描述 Jack 操作系统的规范。接下来，**实现部分**将讨论如何使用介绍的算法来构建操作系统。最后，**实验部分**提供了逐渐构建和单元测试整个操作系统所需的指南和材料。

本章融入了面向系统的软件工程和计算机科学中的重要经验与教训。一方面，本章介绍了开发底层系统服务的编程技术，以及集成和组织操作系统服务的"大规模"编程技术。另一方面，本章介绍了一组优雅而高效的算法，其中每个算法都是计算机科学中的珍宝。

12.1 背景

计算机通常连接到各种输入/输出设备，如键盘、屏幕、鼠标、大容量存储、网卡、麦克风、扬声器，等等。每个 I/O 设备都有自己的电子机械特异性，因此在这些 I/O 设备上读写数据涉及许多技术细节。高级语言通过提供高级抽象（如 `let n = Keyboard.readInt("Enter a number:")`）来抽象这些细节。接下来，我们深入了解一下看似简单的输入操作需要做些什么。

首先，通过显示 `Enter a number:` 来提示用户互动。这需要创建一个 String 对象并将其初始化为 char 值数组 'E'、'n'、't'，等等。接下来，需要将这些字符逐个渲染到屏幕上，同时更新光标位置以跟踪下一个字符应该在哪个位置显示。在显示 `Enter a number:` 之后，必须设置一个循环，等待用户按键盘上的一些数字键。这需要捕捉按键、获取单个字符输入、将这些字符附加到字符串中，以及将字符串转换为整数值。

迄今为止的描述仍然比较抽象，隐藏了很多复杂的细节。例如，"创建一个字符串对象""在屏幕上显示一个字符"和"获取多字符输入"究竟是什么意思？

下面从"创建一个字符串对象"开始进一步讨论。字符串对象并不是凭空出现的。每次想要创建一个对象时，必须先找到 RAM 中存储该对象的可用空间，将此空间标记为已用，并在不再需要该对象时释放它。接下来讨论关于"显示字符"的抽象。注意，字符不能被物理显示。唯一可以物理显示的是单个像素。因此，必须弄清楚字符的**字体**是什么，从屏幕内存映射中找到表示字体图像的那些位，然后根据需要打开和关闭这些位。最后讨论"获取多字符输入"。我们必须提供一个循环，不仅监听键盘并累积字符，而且允许用户执行光标移动、删除和重新输入字符的操作，并且需要在屏幕上对这些操作进行回显以进行视觉反馈。

负责处理这些幕后工作的代理就是操作系统。执行语句 `let n = Keyboard.readInt("Enter a number:")` 涉及许多操作系统函数调用，涉及内存分配、输入处理、输出处理和字符串处理等各种问题。编译器通过在已编译的代码中调用操作系统函数来抽象地使用操作系统服务（前面已介绍过）。在本章中，将探讨这些函数是如何实现的。当然，迄今为止所讨论的只是操作系统功能的一个小子集。例如，我们还没有提到数学运算、图形输出和其他常用的服务。好消息是，一个编写良好的操作系统通过使用酷炫的算法和数据结构，就能以一种优雅且高效的方式集成这些多样且看似无关的任务。这就是本章的主要内容。

12.1.1 数学运算

加法、减法、乘法和除法这四种算术运算在几乎所有的计算机程序中都占据核心地位。如果在一个执行一百万次的循环中使用这些运算，那么最好高效地实现这些运算。

通常，加法是借助算术逻辑运算单元（ALU）在硬件上实现的。借助二进制补码方法，可以将减法转换成加法来实现。其他算术运算可以由硬件或软件处理，这取决于成本和性能的考虑。本节将介绍计算乘法、除法和平方根的高效算法。这些算法可以用软件实现也可以用硬件实现。

1. 效率第一

数学算法通常用于操作 n 位值，其中 n 通常是 16、32 或 64 位，这取决于操作数的数据类型。一般来说，我们寻求运行时间与字长 n 成多项式关系的算法。运行时间依赖于 n 位数的值本身的算法是不可接受的，因为这些值是 n 的指数。例如，如果我们简单地重复使用加法算法 `for i=1...y{sum=sum+x}` 来实现乘法操作 x * y。如果 y 是 64 位宽，那么 y 的值可能大于 9 000 000 000 000 000 000，这意味着循环可能需要运行数十亿年才能终止。

相比之下，我们下面介绍的乘法、除法和平方根算法的运行时间并不取决于它们所操作的 n 位值的大小（这些值可能高达 2^n），而是取决于 n，即输入的位数。就算术运算的效率而言，这可能是我们能够期望的最好结果。

我们将使用大 O 表示法 $O(n)$ 来表示"与 n 成正比"的运行时间。在本章中介绍的算术算法的运行时间都是 $O(n)$，其中 n 是输入的位数。

2. 乘法

考虑在小学学过的标准乘法方法。要计算 356 乘以 73，我们将两个数字竖直地排列在一起，右对齐。接下来，将 356 乘以 3。然后，将 356 向左移动一位，并将 3560 乘以 7（这等同于将 356 乘以 70）。最后，将列相加并得到结果。这个过程基于下面这样的思考：$356 \times 73 = 356 \times 70 + 356 \times 3$。图 12.1 用另外一个例子展示了该过程的一个二进制版本。

```
x = 27 =    ... 0 0 0 0 1 1 0 1 1
y = 9 =     ... 0 0 0 0 0 1 0 0 1     y的第i位
            ... 0 0 0 0 1 1 0 1 1     1
            ... 0 0 0 1 1 0 1 1 0     0
            ... 0 0 1 1 0 1 1 0 0     0
            ... 0 1 1 0 1 1 0 0 0     1
x * y = 243 = ... 0 1 1 1 1 0 0 1 1   和
```

```
// 假设x和y大于等于0，返回x*y的积
multiply(x, y):
    sum = 0
    shiftedx = x
    for i = 0 ... n – 1 do
        if ((i-th bit of y) == 1)
            sum = sum + shiftedx
        shiftedx = 2 * shiftedx
    return sum
```

图 12.1 乘法运算的算法

（1）注释说明

本章中的算法采用一种通俗易懂的伪代码语法。我们使用缩进来标记代码块，避免了使用花括号或 begin/end 关键字。例如，在图 12.1 中，*sum* = *sum* + *shiftedx* 属于 `if` 逻辑的代码块，而 *shiftedx* = 2 * *shiftedx* 属于 `for` 逻辑的代码块。

现在仔细观察图 12.1 左侧所示的乘法过程。对于 y 的第 i 位，将 x 左移 i 次（相当于将 x 乘以 2^i）。接下来，查看 y 的第 i 位：如果它是 1，就将移位后的 x 累加到部分积中；否则，什么都不做。右侧显示的算法更正式地表达了这个过程。请注意，2 * *shiftedx* 可以通过将 *shiftedx* 左移 1 位或将 *shiftedx* 加到自身来高效地完成计算。这两种操作都适用于基本的硬件操作。

（2）运行时间

乘法算法执行 n 次迭代，其中 n 是输入 y 的位宽。在每次迭代中，算法执行一些加法和比较操作。因此，算法的总运行时间为 $a + b \cdot n$，其中 a 是初始化一些变量所需的时间，

b 是每次迭代时执行一些加法和比较操作所需的时间。形式上，算法的运行时间是 $O(n)$，其中 n 是输入的位宽。

再次强调，这个 $x \times y$ 的算法的运行时间不依赖于 x 和 y 输入的值；相反，它取决于输入的位宽。在计算机中，位宽通常是一个小的固定常数，如 16（`short`）、32（`int`）或 64（`long`），这取决于输入的数据类型。在 Hack 平台上，所有数据类型的位宽都是 16。假设乘法算法每次迭代涉及大约十个 Hack 机器指令，那么无论输入 x 和 y 的值的大小，每次乘法操作最多需要 160 个时钟周期。相比之下，一个运行时间与输入值成正比的算法将需要 $10 \cdot 2^{16} = 655\,360$ 个时钟周期。

3. 除法

计算两个 n 位数 x/y 的朴素方法是重复从 x 中减去 y，直到余数小于 y，重复的次数就是最终结果。该算法的运行时间与被除数 x 的值成正比，因此随 x 的位宽 n 的增加呈指数增长，这是无法接受的。

为了加快速度，可以尝试在每次迭代中从 x 中减去大量的 y。例如，假设要计算 175 除以 3。首先要问，假设 $x=(90,80,70,\cdots,20,10)$，满足 $3 \cdot x \leq 175$ 的 x 的最大取值是多少？答案是 50。换句话说，从 175 中减去了 50 个 3，比朴素方法减少了约 50 次迭代。这种加速的减法留下余数 $175 - 3 \times 50 = 25$。继续问：假设 $x=(9,8,7,\cdots,2,1)$，满足 $3 \cdot x \leq 25$ 的 x 的最大取值是多少 $(x=(9,8,7,\cdots,2,1))$？答案是 8，因此能够再次减去 8 个 3。到目前为止，答案是 $50 + 8 = 58$。余数是 $25 - 3 \times 8 = 1$，小于 3，所以停止这个过程，宣布 $175/3 = 58$，余数为 1。

这种技术就是学校所教的"长除法"的原理。该算法的二进制版本的原理是一样的，只是在加速减法过程时，使用的不是 10 的幂，而是 2 的幂。该算法执行 n 次迭代，其中 n 是被除数的位数，每次迭代涉及一些乘法（实际上是移位）、比较和减法操作。这样，我们又有了一个 x/y 算法，其运行时间不取决于 x 和 y 的值，而是 $O(n)$，其中 n 是输入的位宽。

作为一个简单的练习，读者可以尝试将这个算法写成类似于图 12.1 中乘法的形式。作为对比，图 12.2 展示了另一种除法算法，它同样高效，但更优雅且更容易实现。

假设要计算 480 除以 17。图 12.2 中显示的算法基于以下思考：

$480/17 = 2 \cdot (240/17) = 2 \cdot (2 \cdot (120/17)) = 2 \cdot (2 \cdot (60/17))) = \cdots$

这个递归的深度取决于 y 乘以 2 多少次才能达到 x，进而取决于表示 x 所需的位宽。因此，该算法的运行时间是 $O(n)$，其中 n 是输入的位宽。

这个算法的一个潜在问题是每次乘法操作也需要 $O(n)$ 的操作。不过，仔细观察算法逻辑，可以发现表达式 $(2 * q * y)$ 的计算可以不用乘法。相反，可以使用加法从上一层递归的值中获得。

```
// 此处 x ≥ 0 且 y ≥ 0, 返回整数除法运算
    x/y 的结果
divide(x, y):
    if ( y > x) return 0
    q = divide (x, 2 * y)
    if ((x - 2 * q * y) < y)
        return 2 * q
    else
        return 2 * q + 1
```

图 12.2 除法运算的算法

4. 平方根

平方根可以通过多种不同的方法高效计算出来，例如使用牛顿–拉弗逊方法或泰勒级数展开。然而，就我们当下的目标，使用一个简单的算法就足够了。平方根函数 $y = \sqrt{x}$ 具

有两个有吸引力的性质。首先，它是单调递增的。其次，它的反函数 $y = x^2$ 是一个乘法函数，我们已经知道如何高效计算它。综合这两个性质，我们可以使用一种二叉搜索的形式高效地计算平方根，具体细节见图 12.3。

由于算法在二叉搜索过程中的迭代次数不会超过 $n/2$（其中 n 是输入 x 的位数），因此该算法的运行时间是 $O(n)$。

```
// 计算x的平方根的整数部分
// 策略：通过在0 ~ 2^(n/2)-1（其中，0 ≤ x < 2^n）之间进
       行二叉搜索，找到一个整数y，使得y² ≤ x ≤ (y+1)²
sqrt(x):
  y = 0
  for j=(n/2 - 1) ... 0 do
    if (y+2^j)² ≤ x then y = y + 2^j
  return y
```

图 12.3 平方根的算法

总结一下，本节介绍了计算乘法、除法和平方根的算法。每个算法的运行时间都是 $O(n)$，其中 n 是输入值的位宽。我们还观察到，在计算机中，n 通常是一个小的常数，如 16、32 或 64。因此，每次加法、减法、乘法和除法操作都可以在一段可预测的时间内迅速完成，而不受输入值大小的影响。

12.1.2 字符串

除了基本数据类型之外，大多数编程语言还提供了一种字符串类型，用于表示字符序列，比如 "Loading game …" 和 "QUIT"。通常，字符串抽象是由标准类库中的 String 类提供的。Jack 语言也采用了这种方法。

在 Jack 程序中出现的所有字符串常量都被实现为 String 对象。String 类（其 API 在附录 F 中描述）包含了各种字符串处理方法，比如向字符串追加字符、删除最后一个字符等。正如我们将在本章后面描述的那样，这些服务并不难实现。更具挑战性的 String 方法是将整数值转换为字符串，以及将包含数字字符的字符串转换为整数值。我们现在讨论实现这些操作的算法。

数字的字符串表示

计算机在内部使用二进制代码表示数字。然而，人类习惯于处理用十进制表示的数字。因此，当人们需要读取或输入数字时，必须进行二进制与十进制表示之间的转换。当从输入设备（如键盘）输入这些数字时，或者在输出设备（如屏幕）上显示这些数字时，这些数字被转换为表示数字 0 ~ 9 的字符串。相关的字符集如下：

字符	'0'	'1'	'2'	'3'	'4'	'5'	'6'	'7'	'8'	'9'
字符编码	48	49	50	51	52	53	54	55	56	57

完整的 Hack 字符集在附录 E 中给出。可以看到，数字字符的编码可以很容易地转换为其表示的数字，反之亦然。编码 c（其中 $48 \leq c \leq 57$）表示的数字字符为 $c - 48$。反过来，数字字符 x（其中 $0 \leq x \leq 9$）的字符编码为 $x + 48$。

一旦知道如何处理单个数字字符，就可以开发将任何整数转换为字符串以及将任何数字字符的字符串转换为相应整数的算法。这些转换算法可以基于迭代或递归来完成，图 12.4 分别给出了一个示例。

从图 12.4 很容易推断出 int2String 和 string2Int 算法的运行时间为 $O(n)$，其中 n 是输入中数字字符的数量。

整数转字符串	字符串转整数

``
//返回一个非负整数的字符串表示
int2String(val):
  lastDigit = val% 10
  c = character representing lastDigit
  if (val < 10)
    return c (as a string)
  else
    return int2String (val / 10).appendChar(c)
``
	``
	// 返回一个数字字符的字符串表示的整数,
	// 这里假设str[0]代表整数的最高位
	string2Int(str):
	  val = 0
	  for (i= 0 ...str.length()) do
	    d = integer value of str.charAt(i)
	    val = val * 10 + d
	  return val
	``

图 12.4 字符串与整数之间的转换（`appendChar`、`length` 和 `charAt` 都是 `String` 类的方法）

12.1.3 内存管理

每当程序创建一个新的数组或一个新的对象时，必须分配一个特定大小的内存块来表示新的数组或对象。当数组或对象不再被需要时，其占用的内存空间可以被回收。这些任务由两个经典的操作系统函数 `alloc` 和 `deAlloc` 来完成。编译器在生成实现构造函数和析构函数的低级代码时会使用这些函数，高级语言程序员也可以根据需要使用这些函数。

用于表示数组和对象的内存块，从一个称为**堆**的指定 RAM 区域中进行分配和回收。操作系统负责管理这个资源。当操作系统启动时，它会初始化一个名为 `heapBase` 的指针，其中包含 RAM 中堆的基地址（在 Jack 语言中，堆空间在栈空间结束以后立即开始，即 `heapBase=2048`）。下面将介绍两种堆管理算法：基本算法和改进算法。

1. 基本内存分配算法

该算法管理的数据结构是一个 `free` 指针，它指向尚未分配的堆段的开始位置。详细信息请参见图 12.5a。

基本堆管理方案显然是有浪费的，因为它从不回收任何内存空间。但是，如果应用程序仅使用了一些小对象和数组，并且没有太多的字符串，那么也可以使用该方法。

2. 改进的内存分配算法

该算法管理一个可用内存段的链表，称为 `freeList`（参见图 12.5b）。列表中的每个内存段都以两个管理字段开头：段的长度和指向列表中下一个段的指针。

当应用请求分配给定大小的内存块时，该算法必须在 `freeList` 中搜索合适的内存段。有两种启发式方法可用于这个搜索。最佳匹配（best-fit）方法找到足够表示所需大小的最小内存段才返回，而首次匹配（first-fit）方法找到足够长的第一个内存段就返回。一旦找到合适的内存段，就会从中划分所需的内存块大小（返回的内存块的起始位置的前一个位置，即 `block[-1]` 用来存放返回的内存块的大小，该信息将用于释放过程）。

接下来，在 `freeList` 中更新该内存段的长度，这反映了分配之后剩余部分的长度。如果内存段中没有剩余内存，或者剩余部分实在太小，那么整个内存段将从 `freeList` 中删除。

当应用要求回收不再使用的对象的内存块时，该算法将释放的内存块添加到 `freeList` 的末尾。

图 12.5b 中所示的动态内存分配算法可能会引起内存碎片问题，即一个内存块中剩余

的内存区域如果太小，则没法利用。可以考虑进行**碎片整理**操作，即合并在内存中物理相邻但在 `freeList` 中逻辑上分为不同内存块的区域。碎片整理可以在每次对象被释放时进行，也可以在 alloc() 无法找到所请求大小的内存块时，或者根据其他周期性的特定条件进行。

a）基本内存分配算法

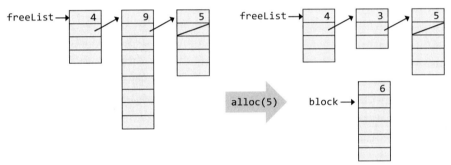

b）改进的内存分配算法

图 12.5　基本内存分配算法和改进的内存分配算法

3. Peek 和 Poke

我们以两个简单的操作系统函数来结束对内存管理的讨论。这两个函数与资源分配无关。Memory.peek(addr) 返回 RAM 中地址为 addr 处的值，Memory.poke(addr, value) 将 RAM 地址 addr 处的字设置为 value。这些函数用于多个操作内存的操作系统服务，包括接下来要讨论的图形服务。

12.1.4 图形化输出

现代计算机在高分辨率的彩色屏幕上渲染图形输出，如动画和视频，这需要使用优化后的图形驱动程序和专门的图形处理单元（Graphical Processing Uint, GPU）。在本书中只关注基本的图形绘制算法和技术。

假设计算机连接到一个物理的黑白屏幕，该屏幕布局为行和列的网格，每个交叉点都是一个像素。按照惯例，从左到右给列编号，从上到下给行编号。因此，像素（0，0）位于屏幕的左上角。

假设屏幕通过**内存映射**（一个专用的 RAM 区域）与计算机系统连接，内存映射中每个像素由一个比特表示。计算机外部的一个进程会每秒内多次读取内存映射的内容，进而刷新屏幕上的显示。模拟计算机操作的程序应该模拟这个刷新过程。

在屏幕上执行的最基本的操作是绘制由 (x, y) 坐标指定的单个像素。这是通过在内存映射中找到相应的位并将其设置为 0 或 1 来实现的。其他操作（如绘制直线和圆）都建立在这个基本操作之上。图形包维护一个**当前颜色**的属性，可以设置为**黑色**或**白色**。所有绘图操作都使用该属性。

1. 像素的绘制（drawPixel）

在屏幕位置 (x, y) 绘制一个选定的像素是通过在内存映射中找到相应的位并将其设置为当前颜色的属性值来实现的。由于 RAM 是一个 n 位设备，因此这个操作需要读取和写入一个 n 位的值。参见图 12.6。

Hack 屏幕的内存映射接口在 5.2.4 节中有详细说明。应该使用这个映射来实现 drawPixel 算法。

```
// 将位置为 (x, y) 的像素设置为当前颜色的属性值
drawPixel(x, y)
    使用 x 和 y 来计算像素的内存地址
        使用 Memory.peek 来获取该地址上的 16 位值
    使用位操作运算，将该像素对应的位的值设置为当前颜色的属性值
    使用 Memory.poke，将修改后的 16 位值写回到像素的内存地址
```

图 12.6 绘制一个像素

2. 线条的绘制（drawLine）

在由离散像素组成的网格上渲染两个"点"之间的连续的"直线"时，我们最好的选择是沿着这两个点确定的虚拟直线绘制一系列像素来逼近。由于用于绘制线条的"笔"只能在四个方向上移动：上、下、左和右，因此，绘制出的线条注定是锯齿状的。使其看起来平滑的唯一方法是使用高分辨率屏幕支持的尽可能小的像素。不过，请注意，人眼也是一台机器。由于视网膜中的感受器细胞的数量和类型的限制，人眼同样只具有有限的图像

捕捉能力。因此，高分辨率屏幕可以欺骗人脑，使其相信由像素组成的线在视觉上是光滑的。实际上，它们是锯齿状的。

绘制从（x1，y1）到（x2，y2）的线条的过程是从绘制（x1，y1）像素开始的，然后沿着（x2，y2）方向逐像素绘制，直到到达该像素。参见图12.7。

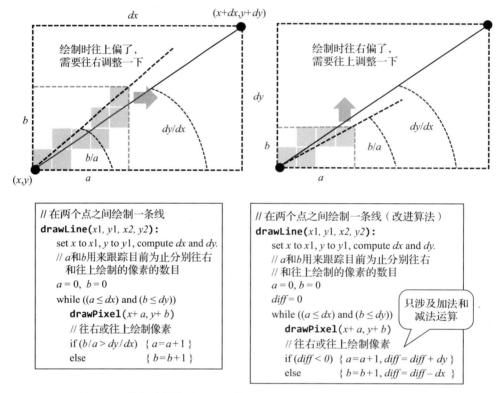

图12.7　线条绘制算法：基础算法（左下角）和改进算法（右下角）

在每个循环迭代中使用两次除法操作使得该算法既慢又不准确。第一个明显的改进是将 $b/a > dy/dx$ 条件转换成等效的 $(a \cdot dy < b \cdot dx)$ 条件，这样只需要整数乘法即可完成。仔细审视后面这个条件，可以发现不需要任何乘法就可以完成对该条件的检查。如图12.7中所示的改进算法，可以通过维护一个变量，每次增加 a 或 b 时更新 $(a \cdot dy - b \cdot dx)$ 的值，从而避免乘法操作来提供更高效的实现。

这个线条绘制算法的运行时间是 $O(n)$，其中 n 是沿着绘制的线条的像素数量。该算法仅使用加法和减法操作，可以在软件或硬件中高效实现。

3. 圆的绘制（drawCircle）

图12.8展示了一个绘制实心圆的算法，需要使用前面已经实现的三个算法：乘法、平方根和线条的绘制。

该算法的思路是绘制一系列水平线（比如图中水平线ab），其中每条水平线对应纵坐标范围 y − r 和 y + r 之间的一行。因为 r 是用像素描述的，所以该算法最后会沿着圆的南北向直径的每一行绘制一条线，形成一个完全填充的实心圆。如果需要，对该算法稍作调整就可以仅绘制圆的轮廓。

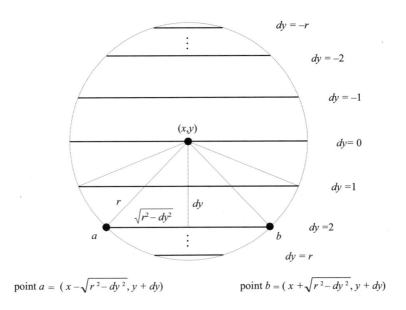

图 12.8　圆的绘制算法

12.1.5　字符的输出

为了开发显示字符的能力，需要将面向像素的物理屏幕映射到面向字符的逻辑屏幕，以便渲染表示字符的、固定的位图图像。例如，考虑一个具有 256 行，每行 512 像素的物理屏幕。如果为每个字符分配一个 11 行 8 列的像素网格，那么该物理屏幕可以显示 23 行，每行 64 个字符。当然，还剩下 3 行不便使用的额外像素。

1. 字体

计算机使用的字符集可以分为**可打印**和**不可打印**的两个子集。对于 Hack 字符集（见附录 E）中的每个可打印字符，操作系统都尽量用最好的艺术能力设计了一个 11 行 8 列的位图图像。这些图像统称为**字体**。图 12.9 展示了字体如何在屏幕上渲染大写字母 N。为了处理字符间距，每个字符图像的上下左右边界都有至少一个像素的间距（确切的间距随各个字符图像的大小和波动而变化）。Hack 字体包括 95 个这样的位图图像，每个图像对应 Hack 字符集中的一个可打印字符。

字体的设计是一门古老而又充满活力的艺术。最古老的字体可以追溯到书写艺术的时代，而新的字体则经常由于艺术追求、技术演进或功能更新的原因，由字体设计师引入和发展。本书一方面考虑到物理屏幕的尺寸小，另一方面希望在每行显示合理数量的字符，因此务

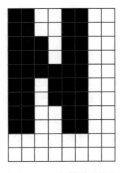

图 12.9　字符位图图像示例

实地选择了一个节省空间的 11×8 像素的图像。这种经济上的考虑迫使我们设计了一个简陋的字体，但是足以完成学习目标。

2. 光标

字符通常一个接一个地从左到右显示，直到行的末尾。例如，考虑一个程序，其中语句 `print("a")` 后面（可能不是立即）有语句 `print("b")`。这意味着程序想要在屏幕上显示 ab。为了实现这种连续性，字符打印软件需要维护一个全局**光标**，用于跟踪下一个字符应该绘制的屏幕位置。光标信息包括列和行的计数，例如 `cursor.col` 和 `cursor.row`。显示一个字符后，需要执行 `cursor.col++`。在行的末尾，需要执行 `cursor.row++` 和 `cursor.col = 0`。当到达屏幕底部时，就会出现一个问题：接下来该怎么办。可能的操作是进行屏幕滚动操作或清除屏幕并通过将光标设置为（0,0）重新开始。

总结一下，本节描述了在屏幕上打印单个字符的方案。从这个基本功能出发，自然而然地可以写入其他类型的数据：字符串是逐个字符写入的，数字是首先转换为字符串，然后再写入的。

12.1.6 键盘输入

从键盘捕获输入的过程可能比想象的更为复杂。例如，考虑语句 `let name = Keyboard.readLine("enter your name: ")`。根据定义，`readLine` 函数的执行取决于一个不可预测实体（即用户）的行为。该函数会连续跟踪用户按下键盘上的一些键，直到用户按下 <Enter> 键才会终止。问题在于，用户按下和释放键的时间间隔是可变且不可预测的，而且他们很可能在中途休息去喝个咖啡。此外，人们喜欢退格、删除和重新输入字符。`readLine` 函数的实现必须处理这些复杂性。

本节从三个角度介绍如何管理键盘输入：检测当前键盘上哪个键被按下，捕获单个字符输入，以及捕获多个字符输入。

1. 检测键盘输入（keyPressed）

检测当前按下的键是和硬件有关的操作，取决于键盘接口。在 Hack 计算机中，键盘持续刷新一个 16 位的内存寄存器，其地址保存在一个名为 KBD 的指针中。交互的约定如下：如果当前在键盘上按下了键，该地址包含该键的字符代码（Hack 字符集在附录 E 中给出）；否则，它包含 0。这个约定用于实现图 12.10 中所示的 `keyPressed` 函数。

2. 读取单个字符（readChar）

按下键和随后**释放键**之间的时间是不可预测的。因此，必须编写代码来处理这种不确定性。此外，当用户在键盘上按下键时，我们希望提供关于按下了哪些键的反馈（这可能是你已经习以为常的事情）。通常，我们希望在下一个输入的位置显示某种图形光标，并在按下某个键后通过在光标位置显示其对应的位图图像来回显输入的字符。所有这些操作都由 `readChar` 函数实现。

3. 读取字符串（readLine）

用户键入的多字符输入，只有在用户按下 <ENTER> 键（对应一个换行字符）后才被视为最终输入。在按下 <Enter> 键之前，应允许用户回退、删除和重新键入先前键入的字符。这些操作都由 `readLine` 函数实现。

与往常一样，上述输入处理的解决方案基于一系列级联的抽象：高级语言程序依赖于

readLine 抽象，readLine 依赖于 readChar 抽象，readChar 依赖于 keyPressed 抽象，keyPressed 依赖于 Memory.peek 抽象，而 Memory.peek 依赖于硬件。

监听键盘按键
```
// 返回当前按键对应的字符编码；
// 如果没有按键，则返回0
keyPressed():
    // 使用Memory.peek
```

获取一个字符
```
// 等待一个键被按下然后被释放；在屏幕上回显该
// 字符，将光标往前移动一个字符，同时返回
// 输入字符的字符编码
readChar():
    显示光标
    // 等待一个键被按下
    while (keyPressed() == 0)
        什么也不做
    c = 当前按键的字符编码
    // 等待按键释放
    while (keyPressed() ≠ 0)
        do nothing
    在当前光标位置显示字符 c
    往前移动光标
    return c
```

获取一个字符串
```
// 在屏幕上显示字符串 message 的内容，从键盘获
// 取下一行（直到遇到换行符），并以字符串的
// 形式返回下一行的值
readLine(message):
    显示 message 的内容
    str = empty string
    repeat
        c = readChar()
        if (c == newLine):
            显示换行符（光标移动 row++, col = 0）
            return str
        else if (c == backSpace):
            从 str 中移除最后一个字符
            将光标后退一个字符的位置
        else
            str.appendChar(c)
    return str
```

图 12.10　处理来自键盘的输入

12.2　Jack 操作系统规范

前面介绍了处理各种经典操作系统任务的算法。在本节中，我们正式描述一个特定的操作系统——Jack 操作系统。Jack 操作系统包括 8 个类：

- Math：提供数学运算。
- String：实现 String 类型。
- Array：实现 Array 类型。
- Memory：处理内存操作。
- Screen：处理图形输出到屏幕。
- Output：处理字符输出到屏幕。
- Keyboard：处理来自键盘的输入。
- Sys：提供与执行相关的服务。

完整的操作系统 API 在附录 F 中给出。该 API 可以看作操作系统的规范。下一节将描述如何使用前一节中提供的算法来实现这个 API。

12.3　实现

每个操作系统类都是一组子例程（构造函数、函数和方法）的集合。大多数操作系统子例程都很容易实现（这里不再讨论）。剩下的操作系统子例程可以基于 12.2 节中介绍的

算法来实现。这些子例程的实现可以参考本节介绍的一些建议和指导。

Init 函数集

某些操作系统类使用一些数据结构来实现其子例程。对于这样的操作系统类，可以在类级别静态地声明这些数据结构，并通过一个约定的 *OSClass*.init 函数进行初始化。init 函数是为了内部使用而存在的，因此不在操作系统的 API 中描述。

1. Math

（1）multiply

在乘法算法的第 i 次迭代中（参见图 12.1），需要提取第 2 个乘数的第 i 位。建议将此操作封装在一个辅助函数 bit(x, i) 中，如果整数 x 的第 i 位为 1，则返回 true，否则返回 false。bit(x, i) 函数可以使用移位操作轻松实现。由于 Jack 不支持移位，因此可以定义一个长度为 16 的静态数组，例如 twoToThe，并将数组的第 i 个元素设置为 2 的 i 次方。然后，该数组可用于支持 bit(x, i) 的实现。twoToThe 数组可以由 Math.init 函数构建。

（2）divide

图 12.1 和图 12.2 中分别展示的乘法和除法算法适合在非负整数上操作。对于有符号数，可以通过将算法应用于其绝对值并适当设置返回值的符号来处理。乘法算法更简单：因为乘数以二进制补码给出，所以它们的乘积将正确无误。

在除法算法中，y 被乘以 2 的因子，直到 $y > x$。因此，y 可能溢出。可以通过检查 y 是否变为负数来检测溢出。

（3）sqrt

在平方根算法中（参见图 12.3），$(y + 2^j)^2$ 的计算可能会溢出，导致结果是一个异常的负数。可以通过高效地更改算法的 if 逻辑来解决这个问题：if $(y + 2^j)^2 > x$ 且 $(y + 2^j)^2 > 0$，则 $y = y + 2^j$。

2. String

Jack 程序中出现的所有字符串常量都被实现为 String 类的对象。String 类的 API 参见附录 F。具体而言，每个字符串被实现为一个对象，该对象包含一个 char 类型值的数组、一个保存字符串的最大长度的 maxLength 属性，以及一个保存字符串的实际长度的 length 属性。

例如，考虑语句 let str = "scooby";。当编译器处理这个语句时，它调用 String 构造函数，该构造函数创建一个 char 类型的数组，对象的 length 属性为 6，maxLength 属性为 6。如果我们后来调用 String 方法 str.eraseLastChar()，数组的 length 将变为 5，字符串实际上变为 "scoob"。一般来说，超出 length 的数组元素不被视为字符串的一部分。

如果向 length 等于 maxLength 的 String 对象添加字符的话，会发生什么呢？这个问题在操作系统规范中没有定义。String 类可以优雅地操作并调整数组的大小，也可以不调整。这由各个操作系统的实现自行决定。

- intValue、setInt：这些子例程可以使用图 12.4 中展示的算法实现。请注意，这两个算法都没有处理负数的情况——这个细节必须由具体的实现来处理。
- newLine、backSpace、doubleQuote：如附录 E 中所示，这些字符的编码分别为 128、129 和 34。

剩余的 String 方法可以通过直接操作 char 数组和 String 对象的 length 字段来实现。

3. Array
- new：尽管其名称是 new，但这个子例程实际上不是构造函数，而是一个函数。该函数的实现通过显式调用操作系统函数 Memory.alloc 来分配新数组的内存空间。
- dispose：这个无返回值的方法通过 do arr.dispose() 这样的语句来调用。dispose 的实现通过调用操作系统函数 Memory.deAlloc 来释放数组。

4. Memory

（1）peek, poke

这些函数提供对主机内存的直接访问。如何使用 Jack 这样的高级语言实现这种低级别的访问呢？其实，Jack 语言中包含一个后门，用于完全控制主机计算机的内存。可以利用这个后门来实现 Memory.peek 和 Memory.poke。

这个技巧基于对引用变量（指针）的特殊使用。Jack 是一种弱类型语言，它不会阻止程序员将常量赋给引用变量。这时可以将这个常量视为绝对内存地址。当引用变量是一个数组时，这个方案就提供了对主机 RAM 中每个字的索引访问。参见图 12.11。

以图 12.11 为例。在代码的前两行之后，memory 数组的基地址指向计算机 RAM 中的第一个地址（地址 0）。要获取或设置物理地址为 i 的 RAM 位置的值，只需操作 memory[i] 数组元素。这会导致编译器操作地址为 0+i 的 RAM 位置，而这正是我们想要的结果。

```
// 创建一个 Jack 级别的内存代理
var Array memory;
let memory = 0;        // 这是允许的
...
// 获取内存地址 i 处的值
let x = memory[i];
...
// 设置内存地址 i 处的值
let memory[i] = 17
...
```

图 12.11　Jack 中的后门对主机 RAM 进行完全控制

Jack 数组不会在编译时分配空间，而是在运行过程中，调用数组的 new 函数时，从堆空间进行分配。请注意，如果 new 是一个构造函数而不是一个函数，那么编译器和操作系统将会将 new 数组分配到 RAM 中某个我们无法控制的内存地址。我们在使用数组变量时没有像通常一样进行初始化，从而实现了低级别内存访问。许多经典的黑客技巧都使用了类似思路。

memory 数组可以在类级别声明，并通过 Memory.init 函数进行初始化。一旦完成了低级别内存访问，Memory.peek 和 Memory.poke 的实现就变得非常简单了。

（2）alloc, deAlloc

这些函数可以使用图 12.5a 和 12.5b 中所示的算法之一来实现。可以使用最佳匹配或首次匹配方法来实现 Memory.alloc。

在 Hack 平台上，标准的虚拟机映射（参见 7.4.1 节）规定将栈映射到 RAM 地址 256～2047。因此，堆可以从地址 2048 开始。

为了实现 freeList 链表，Memory 类可以声明并维护一个静态变量 freeList，如图 12.12 所示。尽管 freeList 初始化为 heapBase 的值（2048），但在执行了几次 alloc 和 deAlloc 操作之后，freeList 可能会变成内存中的其他地址。

为了提升效率，建议编写直接在 RAM 中管理 freeList 链表的 Jack 代码，如图 12.12 所示。可以通过 Memory.init 函数初始化链表。

5. Screen

Screen 类维护一个当前颜色的属性，该属性由该类的所有绘图函数使用。该属性可以用一个静态的布尔变量表示。

（1）drawPixel

在屏幕上绘制像素可以使用 Memory.peek 和 Memory.poke 来完成。Hack 平台的屏幕内存映射规定，屏幕内存映射从内存地址 16384 开始。因此，位于列 col 和行 row（满足 $0 \leqslant col \leqslant 511, 0 \leqslant row \leqslant 255$）的像素映射到内存地址 $16384 + row \cdot 32 + col / 16$ 的第 $col \% 16$ 个位。注意，绘制单个像素只需要更改访问的 16 位宽数据中的一个位。

（2）drawLine

图 12.7 中的基本算法可能会导致溢出。但是，算法的改进版本消除了这个问题。算法的某些方面可以被推广，以便绘制延伸到所有可能方向的线。请注意，屏幕原点坐标（0,0）位于左上角。因此，算法中指定的一些方向和加/减操作应该在实现 drawLine 时进行相应修改。

绘制直线有一个常见的特例，即 $dx = 0$ 或 $dy = 0$。该特例不应由上述算法处理。相反，应该使用一个单独的优化算法。

（3）drawCircle

图 12.8 中显示的算法可能会导致溢出。将圆的半径限制在最多 181 是一个合理的解决方案。

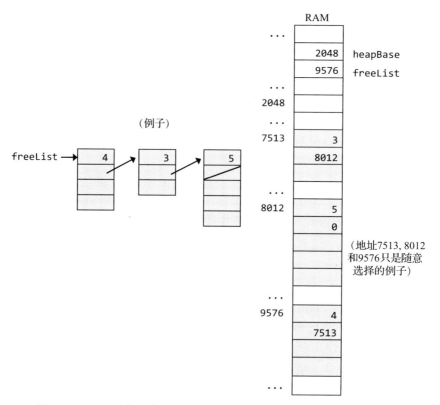

图 12.12　用于动态内存分配的链表的逻辑视图（左）和物理实现（右）

6. Output

Output 类是用于显示字符的函数库。该类假设存在一个基于字符的屏幕，包括 23 行

(从上到下索引为 0⋯22），每行 64 个字符（从左到右索引为 0⋯63）。屏幕上的左上角字符位置的索引为 (0,0)。一个可见的光标（一个小的填充正方形）指示下一个字符将显示在哪里。每个字符都通过在屏幕上渲染一个矩形图像来显示，该图像高 11 像素，宽 8 像素（包括字符间和行间的距离）。所有字符图像的集合称为**字体**。

字体实现

为 Hack 字符集（参见附录 E）设计和实现字体是一项繁重的工作，既需要艺术鉴赏力，也需要机械的实现工作。本书设计的字体是 95 个矩形位图图像的集合，每个图像代表一个可打印字符。

字体通常存储在外部文件中，根据需要由字符绘制软件加载和使用。在本书中，字体嵌入在操作系统的 `Output` 类中。对于每个可打印字符，我们定义一个数组保存该字符的位图。该数组包含 11 个元素，每个元素包含 8 个像素（对应字符位图的一行）。具体来说，我们将数组第 j 个元素的值设置为一个整数值，其二进制表示（位序列）编码了字符位图的第 j 行中出现的 8 个像素。我们还定义了一个大小为 127 的静态数组，其第 32 ~ 126 个元素对应于 Hack 字符集中可打印字符的编码（第 0 ~ 31 个元素未使用）。然后，我们将该静态数组的第 i 个元素设置为字符编码为 i 的字符对应的位图图像，即一个包含 11 个元素的数组。

实验 12 的材料中包括一个 `Output` 类的骨架，其中包含完成上述实现的 Jack 代码。给定的代码实现了一个包含 95 个字符的字体，其中一个字符的设计和实现留作练习。可以通过 `Output.init` 函数激活此代码，以及初始化光标。

- printChar：在光标位置显示字符并将光标向前移动一列。为了在位置（row, col）显示字符，其中 $0 \leq row \leq 22$ 且 $0 \leq col \leq 63$，我们将字符的位图写入对应的像素矩形框，范围是从 $11 \cdot row$ 到 $11 \cdot row + 10$ 和从 $8 \cdot col$ 到 $8 \cdot col + 7$。
- printString：可以使用一系列 `printChar` 调用来实现。
- printInt：可以通过将整数转换为字符串，然后打印字符串来实现。

7. Keyboard

Hack 计算机的内存组织（参见 5.2.6 节）规定键盘的内存映射是位于地址 24576 的单个 16 位内存寄存器。

- keyPressed：可以使用 `Memory.peek()` 实现。
- readChar，readString：可以按照图 12.10 中的算法来实现。
- readInt：可以通过读取一个字符串并使用 `String` 方法将其转换为 `int` 值来实现。

8. Sys

- wait：该函数应等待给定的毫秒数，然后返回。可以通过编写一个循环来实现，该循环在终止之前运行给定的毫秒数。由于不同的 CPU 上 1 毫秒所需要运行的指令数不一样，因此读者只能通过在特定计算机上进行计时测试，来获取 1 毫秒所需的指令。这样的 `Sys.wait()` 函数是不可移植的。通过运行另一个能够设置各种常量以反映主机平台的硬件规格的配置函数，可以实现可移植的 wait 函数，但是本书不展开讨论。
- halt：可以通过进入一个无限循环来实现。
- init：根据 Jack 语言规范（参见 9.2.2 节），Jack 程序是一个或多个类的集合。一个类必须被命名为 `Main`，而且这个类必须包含一个名为 `main` 的函数。要运行程序，应该先调用 Main.main 函数。

操作系统也是一组编译后的 Jack 类。当计算机启动时，我们希望启动操作系统并让它开始运行主程序。这个命令链的实现过程如下。根据 Hack 平台上的标准虚拟机映射（参见 8.5.2 节），虚拟机翻译器用机器语言编写引导代码（调用操作系统函数 Sys.init）。引导代码存储在 ROM 中，从地址 0 开始。当我们重启计算机时，程序计数器被设置为 0，引导代码开始运行，并调用 Sys.init 函数。

考虑到这一点，Sys.init 应该做两件事：调用其他操作系统类的所有 init 函数，然后调用 Main.main。从这开始，Jack 应用程序就开始执行了。

到此为止，本书"从与非门到俄罗斯方块"的旅程就结束了。希望你喜欢这次旅程！

12.4 实验

（1）目标

实现本章描述的操作系统。

（2）要求

使用 Jack 语言实现操作系统，并使用后续描述的程序和测试场景进行测试。每个测试程序使用操作系统服务的一个子集。每个操作系统类都能以任何顺序独立实现和进行单元测试。

（3）资源

所需的主要工具是用来开发操作系统的 Jack 语言。此外，读者需要 Jack 编译器来编译操作系统的 Jack 实现代码，以及 Jack 语言编写的测试程序。最后，读者还需要虚拟机模拟器，这是用来执行测试的平台。

文件夹 projects/12 中包含 8 个操作系统类的框架文件，分别名为 Math.jack、String.jack、Array.jack、Memory.jack、Screen.jack、Output.jack、Keyboard.jack 和 Sys.jack。每个文件都包含完整的子程序的签名。你的任务是完成尚未实现的部分。

（4）虚拟机模拟器

操作系统开发者经常面临类似先有鸡还是先有蛋的困境：如果一个类使用了尚未开发的其他操作系统类的服务，那怎么可能单独测试这个操作系统类呢？虚拟机模拟器非常适合支持对操作系统类进行单元测试（每次测试一个类）。

具体来说，虚拟机模拟器包含了一个用 Java 编写的操作系统的可执行版本。当在加载的虚拟机代码中找到 call foo 这样的命令时，模拟器执行以下步骤。如果加载的代码库中存在名为 foo 的虚拟机函数，模拟器就执行该函数的虚拟机代码。否则，模拟器检查 foo 是否为内置操作系统函数之一。如果是，它执行 foo 的内置实现。这种约定非常适合后面描述的测试策略。

12.4.1 测试计划

文件目录 projects/12 中包含了 8 个测试文件夹，分别命名为 MathTest、MemoryTest 等，用于测试对应的操作系统类 Math、Memory 等。每个文件夹包含一个 Jack 程序，旨在测试相应的操作系统类的实现。一些文件夹包含测试脚本和比较文件，而另一些文件夹只包含一个或多个 .jack 文件。要测试一个操作系统类的实现，比如 *Xxx*.jack，可以按照以下步骤进行：

- 检查测试程序的代码 XxxTest/*.jack。了解测试了哪些操作系统服务以及测试的方法是什么。
- 将开发的操作系统的类文件 Xxx.jack 放入文件夹 XxxTest 中。
- 使用提供的 Jack 编译器编译文件夹。这将会同时将操作系统类文件、.jack 文件或测试程序的文件翻译成相应的 .vm 文件，并存储在同一文件夹中。
- 如果文件夹包含测试脚本 .tst 文件，则将脚本文件加载到虚拟机模拟器中；否则，将整个文件夹加载到虚拟机模拟器中。
- 针对每个操作系统类，遵循下面的测试指南。

1. Memory、Array、Math

测试这些类的三个文件夹包含测试脚本和比较文件。每个测试脚本以 load 命令开头，该命令将当前文件夹中的所有 .vm 文件加载到虚拟机模拟器中。测试脚本中的后两个命令分别创建一个输出文件并加载提供的比较文件。然后，测试脚本继续执行多个测试，将测试结果与比较文件中列出的结果进行比较。你的任务是确保这些比较全部成功。

请注意，提供的测试程序并未对 Memory.alloc 和 Memory.deAlloc 进行充分的测试。对这些内存管理函数的完整测试需要检查在用户层测试中不可见的内部实现细节。如果你想这么做，可以通过逐步调试并检查主机 RAM 的状态来测试这些函数。

2. String

执行提供的测试程序应该产生以下输出：

```
new,appendChar: abcde
setInt: 12345
setInt: -32767
length: 5
charAt[2]: 99
setCharAt(2,'-'): ab-de
eraseLastChar: ab-d
intValue: 456
intValue: -32123
backSpace: 129
doubleQuote: 34
newLine: 128
```

3. Output

执行提供的测试程序应该产生以下输出：

```
A                                                                          B
0123456789
ABCDEFGHIJKLMNOPQRSTUVWXYZ abcdefghijklmnopqrstuvwxyz
!#$%&'()*+,-./:;<=>?@[]^_`{|}~"
-12346789




C                                                                          D
```

4. Screen

执行提供的测试程序应该产生以下输出：

5. Keyboard

这个操作系统类通过一个影响用户 – 程序交互的测试程序进行测试。对于 Keyboard 类中的每个函数（比如 keyPressed、readChar、readLine 和 readInt），程序提示用户按下一些键。如果操作系统函数实现正确，在按下了请求的键后，程序将打印 ok 并继续测试下一个操作系统函数。否则，程序将重复请求。如果所有请求都成功完成，程序将打印 Test ended successfully。此时，屏幕应显示以下输出：

```
keyPressed test:
Please press the 'Page Down' key
ok
readChar test:
(Verify that the pressed character is echoed to the screen)
Please press the number '3': 3
ok
readLine test:
(Verify echo and usage of 'backspace')
Please type 'JACK' and press enter: JACK
ok
readInt test:
(Verify echo and usage of 'backspace')
Please type '-32123' and press enter: -32123
ok

Test completed successfully
```

6. Sys

提供的 .jack 文件测试了 Sys.wait 函数。该程序调用 Sys.wait 函数，要求用户按下任意一个键，然后等待两秒，在屏幕上打印一条消息。需要确保释放键和打印消息出现之间的时间大约为两秒。

Sys.init 函数没有明确测试。但是，它执行所有必要的操作系统初始化，然后才调用每个测试程序的 Main.main 函数。因此，我们可以假设除非 Sys.init 正确实现，否则剩下的测试程序无法正常工作。

12.4.2 完整测试

在逐一成功地测试每个操作系统类之后，可以使用前面介绍的 Pong 游戏来测试整个操作系统实现。Pong 的源代码位于 projects/11/Pong 中。将开发的 8 个 OS .jack 文件放入 Pong 文件夹中，并使用 Jack 编译器编译该文件夹。然后，将 Pong 文件夹加载到虚拟机模拟器中，执行游戏，并确保其按预期工作。

12.5 总结与讨论

这一章介绍了大多数操作系统中的一部分基本服务。例如，管理内存、驱动 I/O 设备、提供在硬件中未实现的数学运算，以及实现抽象数据类型（如字符串抽象）。本书将这个标准软件库称为**操作系统**，以反映其两个主要功能：1) 提供透明的软件服务来封装令人讨厌的硬件细节、遗漏和特殊性；2) 使编译器和应用程序能够通过清晰的接口使用这些服务。然而，我们所谓的操作系统与工业级操作系统之间的差距仍然很大。

首先，我们的操作系统缺少一些与操作系统最密切相关的基本服务。例如，我们的操作系统既不支持多线程也不支持多处理；相比之下，大多数操作系统的内核专门支持这一功能。我们的操作系统不支持大容量存储设备；相比之下，大多数操作系统利用**文件系统**这一抽象来处理主要的数据存储。我们的操作系统既没有命令行界面（如 UNIX shell 中的界面），也没有由窗口和菜单组成的图形界面。但是，这才是用户期望看到并与之交互的操作系统界面。我们的操作系统中还缺少与安全、通信等相关的常见服务。

另一个显著的差异在于我们的操作系统提供了更自由的调用方式。一些操作系统操作（例如 peek 和 poke）给程序员完全访问主机计算机资源的权限。显然，不小心或恶意使用这些功能可能会造成严重破坏。因此，许多操作系统服务被视为特权服务，访问它们需要比简单的函数调用更为精细的安全机制。相比之下，在 Hack 平台上，操作系统代码和用户代码之间没有区别，操作系统服务运行在与应用程序相同的用户模式下。

在效率方面，我们提出的乘法算法和除法算法是标准的。这些算法或其变体通常是在硬件中而不是在软件中实现的。这些算法的运行时间是 $O(n)$ 级别的加法操作。由于两个 n 位数字的相加需要 $O(n)$ 级别的位操作（从硬件的逻辑门层次理解），这些算法最终需要 $O(n^2)$ 级别的位操作。存在比 $O(n^2)$ 级别的渐近时间更快的乘法和除法算法；对于位数多的情况，这些算法更为高效。类似地，本书提出的几何操作（比如线绘制和圆绘制）的优化版本，通常会在在专用的图形加速硬件中实现。

与本书中开发的其他硬件和软件系统一样，我们的目标不是提供一个满足所有需求的完整解决方案。相反，我们努力构建一个可工作的实现，达成对系统基础知识的扎实理解，然后提出进一步扩展它的方法。这些可选的实验项目在下一章（也是最后一章）中讨论。

| 第三部分 |
The Elements Of Computing Systems

进一步讨论

第 13 章
The Elements Of Computing Systems

探索更多乐趣

> 我们将不停探索，当最后我们回到起点，会重新了解那个地方。
>
> ——T. S. 艾略特（1888—1965）

祝贺！我们完成了从头开始构建完整计算系统的工作。我们希望你能享受这段旅程。和你分享一个秘密：我们似乎更享受写这本书。毕竟，我们可以设计这个计算系统，而设计通常是每个实验中最有趣的部分。我们相信富有冒险精神的学习者想要参与到设计工作中。也许你想改进架构，也许你想添加新功能，也许你构想了一个应用更广泛的系统。也许，你想坐在导航员的位置上，决定去哪里，而不仅仅是思考如何到达那里。

Jack/Hack 系统的各个方面都可以进行改进、优化或扩展。例如，汇编语言、Jack 语言和操作系统可以通过重新编写汇编器、编译器和操作系统的部分实现来进行修改和扩展。其他更改可能还需要修改提供的软件工具。例如，如果更改硬件规范或虚拟机规范，那么可能需要修改相应的模拟器。或者，如果你想为 Hack 计算机添加更多的输入或输出设备，可能需要通过编写新的内建芯片来对其进行建模。

为了方便读者更灵活地进行修改和扩展，我们公开了所有工具的源代码。除了一些用于在某些平台上启动软件的批处理文件，所有代码都是用 Java 编写的。软件及其文档可在 www.nand2tetris.org 上找到。欢迎你根据最新的想法修改和扩展所有的工具，如果你愿意，也欢迎与他人分享你的修改。希望我们的代码和文档写得足够好，使修改成为一种令人满意的体验。尤其是，我们提供的硬件模拟器具有一个简单、文档完善的接口，以便添加新的内建芯片。该接口可用于对模拟的硬件平台进行扩展，增加大规模存储或通信设备。

虽然我们无法想象你的设计改进可能是什么，但可以概述我们正在考虑的一些改进。

13.1 硬件的实现

本书介绍的硬件模块要么是用 HDL 实现的，要么是用可执行的软件模块实现的。然而，在某一时刻，HDL 设计需要被固化到硅片上，变成"真实"的计算机。能否让 Hack 或 Jack 在由原子构成的真实硬件上运行，而不是比特构成的模拟器上运行呢？

可以采取不同的方法来实现这个目标。一种极端的情况是，你可以尝试在 FPGA 板上实现 Hack 平台。这需要使用主流的硬件描述语言重写所有的芯片定义，然后处理一些实现问题，这些问题涉及在主机板上实现 RAM、ROM 和 I/O 设备。Michael Schröder 开发了一个这样的可以逐步完成的实验，在 www.nand2tetris.org 网站上可以看到这个项目的相关信息。另一种极端的方法可能是尝试在现有的硬件设备（如手机）上模拟 Hack、虚拟机甚至 Jack 平台。似乎所有这样的模拟实验都希望缩小 Hack 屏幕，以控制硬件资源的成本。

13.2 硬件的改进

虽然 Hack 是一台**存储程序**的计算机，但它运行的程序必须预先存储在其 ROM 设备中。在当前的 Hack 架构中，除了模拟整个物理 ROM 芯片的更换过程之外，没有办法将另一个程序加载到计算机中。

合理地添加**加载程序**的功能可能涉及多个层次的更改。需要修改 Hack 硬件，以允许加载的程序存储在可写的 RAM 中，而不是存储在现有的 ROM 中。需要在硬件中添加一些永久存储，比如内置的大容量存储芯片，以支持存储程序。应该扩展操作系统来操作这个永久存储设备，以及实现加载和运行程序的新逻辑。这时，一个能够提供文件管理和程序管理的类似 shell 的操作系统用户接口，就会很有用。

13.3 高级语言

和其他行业的专业人士一样，程序员对于他们的工具——编程语言——有着强烈的感觉，并喜欢将它们做个性化设置。确实，Jack 语言在某些方面仍有很大的改进空间。有些改变很简单，有些则比较复杂，而有些改变（比如添加继承）甚至可能需要修改虚拟机规范。

另一个选择是在 Hack 平台上实现更多的高级语言。例如，试想一下实现 Scheme 语言怎么样？

13.4 优化

本书的"从与非门到俄罗斯方块"之旅几乎完全回避了优化问题（只有操作系统部分考虑了一些效率因素）。优化是黑客的重要战场。你可以从硬件或编译器开始进行局部优化，但最有效的优化通常来自对虚拟机翻译器的优化。例如，你可能希望减小生成的汇编代码的大小，并使其更加高效。在更全局范围内进行激进的优化将涉及修改机器语言或虚拟机语言的规范。

13.5 通信

将 Hack 计算机连接到互联网不是很好吗？这可以通过在硬件中添加内置通信芯片，并编写一个操作系统类来操作该芯片并处理更高层的通信协议来实现。一些程序需要与内置通信芯片通信，从而实现与互联网的连接。例如，使用 Jack 编写一个能够处理 HTTP 的 Web 浏览器似乎是一个可行且有价值的实验。

这些是我们有关设计的一些想法，你有什么想法呢？

附　录

附录 A
The Elements Of Computing Systems

布尔函数综合

> 逻辑证明，直觉发现。
>
> ——亨利·庞加莱（1854—1912）

在第 1 章中，我们提出了以下没有证明的推论：
- 给定布尔函数的真值表表示，可以从中综合得到实现该函数的布尔表达式。
- 任何布尔函数都可以仅使用与、或和非运算符来表达。
- 任何布尔函数都可以仅使用与非运算符来表达。

本附录将提供这些推论的证明，并展示它们之间的关系。此外，本附录说明了使用布尔代数简化布尔表达式的过程。

A.1 布尔代数

布尔运算符与、或和非具有一些非常有用的代数性质。在此，我们简要介绍其中一些性质，请注意，这些性质的证明可以轻松地从图 1.1 中的相关真值表中推导出来。

交换律：x And $y = y$ And x
x Or $y = y$ Or x

结合律：x And (y And z) = (x And y) And z
x Or (y Or z) = (x Or y) Or z

分配律：x And (y Or z) = (x And y) Or (x And z)
x Or (y And z) = (x Or y) And (x Or z)

德摩根定律：Not(x And y) = Not(x) Or Not(y)
Not(x Or y) = Not(x) And Not(y)

幂等律：x And $x = x$
x Or $x = x$

这些代数法则可用于简化布尔函数。例如，考虑函数 Not(Not(x) And Not(x Or y))。可以将其简化为更简单的形式吗？让我们尝试看看能得到什么：

Not(Not(x) And Not(x Or y)) =   // 根据德摩根定律
Not(Not(x) And (Not(x) And Not(y))) =   // 根据结合律
Not((Not(x) And Not(x)) And Not(y)) =   // 根据幂等律
Not(Not(x) And Not(y)) =   // 根据德摩根定律
Not(Not(x)) Or Not(Not(y)) =   // 根据否定之否定
x Or y

刚刚展示的布尔简化在实际中具有重要的意义。例如，原始的布尔表达式 Not(Not(x)

And Not(x Or y)) 在硬件中实现需要 5 个逻辑门,而简化后的表达式 x Or y 只使用 1 个逻辑门就可以实现。这两个表达式提供相同的功能,但后者在成本、能耗和计算速度方面是前者的 5 倍。

将布尔表达式简化为更简单的形式是一门需要经验和洞察力的艺术。虽然有各种简化工具和技术,但这仍然是一项具有挑战性的工作。一般而言,将布尔表达式简化为最简形式是一个 NP-hard(NP-困难)的问题。

A.2 综合布尔函数

在给定一个布尔函数的真值表的情况下,如何构建或综合出表示该函数的布尔表达式呢?再仔细想想,能否保证每个由真值表表示的布尔函数都可以用布尔表达式表示呢?

这些问题有令人满意的答案。首先,每个布尔函数都可以用布尔表达式表示。而且,确实存在一个构造性的算法来做到这一点。为了说明这一点,请参考图 A.1,关注最左边的 4 列。这些列指定了某个三变量函数 $f(x, y, z)$ 的真值表定义。我们的目标是从这些数据中综合出一个表示该函数的布尔表达式。

我们将通过这个特定例子按步骤来描述综合算法。首先,只关注真值表中函数值为 1 的行。在图 A.1 显示的函数中,函数值为 1 的行是第 3、5 和 7 行。对于每个这样的行 i,定义一个布尔函数 f_i,对于所有变量值,除了在行 i 中该变量值返回 1 之外,其他情况都返回 0。图 A.1 中的真值表会得到 3 个这样的函数,其真值表定义在表的最右边 3 列中。每个这样的函数 f_i 都可以通过 3 个项的合取表示,每个项对应一个变量 x、y 和 z,根据该变量在第 i 行的值是 1 还是 0,选择结果是变量本身还是它的非。这样的构造产生了表底部列出的 3 个函数 f_3、f_5 和 f_7。由于这些函数描述了布尔函数 f 取值为 1 的唯一情况,因此可以得出结论:f 可以用布尔表达式 $f(x, y, z) = f_3(x, y, z)$ Or $f_5(x, y, z)$ Or $f_7(x, y, z)$ 来表示。具体展开为:$f(x, y, z) = $ (Not(x) And y And Not(z)) Or (x And Not(y) And Not(z)) Or (x And y And Not(z))。

x	y	z	$f(x,y,z)$	$f_3(x,y,z)$	$f_5(x,y,z)$	$f_7(x,y,z)$
0	0	0	0	0	0	0
0	0	1	0	0	0	0
0	1	0	1	1	0	0
0	1	1	0	0	0	0
1	0	0	1	0	1	0
1	0	1	0	0	0	0
1	1	0	1	0	0	1
1	1	1	0	0	0	0

$f_3(x,y,z) = $ Not(x) And y And Not(z)
$f_5(x,y,z) = x$ And Not(y) And Not(z)
$f_7(x,y,z) = x$ And y And Not(z)
$f(x,y,z) = f_3(x,y,z)$ Or $f_5(x,y,z)$ Or $f_7(x,y,z)$

图 A.1 根据真值表综合布尔函数(示例)

不采用冗长的形式化描述,这个例子表明任何布尔函数都可以以一种系统的方法,用一个具有特定结构的布尔表达式来表示：它是所有刚刚描述的综合出来的合取函数 f_i 的析取。这个表达式（它是布尔版本的乘积和）有时被称为函数的**析取范式**（Disjunctive Normal Form，DNF）。

注意，如果函数有很多变量，真值表的行数会随变量数呈现指数增长，得到的 DNF 可能会很长且烦琐。在这一点上，可以用布尔代数和各种归约技术将表达式转化为更有效和可行的表示形式。

A.3　Nand 的表达能力

每台计算机都可以仅使用 Nand 门构建。有两种方式来支持这一说法。一种是实际上只使用 Nand 门来构建计算机，这正是本书第一部分所做的工作。另一种方式是提供形式化的证明，这是我们接下来要做的。

引理 1　任何布尔函数都可以用只包含与、或和非运算符的布尔表达式表示。

证明：任何布尔函数都可以用于生成相应的真值表。而且，正如前面展示的，任何真值表都可以用于综合出一个析取范式（DNF），这是变量及其非的合取的析取。由此可知，任何布尔函数都可以用只包含与、或和非运算符的布尔表达式表示。

为了理解这一结论的重要性，请考虑在**整数**（而不是二进制数）范围内可以定义的无限数量的函数。如果每个这样的函数都可以用只涉及加法、乘法和否定的代数表达式表示，那将是很理想的。事实证明，绝大多数整数函数，例如，$f(x) = 2x$ 对于 $x \neq 7$ 和 $f(7) = 312$，不能用闭合表达式表示。然而，在**二进制数**的世界中，由于每个变量可以取的值的数量有限（0 或 1），因此这个具有吸引力的特性是成立的，即每个布尔函数都**可以**用只包含与、或和非运算符的表达式表示。它的实际意义是巨大的：任何计算机都可以仅使用与、或和非门构建。

但是，能否做得更好呢？

引理 2　任何布尔函数都可以用只包含非和与运算符的布尔表达式表示。

证明：根据德摩根定律，或运算符可以用非和与运算符表示。将这个结果与引理 1 结合，得证。

再试试运气，我们能做得更好吗？

定理　任何布尔函数都可以用只包含 Nand 运算符的布尔表达式表示。

证明：检查 Nand 的真值表（图 1.2 中的倒数第二行）能得到以下两个性质：

- $\text{Not}(x) = \text{Nand}(x, x)$

简言之，若将 Nand 函数的 x 和 y 变量设置为相同的值（0 或 1），则该函数的取值为该值的非。

- $\text{And}(x, y) = \text{Not}(\text{Nand}(x, y))$

很容易证明等式两边的真值表是相同的。而且，我们刚刚证明了可以用 Nand 表示 Not。

将这两个结果与引理 2 结合起来，就得到任何布尔函数都可以用只包含 Nand 运算符的布尔表达式表示的结论。

这个"神奇的"结论有理由被称为逻辑设计的基本定理，它保证了计算机可以仅由一种基本元件构建：实现 Nand 函数的逻辑门。换句话说，如果有足够多的 Nand 门，就可以将它们以某种模式连接起来，实现任何给定的布尔函数：需要做的就是找出正确的连接方式。

事实上，今天的大多数计算机都基于包含数十亿个 Nand 门（或具有类似生成特性的 Nor 门）的硬件基础设施。但在实际应用中，并不一定局限于仅使用 Nand 门。如果电气工程师和物理学家能够提出其他更高效、低成本的基本逻辑门的物理实现，我们将很乐意直接用它们作为基本构建块。这一实用性的考量并不会削弱这个定理的重要性。

附录 B
The Elements Of Computing Systems

硬件描述语言

> 智慧是创造人造物的能力，尤其是创造制造工具的工具。
> ——亨利·柏格森（1859—1941）

本附录有两个主要部分。B.2～B.5 节描述了本书和项目中使用的 HDL 语言。B.6 节（名为 HDL 生存指南）提供了一系列顺利完成硬件实验所需的技巧。

硬件描述语言（HDL）是定义**芯片**的形式化方法：这些芯片对象的**接口**由携带二进制信号的输入和输出**引脚**组成，它们的**实现**是由其他更低级别的芯片连接排列而成的。本附录描述了我们在本书中使用的 HDL。第 1 章（特别是 1.3 节）提供了阅读本附录所需的背景知识。

B.1　HDL 基础

本书中使用的 HDL 是一种简单的语言，学习它的最佳方法是使用本书提供的硬件模拟器运行 HDL 程序。我们建议尽早开始实验，从下面的示例开始。

1. 示例

假设我们需要检查三个 1 位变量 a、b、c 的值是否相同。完成这一工作的一种方式是计算布尔函数 $\neg((a \neq b) \vee (b \neq c))$。注意，二进制运算符**不等于**可以使用 Xor 门实现，我们可以用图 B.1 中所示的 HDL 程序来实现该函数。

Eq3.hdl 的实现使用了四个**芯片组件**：两个 Xor 门、一个 Or 门和一个 Not 门。为了实现 $\neg((a \neq b) \vee (b \neq c))$ 所表达的逻辑，HDL 程序员通过创建并命名三个**内部引脚**：neq1、neq2 和 outOr 来连接这些芯片组件。

```
/**如果给定的三位相等，out设置为1；否则out设置为0*/
CHIP Eq3 {
    IN  a, b, c;
    OUT out;
    PARTS:
    Xor(a=a, b=b, out=neq1);          // Xor(a,b) →neq1
    Xor(a=b, b=c, out=neq2);          // Xor(b,c) →neq2
    Or (a=neq1, b=neq2, out=outOr);   // Or(neq1,neq2) → outOr
    Not(in=outOr, out=out);           // Not(outOr) → out
}
```
（接口：上半部分；实现：下半部分）

图 B.1　HDL 程序示例

内部引脚可以随意创建和命名，与之不同，HDL 程序员无法控制输入和输出引脚的命名。这些通常由芯片架构师提供，并在给定的 API 中明确说明。例如，在本书中，我们为所有需要实现的芯片提供**存根文件**（stub file）。每个存根文件包含芯片接口，但没有实现。

约定如下：在 PARTS 语句之下，可以随意进行任何操作，但不得更改 PARTS 语句之上的任何内容。

在 Eq3 示例中，恰好 Eq3 芯片的前两个输入和 Xor 与 Or 芯片组件的两个输入名称相同（a 和 b）。同样，Eq3 芯片的输出和 Not 芯片组件的输出恰好名称相同（out）。于是，得到像 a=a、b=b 和 out=out 这样的绑定。这样的绑定看起来有点奇怪，但在 HDL 程序中经常出现，程序员会逐渐适应。本附录的后面将提供一个简单的规则，明确说明这些绑定的含义。

程序员无须担心芯片组件是如何实现的，这一点很重要。芯片组件可以像黑盒抽象一样被使用，程序员只需关注如何明智地安排它们以实现芯片功能。由于这种模块化特点，HDL 程序可以保持简短、可读，并且易于进行单元测试。

类似 Eq3.hdl 这样的基于 HDL 的芯片可以通过名为**硬件模拟器**的计算机程序进行测试。当我们指示模拟器评估给定的芯片时，模拟器会评估 PARTS 部分中指定的所有芯片组件，进而要求评估它们包含的更低级的芯片组件，以此类推。这种递归下降可能会导致一个庞大的向下扩展的芯片组件层次结构，一直到制造所有芯片的终端 Nand 门。使用**内置**芯片能够避免这种昂贵的分析方式，稍后将进行解释。

2. HDL 是一种声明性语言

HDL 程序可以看作芯片设计图的文字描述。对于图中出现的每个芯片 *chipName*，程序员都要在 HDL 程序的 PARTS 部分中写一个 *chipName* (…) 语句。由于该语言用于描述**连接**而不是**过程**，因此 PARTS 语句的顺序不重要：只要芯片组件连接正确，芯片就会按照指定的方式运行。HDL 语句可以改变顺序而不影响芯片的行为，对于习惯传统编程的读者来说，这可能有点奇怪。请记住：HDL 不是一种编程语言，而是一种描述语言。

3. 空格、注释、大小写约定

HDL 是区分大小写的：foo 和 Foo 代表两个不同的事物。HDL 关键字使用大写字母书写。空格字符、换行字符和注释会被忽略。HDL 支持以下注释格式：

```
// 单行注释
/* 注释，直到结束 */
/** API 文档注释 */
```

4. 引脚

HDL 程序包含三种类型的**引脚**：输入引脚、输出引脚和内部引脚。输出引脚用于连接芯片组件的输出到其他芯片组件的输入。默认情况下，引脚被假定为单比特，携带的值为 0 或 1。也可以声明并使用多位**总线**引脚，本附录后面会介绍。

芯片和引脚的**名称**可以是任何不以数字开头的字母和数字序列（某些硬件模拟器禁止使用连字符）。按照惯例，芯片和引脚的名称分别以大写字母和小写字母开头。为了可读性更好，名称可以包括大写字母，例如 xorResult。HDL 程序存储在 .hdl 文件中。在 HDL 语句 CHIP *Xxx* 中声明的芯片名称必须与文件名 *Xxx*.hdl 的前缀相同。

5. 程序结构

HDL 程序由**接口**和**实现**两部分组成。接口包括芯片的 API 文档、芯片名称及其输入和输出引脚的名称。实现包括 PARTS 关键字之下的语句。整体程序结构如下：

```
/**API 文档：本芯片做什么 */
CHIP ChipName {
```

```
    IN inputPin1, inputPin2, … ;
    OUT outputPin1, outputPin2, … ;
PARTS:
    // 这里是实现
}
```

6. 组件

芯片实现是一个无序的芯片组件语句序列，如下所示：

```
PARTS:
    chipPart(connection, … , connection);
    chipPart(connection, … , connection);
    ...
```

每个 connection 都使用绑定 pin1=pin2 指定，其中 pin1 和 pin2 是输入、输出或内部引脚的名称。这些连接可以被想象成 HDL 程序员根据需要创建和命名的"连线"。对于连接 chipPart1 和 chipPart2 的每根"连线"，在 HDL 程序中会有一个出现两次的内部引脚：一次作为某个 chipPart1(…) 语句中的**接收端**（sink），一次作为另一个 chipPart2(…) 语句中的**源端**（source）。例如，考虑以下语句：

```
chipPart1(…, out = v,…);           // chipPart1 的 out 送到内部引脚 v
chipPart2(…, in = v,…);            // chipPart2 的 in 来自 v
chipPart3(…, in1 = v,…, in2 = v,…); // chipPart3 的 in1 和 in2 也来自 v
```

引脚的扇入为 1，扇出无限。这意味着一个引脚只能从单一来源获取信号，但它可以（通过多个连接）将信号传递给一个或多个其他芯片组件中的引脚。在上面的例子中，内部引脚 v 同时将信号传递给三个输入。这相当于芯片设计图中的分叉。

7. a = a 的含义

Hack 平台上的许多芯片使用相同的引脚名称。如图 B.1 所示，有类似 Xor (a=a, b=b, out=neq1) 这样的语句。前两个连接将待实现芯片（Eq3）的 a 和 b 输入传送到 Xor 芯片组件的 a 和 b 输入引脚。第三个连接将 Xor 芯片组件的 out 输出传送给内部引脚 neq1。这里有一个帮助你理解的简单规则：在每个芯片组件语句中，每个 = 绑定的左侧始终表示芯片组件的输入或输出引脚，右侧始终表示被实现芯片的输入、输出或内部引脚。

B.2 多位总线

在 HDL 程序中，每个输入、输出或内部引脚可以是默认的单个位的值，也可以是多位值，称为**总线**（bus）。

- **位编号和总线语法**：位从右到左编号，从 0 开始。例如，sel=110 表示 sel[2]=1、sel[1]=1 和 sel[0]=0。
- **输入和输出总线引脚**：在芯片的 IN 和 OUT 语句中声明它们时，指定了这些引脚的位宽。语法是 x[n]，其中 x 和 n 分别声明引脚的名称和位宽。
- **内部总线引脚**：内部引脚的位宽是通过它们在声明中的绑定隐式推导出来的，如下所示：

```
chipPart1(…, x[i] = u, …);
chipPart2(…, x[i..j] = v, …);
```

其中，x 是芯片组件的输入或输出引脚。第一个绑定定义 u 为单个位的内部引脚，并将其值设置为 x[i]。第二个绑定定义 v 为宽度是 $j - i + 1$ 位的内部总线引脚，并将其值设置为总线引脚 x 的从 i 到 j（包括）的位。

与输入和输出引脚不同，内部引脚（如 u 和 v）不能带下标。例如，不允许使用 u[i]。

- **真/假总线**：常量 true(1) 和 false(0) 也可用于定义总线。例如，假设 x 是一个 8 位总线引脚，考虑以下语句：

chipPart(…, x[0..2] = true, …, x[6..7] = true, …);

这个语句将 x 设置为值 `11000111`。注意，未受影响的位默认设置为 false(0)。图 B.2 给出了另一个例子。

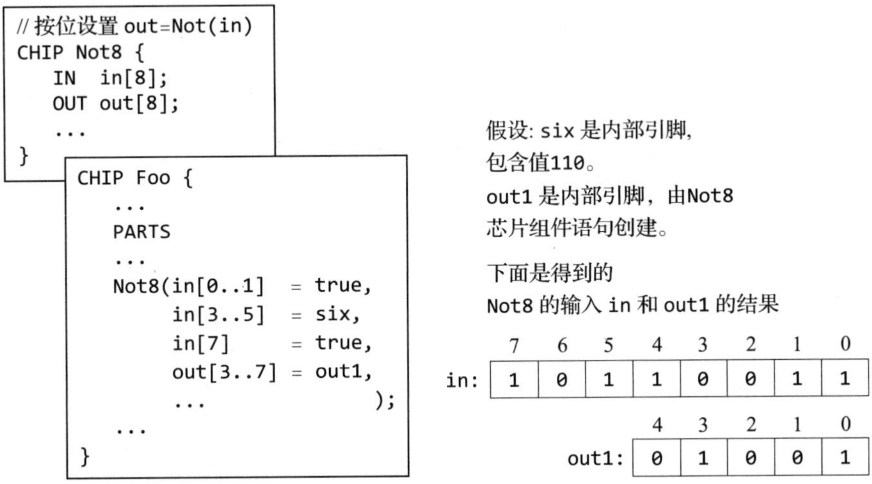

```
// 按位设置 out=Not(in)
CHIP Not8 {
    IN   in[8];
    OUT  out[8];
    ...
}

CHIP Foo {
    ...
    PARTS
    ...
    Not8(in[0..1]  = true,
         in[3..5]  = six,
         in[7]     = true,
         out[3..7] = out1,
         ...                );
    ...
}
```

假设：six 是内部引脚，包含值 110。
out1 是内部引脚，由 Not8 芯片组件语句创建。

下面是得到的
Not8 的输入 in 和 out1 的结果

	7	6	5	4	3	2	1	0
in:	1	0	1	1	0	0	1	1

	4	3	2	1	0
out1:	0	1	0	0	1

图 B.2　运行中的总线（示例）

B.3　内置芯片

芯片可以是用 HDL 编写的**本地**（native）实现，也可以是用高级编程语言编写的可执行模块提供的**内置**（built-in）实现。由于本书硬件模拟器是用 Java 编写的，因此用 Java 类来实现内置芯片非常方便。因此，在用 HDL 构建（如 Mux）芯片之前，用户可以将内置 Mux 芯片加载到硬件模拟器中并进行实验。内置 Mux 芯片的行为由名为 Mux.class 的 Java 类文件提供，它是模拟器软件的一部分。

Hack 计算机由大约 30 个通用芯片构成（参见附录 D）。其中两个芯片 Nand 和 DFF，是给定的，或者说是最基础的，类似于逻辑中的公理。硬件模拟器通过调用它们的内置实现来实现给定芯片。因此，在本书中，Nand 和 DFF 可以不用 HDL 构建就能直接使用。

实验 1、2、3 和 5 围绕着构建附录 D 中列出的其余芯片的 HDL 实现。所有这些芯片（除了 CPU 和 Computer 芯片外）都有内置的实现。如第 1 章所解释的那样，这是为了帮助进行行为仿真。

内置芯片（约 30 个 *chipName*.class 文件的库）放在 nand2tetris/tools/builtInChips 文件夹中。内置芯片具有与常规 HDL 芯片相同的 HDL 接口。因此，每个 .class 文件都有一个对应的 .hdl 文件，提供了内置芯片的接口。图 B.3 显示了一个内置芯片的典型 HDL 定义。

重要的是要记住，本书提供的硬件模拟器是一个通用工具，而在本书中构建的 Hack 计算机是一个特定的硬件平台。这个硬件模拟器可用于构建与 Hack 无关的门、芯片和平台。因此，讨论内置芯片的概念有助于扩大我们的视野，实际上它们可用于支持任何可能的硬件构建。总的来说，内置芯片提供以下服务：

- **基础**：内置芯片可以提供给定或基础芯片的实现。例如，在 Hack 计算机中，Nand 和 DFF 是给定的。

```
/*16位与门，以内置芯片方式实现*/
CHIP And16 {
    IN   a[16], b[16];
    OUT  out[16];
    BUILTIN And16;
}
```
由 tools/builtInChips/And16.class 实现

图 B.3　内置芯片的 HDL 定义示例

- **效率**：一些芯片（如 RAM 单元）由众多的低级芯片组成。将这些芯片用作芯片组件时，硬件模拟器必须对它们进行模拟。这通过递归地模拟构成它们的所有低级芯片来完成。这会导致模拟速度慢，且效率低。与常规的基于 HDL 的芯片相比，使用内置芯片组件可以显著加快模拟速度。
- **单元测试**：HDL 程序在抽象意义上使用芯片组件，而不关注它们的实现。因此，在构建新芯片时，始终建议使用内置芯片组件。这种做法能提高效率并减少错误。
- **可视化**：如果设计者希望用户"看到"芯片的工作过程，允许交互地更改模拟芯片的内部状态，那么可以提供一个带有图形用户界面的内置芯片的实现。将内置芯片加载到模拟器或作为芯片组件调用时，会显示该 GUI。除了这些视觉效果外，具有 GUI 功能的芯片的行为与其他芯片一样，也可以同样的方式被使用。B.5 节提供了具有 GUI 功能的芯片的更多详细信息。
- **扩展**：如果读者希望实现新的输入/输出设备或创建一个新的硬件平台（而不是 Hack），可以使用内置芯片来支持这些构造。有关开发额外或新的功能的更多信息，参见第 13 章。

B.4　时序芯片

芯片可以是**组合的**（combinational）也可以是**时序的**（sequential）。组合芯片是与时钟无关的，它们对其输入的变化做出即时响应。时序芯片是与时钟相关的，也称为时钟同步的（clocked），当用户或测试脚本改变时序芯片的输入时，芯片的输出只能在**下一个时间单元**的开始发生变化，这个时间单元也称为**周期**（cycle）。硬件模拟器用模拟时钟来实现时间的流逝。

1. 时钟

模拟器的两相时钟发出一个无限的值的序列，表示为 0、0+、1、1+、2、2+、3、3+，以此类推。这个离散时间序列的前进由两个模拟器命令 tick 和 tock 控制。tick 将时钟值从 t 移动到 $t+$，tock 将时钟值从 $t+$ 移动到 $t+1$，进入下一个时间单元。对于模拟这个目标来说，此期间经过的实际时间是无关紧要的，因为模拟的时间由用户或测试脚本控制，如下所示。

首先，时序芯片加载到模拟器时，GUI 将启用一个时钟形状的按钮（在模拟组合芯片时为灰色）。单击此按钮（tick）会结束时钟周期的第一阶段，再单击一次（tock）会结束时钟周期的第二阶段，进入下一个周期的第一阶段，依此类推。

或者，可以通过测试脚本运行时钟。例如，脚本命令 repeat n {tick, tock, output} 指示模拟器推进时钟 n 个时间单位，并在这个过程中打印一些值。附录 C 记录了这些命令的测试描述语言（TDL）。

时钟生成的两相时间单元控制着实现芯片中所有时序芯片的操作。在时间单元的第一阶段（tick），每个时序芯片的输入会根据芯片的逻辑影响芯片的内部状态。在时间单元的第二阶段（tock），芯片的输出被设置为新值。因此，如果从"外部"看时序芯片，会发现其输出引脚只在 tock 时（两个连续时间单元之间的过渡点）稳定到新值。

组合芯片是完全无视时钟的。在本书中，从第 1 章和第 2 章构建的所有逻辑门和芯片，一直到 ALU，都是组合的。第 3 章构建的所有寄存器和存储器单元都是时序的。默认情况下，芯片是组合的，可以用以下方式显式或隐式地声明时序芯片。

2. 内置时序芯片

内置芯片可以使用下面的语句明确地声明其对时钟的依赖：

```
CLOCKED pin, pin, ..., pin;
```

其中，每个 pin 都是芯片的一个输入或输出引脚。在 CLOCKED 列表中包含输入引脚 x 会指明 x 的变化只应在下一个时间单位开始时影响芯片的输出。在 CLOCKED 列表中包含输出引脚 x 会指明任何输入引脚的变化只应在下一个时间单位开始时影响 x。图 B.4 展示了 Hack 平台中最基本的内置时序芯片——DFF 的定义。

也可以只将芯片的一些输入或输出引脚声明为时钟同步的。在这种情况下，非时钟同步的引脚的变化会立即影响非时钟同步的引脚。RAM 单元中 address 引脚就是以这种方式实现的：寻址逻辑是组合的，独立于时钟。

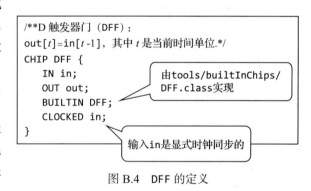

图 B.4 DFF 的定义

也可以使用一个空的引脚列表声明 CLOCKED 关键字。该语句规定，芯片会根据时钟改变其内部状态，但其输入/输出行为是组合的，独立于时钟。

3. 复合时序芯片

CLOCKED 属性只能在内置芯片中明确定义。那么，模拟器如何知道给定的芯片组件是时序的呢？如果芯片不是内置的，那么当其一个或多个芯片组件是时钟同步的时，就认为它是时钟同步的。时钟同步的属性是递归检查的，一直到芯片层次结构的最底层，其中可能明确声明芯片是时钟同步的内置芯片。如果找到这样的芯片，它会使依赖于它的每个芯片（在层次结构中向上的）都变成"时钟同步的"。因此，在 Hack 计算机中，所有包含一个或多个 DFF 芯片组件的芯片（无论是直接还是间接）都是时钟同步的。

可以看到，如果一个芯片不是内置的，则从其 HDL 代码无法判断它是否为时序的。最佳实践建议是，芯片架构师应在芯片 API 文档中提供这些信息。

4. 反馈回路

如果芯片的输入来自芯片的一个输出，可以是直接的，也可以是通过一条（可能很长的）依赖路径，就说该芯片包含一个**反馈回路**（feedback loop）。例如，考虑以下两条芯片组件语句：

```
Not (in=loop1, out=loop1) // 无效的反馈回路
DFF (in=loop2, out=loop2) // 有效的反馈回路
```

在这两个示例中，内部引脚（`loop1` 或 `loop2`）试图从芯片的输出馈入芯片的输入，从而创建一个反馈回路。两个示例的区别在于 `Not` 是一个组合芯片，而 `DFF` 是时序的。在 `Not` 示例中，`loop1` 创建了 `in` 和 `out` 之间的一种瞬时且无法控制的依赖关系，有时称为**数据竞争**（data race）。相反，在 `DFF` 的情况下，由 `loop2` 创建的 `in-out` 依赖关系被时钟延迟了，因为 `DFF` 的输入 `in` 被声明为时钟同步的。因此，out(t) 不是 in(t) 的函数，而是 in($t-1$) 的函数。

当模拟器评估一个芯片时，它递归地检查其各种连接是否包含反馈回路。对于每个回路，模拟器检查该回路上是否有时钟同步的引脚。如果有，那么允许该回路；否则，模拟器停止处理并发出错误消息。这是为了防止无法控制的数据竞争。

B.5 芯片可视化

内置芯片可能具有 GUI 功能。这些芯片具有旨在为某些芯片操作提供动画的视觉效果。当模拟器评估一个具有 GUI 功能的内置芯片组件时，会在屏幕上显示一个图形图像。使用这个图像（其中可能包含交互元素），用户可以检查芯片的当前状态或进行更改。允许的 GUI 功能由内置芯片实现的开发者确定并实现。

当前版本的硬件模拟器提供以下具有 GUI 功能的内置芯片：

- **ALU**：显示 Hack 计算机 ALU 的输入、输出和当前计算的功能。
- **Registers**（ARegister、DRegister、PC）：显示寄存器的内容，用户可以进行修改。
- **RAM 芯片**：显示一个可滚动的、类似数组的图像，显示所有存储器位置的内容，用户可以进行修改。如果在模拟过程中存储位置的内容发生了变化，GUI 中相应的表项也会发生变化。
- **ROM 芯片（ROM32K）**：与 RAM 芯片同样的数组状图像，另加一个图标，用于从外部文本文件加载机器语言程序。（ROM32K 芯片用作 Hack 计算机的指令存储器。）
- **Screen 芯片**：显示一个 256 行 × 512 列的窗口，用于模拟物理屏幕。如果在模拟过程中，RAM 中的屏幕内存映射的一个或多个位发生变化，屏幕 GUI 中相应的像素也会发生变化。模拟器中实现了这个持续的刷新循环。
- **Keyboard 芯片**：显示一个键盘图标。单击此图标可以将真实计算机的键盘连接到模拟芯片。从这时起，每次在真实键盘上按键时，模拟芯片都会拦截并将其二进制代码显示在 RAM 的键盘内存映射中。如果用户将鼠标焦点移动到模拟器 GUI 中的其他区域，键盘的控制权将恢复到真实计算机。

图 B.5 展示了一个使用了三个具有 GUI 功能的芯片组件的芯片。图 B.6 展示了模拟器如何处理这个芯片。GUIDemo 芯片逻辑将其 `in` 输入送到两个目的地：RAM16K 芯片组件中的寄存器号 `address`，以及 Screen 芯片部件中的寄存器号 `address`。此外，芯片逻辑将其三个芯片组件的 `out` 值都送到"死胡同"内部引脚 `a`、`b` 和 `c`。设计这些毫无意义的连接只有一个目的：演示模拟器如何处理内置的、具有 GUI 功能的芯片组件。

请注意，用户所做的修改（步骤 3）如何影响屏幕（步骤 4）。屏幕上显示的带有圆圈的水平线是将 −1 存储在存储器位置 5012 的视觉效果。−1 的 16 位二进制补码编码是 1111111111111111，因此计算机会在第 156 行的第 320 列开始绘制 16 个像素，这恰好是 RAM 地址 5012 对应的屏幕坐标。存储器地址映射到屏幕坐标（行，列）的方式在 4.2.5 节中有详细说明。

```
// 具有 GUI 功能芯片的演示
// 这个芯片的逻辑是毫无意义的，仅仅用于让模拟器显示其内置芯片组件
   的 GUI 效果
CHIP GUIDemo {
   IN   in[16], load, address[15];
   OUT  out[16];
   PARTS:
   RAM16K(in=in, load=load, address=address[0..13], out=a);
   Screen(in=in, load=load, address=address[0..12], out=b);
   Keyboard(out=c);
}
```

图 B.5　激活具有 GUI 功能的芯片组件的芯片

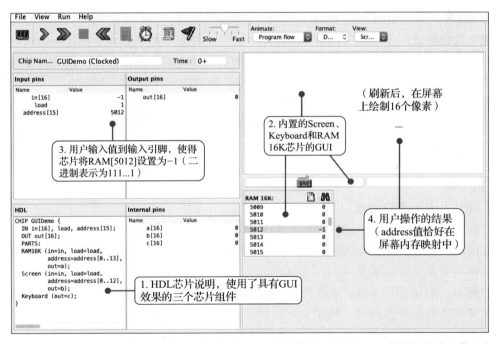

图 B.6　具有 GUI 功能芯片的演示。加载的 HDL 程序使用了具有 GUI 功能的芯片组件（步骤 1），模拟器渲染了它们各自的 GUI 图像（步骤 2）。当用户改变芯片输入引脚的值（步骤 3）时，模拟器会在相应的 GUI 中反映这些变化（步骤 4）

B.6　HDL 生存指南

本节提供有关使用本书提供的硬件模拟器以 HDL 开发芯片的实用技巧。给出的技巧没有特定的顺序。建议你从头到尾通读本节，然后根据需要进行查阅。

1. 芯片

你的 nand2tetris/projects 文件夹包括 13 个子文件夹，名为 01、02、…、13（对应相应的章号）。硬件实验文件夹分别是 01、02、03 和 05。每个硬件实验文件夹都包含一组提供的 HDL 存根文件，每个文件对应一个需要构建的芯片。本书提供的 HDL 文件不包含实现，因为实验的目的就是要构建这些实现。如果不按照书中描述的顺序构建这些芯片，你可能会遇到麻烦。例如，假设你在实验 1 的一开始就构建 Xor 芯片。如果你的 Xor.hdl 实现包含 And 和 Or 芯片组件，而你尚未实现 And.hdl 和 Or.hdl，那么即使 Xor.hdl 的实现完全正确，你的 Xor.hdl 程序也不会正常工作。

但是请注意，如果实验文件夹中没有 And.hdl 和 Or.hdl 文件，则你的 Xor.hdl 程序可以正常工作。本书提供的硬件模拟器是一个 Java 程序，具有构建 Hack 计算机所需的所有芯片的内置实现（CPU 和 Computer 芯片除外）。当模拟器评估一个芯片组件（比如 And）时，它会在当前文件夹中查找 And.hdl 文件。此时有三种可能性：

- 没有找到 HDL 文件。在这种情况下，芯片的内置实现会发挥作用，弥补缺失的 HDL 实现。
- 找到一个存根 HDL 文件。模拟器会尝试执行它。在找不到实现的情况下，执行将失败。
- 找到一个包含 HDL 实现的 HDL 文件。模拟器会执行它，如果有错误，就会报告错误。

最佳实践建议：你可以选择两种方式之一。尽量按照本书中和实验描述中的顺序实现芯片。由于本书是自底向上地讲述芯片的，从基本芯片到更复杂的芯片，因此只要在实现下一个芯片之前正确完成每个芯片的实现，就不会遇到芯片实现顺序的问题。

推荐的另一种方法是创建一个子文件夹，比如命名为 stubs，再将所有提供的 .hdl 存根文件移到这个文件夹中。然后，逐个将要处理的存根文件移动到工作文件夹中。成功实现一个芯片后，将其移动到某个子文件夹中，例如命名为 completed。这种做法迫使模拟器始终使用内置芯片，因为工作文件夹中只有正在处理的 .hdl 文件（以及提供的 .tst 和 .cmp 文件）。

2. HDL 文件和测试脚本

正在处理的 .hdl 文件及其关联的 .tst 测试脚本文件必须位于同一文件夹中。每个提供给你的测试脚本都以 load 命令开头，该命令加载它要测试的 .hdl 文件。模拟器总是在当前文件夹中查找该文件。

原则上，模拟器的 File 菜单允许用户以交互的方式加载 .hdl 文件和 .tst 脚本文件。这可能会导致潜在问题。例如，可以将正在处理的 .hdl 文件加载到模拟器中，然后从另一个文件夹加载测试脚本。当执行测试脚本时，它很可能会加载不同版本的 HDL 程序（可能是存根文件）到模拟器中。当存在疑虑时，请检查模拟器 GUI 中名为 HDL 的窗格，查看当前加载的 HDL 代码。

最佳实践建议：可以使用模拟器的 File 菜单加载 .hdl 文件或 .tst 文件，但不要同时加载两者。

3. 独立测试芯片

有时候，你可能会确信你的芯片是正确的，但是它仍然未通过测试。实际上，有可能芯片的实现是完全正确的，但其中一个芯片组件的实现可能有错误。此外，作为另一个芯片的芯片组件使用时，成功通过测试的芯片可能会失败。硬件设计最大的固有限制之一是，测试脚本，特别是测试复杂芯片的脚本，不能保证测试芯片在所有情况下都能完美运行。

好消息是，总是可以诊断出哪个芯片组件导致了问题。创建一个测试子文件夹，将与你当前构建的芯片相关的三个 .hdl、.tst 和 .out 文件复制到其中。如果你的芯片实现在此子文件夹中通过了测试（让模拟器使用默认内置芯片部件），那么存在问题的一定是你的某个芯片组件的实现，即你之前在这个项目中构建的某个芯片组件。逐一将其他芯片复制到此测试文件夹中，并再次进行测试，直到找到有问题的芯片为止。

4. HDL 语法错误

硬件模拟器在底部状态栏中显示错误。在屏幕较小的计算机上，这些消息有时可能显示在屏幕底部之外，因此看不到。如果加载了 HDL 程序但 HDL 窗口中没有显示任何内容，并且没有看到错误消息，这可能就是问题。你的计算机应该有一种使用键盘来移动窗口的方法。例如，在 Windows 上使用 Alt+Space、M 和箭头键。

5. 引脚未连接

硬件模拟器不会将未连接的引脚视为错误。默认情况下，它将任何未连接的输入或输出引脚设置为 false（二进制值 0）。这可能导致芯片实现中出现神秘的错误。

如果你的芯片的输出引脚始终为 0，请确保它正确连接到程序中的另一个引脚。特别是，要仔细检查送到该引脚的内部引脚（"连线"）的名称（无论是直接连接还是间接连接）。在这里，由于模拟器不会对未连接的连线报错，因此笔误特别危险。例如，考虑语句 Foo(…, sum=sun)，其中 Foo 的 sum 输出应连到某个内部引脚。事实上，模拟器将顺利地创建一个名为 sun 的内部引脚。现在，如果 sum 的值本该送到待实现芯片的输出引脚或另一个芯片部件的输入引脚，那么该引脚实际上会**永远**是 0，因为从 Foo 没有传过来任何信号。

总结一下，如果输出引脚始终为 0，或者某个芯片组件工作异常，请检查所有相关引脚名称的拼写，确保该芯片组件的所有输入引脚都已经连接了。

6. 自定义测试

对于每个要完成的 chip.hdl 文件，你的实验文件夹中还包括一个名为 chip.tst 的测试脚本和一个名为 *chip.cmp* 的比较文件。一旦你的芯片开始生成输出，文件夹还会包含一个名为 *chip.out* 的输出文件。如果你的芯片未通过测试脚本，请不要忘记查看 .out 文件。检查其中列出的输出值，并寻找失败的线索。如果由于某种原因在模拟器 GUI 中看不到输出文件，那么可以使用文本编辑器查看它。

如果愿意，你可以运行自己的测试。可以复制提供的测试脚本，例如命名为 *MyTestChip*.tst，并修改脚本命令以更深入地了解你的芯片的行为。首先更改 output-file 行中的输出文件名称，并删除 compare-to 行。这会使得测试始终运行到完成（默认情况下，当输出行与比较文件中相应行不一致时，模拟会停止）。考虑修改 output-list 行以显示内部引脚的输出。

附录 C 记录了包含这些命令的测试描述语言（TDL）。

7. 取内部引脚的子总线（索引）

这是不允许的。唯一允许索引的总线引脚是待实现芯片的输入和输出引脚或其芯片组件的输入和输出引脚。不过，有一个方法能实现取内部总线引脚的子总线。为了说明解决方法的动机，看下面这个无效的示例：

```
CHIP Foo {
    IN in[16];
    OUT out;
    PARTS:
        Not16 (in=in, out=notIn);
        Or8Way (in=notIn[4..11], out=out); // 无法索引内部总线
}
```

可能的解决方法如下：

```
Not16 (in=in, out[4..11]=notIn);
Or8Way (in=notIn, out=out); // 成功了！
```

8. 多输出

有时，你需要将总线引脚的多位值分成两个总线，这可以通过使用多个 out= 绑定来实现。

例如：

```
CHIP Foo {
    IN in[16];
    OUT out[8];
    PARTS:
        Not16 (in=in, out[0..7]=low8, out[8..15]=high8); // 分割 out 值
        Bar8Bit (a=low8, b=high8, out=out);
}
```

有时，你可能希望输出一个值，同时将其用于进一步的计算，这可以用以下方式实现：

```
CHIP Foo {
    IN a, b, c;
    OUT out1, out2;
    PARTS:
        Bar (a=a, b=b, out=x, out=out1); // Bar 的输出送到 Foo 的输出 out1
        Baz (a=x, b=c, out=out2); // Bar 的输出的副本送到 Baz 的输入 a
}
```

9. 芯片组件"自动完成"（从某种意义上）

本书中提到的所有芯片的特征声明都列在附录 D 中列出，该附录还有一个在线版本（在 www.and2tetris.org 上）。要在芯片实现中使用某个芯片组件，请将在线文档中的芯片特征声明复制粘贴到 HDL 程序中，然后补充缺失的绑定。这种做法可以节省时间并减少输入错误。

附录 C 测试描述语言

> 错误是发现之门。
>
> ——詹姆斯·乔伊斯（1882—1941）

测试是系统开发中至关重要的一部分，但在计算机科学教育中通常没有得到足够的关注。在本书中，非常重视测试。我们认为，在着手开发新的硬件或软件模块 P 之前，必须首先开发一个用于测试它的模块 T。而且，T 应该是 P 开发约定的一部分。因此，对于本书中描述的每个芯片或软件系统，都提供了我们编写的官方测试程序。虽然也欢迎读者以任何你认为合适的方式测试工作成果，但要求你的实现必须先通过我们的测试。

为了简化散布在本书实验中众多测试的定义和执行，我们设计了一个统一的测试描述语言。这种语言在本书提供的所有相关工具中几乎是一致的：用于模拟和测试用 HDL 编写的芯片的硬件模拟器，用于模拟和测试机器语言程序的 CPU 模拟器，以及用于模拟和测试用 VM 语言编写的程序的虚拟机模拟器，这些程序通常是经过编译的 Jack 程序。

这些模拟器都具有 GUI，可以交互地测试加载的芯片或程序，或者使用测试脚本进行批处理测试。测试脚本是一系列命令，它们将硬件或软件模块加载到相关的模拟器中，并对模块施加一系列预先计划的测试场景。此外，测试脚本还包含打印测试结果并将其与提供的比较文件中的期望结果进行比较的命令。总的来说，测试脚本实现了对底层代码的系统化、可重复和文档化的测试，这是任何硬件或软件开发项目中重要的需求。

在本书中，我们不要求学习者编写测试脚本。我们提供了测试本书中所有硬件和软件模块需要的所有测试脚本。因此，本附录的目的不是教读者如何编写测试脚本，而是帮助读者理解提供的测试脚本的语法和逻辑。当然，如果你愿意，也欢迎自定义提供的脚本并创建新的脚本。

C.1 通用指南

以下的使用指南适用于所有软件工具和测试脚本。

1. 文件格式和使用方法

测试硬件或软件模块涉及四种类型的文件。虽然不是必须的，但建议四类文件具有相同的前缀（文件名）：

- *Xxx*.yyy：其中 *Xxx* 是被测试模块的名称，*yyy* 可以是 hdl、hack、asm 或 vm，分别表示用 HDL 编写的芯片定义、用 Hack 机器语言编写的程序、用 Hack 汇编语言编写的程序或用 VM 虚拟机语言编写的程序。
- *Xxx*.tst：测试脚本，引导模拟器经过一系列步骤来测试存储在 *Xxx* 中的代码。
- *Xxx*.out：一个可选的输出文件，脚本命令将模拟过程中选定变量的当前值写入其中。

- *Xxx*.cmp：一个可选的比较文件，包含选定变量的预期的值，即如果模块实现正确，模拟应该生成的值。

这些文件应保存在同一个文件夹中，可以方便地将该文件夹命名为 *Xxx*。在所有模拟器的文档和描述中，"当前文件夹"一词指的是在模拟器环境中最后一次打开的文件所在的文件夹。

2. 空白字符

在测试脚本（*Xxx*.tst 文件）中，空格字符、换行字符和注释都会被忽略。测试脚本中可以出现以下注释格式：

```
// 单行注释
/* 注释，直到结束 */
/** API 文档注释 */
```

除了文件名和文件夹名之外，测试脚本对大小写不敏感。

3. 用法

对于本书中的每个硬件或软件模块 *Xxx*，我们都提供一个脚本文件 *Xxx*.tst 和一个比较文件 *Xxx*.cmp。这些文件旨在测试读者的 *Xxx* 实现。在某些情况下，还提供 *Xxx* 的框架版本，例如，其中包含没有实现的 HDL 接口。实验中的所有文件都是纯文本文件，应使用纯文本编辑器查看和编辑。

通常，要将提供给你的 *Xxx*.tst 脚本文件加载到相关的模拟器，开始一次模拟会话。脚本中的第一条命令通常用于加载存储在被测试模块 *Xxx* 中的代码。接下来，会有一些命令用于初始化输出文件并指定比较文件。脚本中的其余命令用于运行实际的测试。

4. 模拟控制

每个提供的模拟器都具有一组用于控制模拟的菜单和图标。

- File 菜单：允许将相关程序（.hdl 文件、.hack 文件、.asm 文件、.vm 文件或文件夹名称）或测试脚本（.tst 文件）加载到模拟器中。如果用户没有加载测试脚本，模拟器将加载默认的测试脚本（下文有描述）。
- Play 图标：指示模拟器执行当前加载的测试脚本中给出的下一个模拟步骤。
- Pause 图标：指示模拟器暂停当前加载的测试脚本的执行，用于检查模拟环境的各个部分。
- Fast-Forward 图标：指示模拟器执行当前加载的测试脚本中的所有命令。
- Stop 图标：指示模拟器停止当前加载的测试脚本的执行。
- Rewind 图标：指示模拟器重置当前加载的测试脚本的执行，即准备好从其第一条命令开始执行测试脚本。

请注意，上述列出的模拟器图标并非"运行代码"，而是运行测试脚本，而测试脚本会运行代码。

C.2 在硬件模拟器上测试芯片

本书提供的硬件模拟器是用于测试和模拟以附录 B 中描述的硬件描述语言（HDL）编写的芯片定义的。第 1 章提供了有关芯片开发和测试的基本背景，因此建议首先阅读该章。

1. 示例

附录 B 中的图 B.1 展示了一个 Eq3 芯片，用于检查三个 1 位输入是否相等。图 C.1 展

示了 `Eq3.tst`（一个用于测试芯片的脚本），以及 `Eq3.cmp`（一个包含此测试的预期输出的比较文件）。

测试脚本通常以一些设置命令开始，然后是一系列模拟步骤，每个步骤以分号结束。模拟步骤通常指示模拟器将芯片的输入引脚绑定到测试值，评估芯片逻辑，并将选定的变量值写入指定的输出文件。

Eq3 芯片有三个 1 位输入，因此，穷举测试需要 8 个测试场景。穷举测试的大小随输入大小呈指数级增长。所以，大多数测试脚本仅测试一部分有代表性的输入值，如图 C.1 所示。

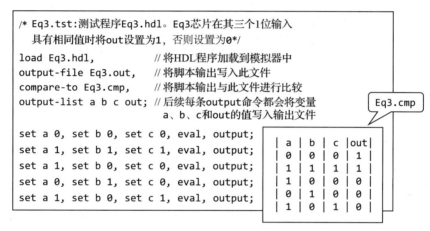

图 C.1　测试脚本和比较文件（示例）

2. 数据类型与变量

测试脚本支持两种数据类型：**整数**和**字符串**。整数常量可以用十进制（`%D` 前缀）格式（默认格式）、二进制（`%B` 前缀）格式或十六进制（`%X` 前缀）格式表示。这些值总是被转换为它们等价的二进制补码值。例如，考虑以下命令：

```
set a1 %B1111111111111111
set a2 %XFFFF
set a3 %D-1
set a4 -1
```

4 个变量都被设置为相同的值：二进制表示的 1111111111111111，这恰好是十进制的 −1 的二进制补码表示。

字符串值使用 `%S` 前缀指定，而且必须用双引号括起来。字符串严格用于打印目的，不能赋值给变量。

硬件模拟器的两相时钟（仅用于测试时序芯片）发出一系列值，表示为 0、0+、1、1+、2、2+、3、3+，依此类推。这些时钟周期（也称为时间单位）的推进可以由两个脚本命令 `tick` 和 `tock` 控制。`tick` 将时钟值从 t 移动到 $t+$，而 `tock` 将其从 $t+$ 移动到 $t+1$，引入下一个时间单位。当前时间单位存储在名为 `time` 的系统变量中，该变量为只读变量。

脚本命令可以访问三种类型的变量：引脚、内置芯片的变量，以及系统变量 `time`。

- **引脚**：被模拟芯片的输入、输出和内部引脚（例如，命令 `set in 0` 将名为 `in` 的引脚的值设置为 0）。
- **内置芯片的变量**：由芯片的外部实现公开（参见图 A3.2）。

- time：自模拟开始以来经过的时间单位数（只读变量）。

3. 脚本命令

脚本是一个命令序列。每条命令以逗号、分号或感叹号结束。这些终止符具有以下语义：

- **逗号**（,）：终止一条脚本命令。
- **分号**（;）：终止一条脚本命令和模拟步骤。一个**模拟步骤**包含一条或多条脚本命令。当用户使用模拟器的菜单或 play 图标来单步执行时，模拟器会从当前命令开始执行脚本，直到遇到一个分号，此时模拟暂停。
- **感叹号**（!）：终止一条脚本命令并停止脚本的执行。用户可以稍后从该点恢复脚本的执行。通常用于调试目的。

下面我们将脚本命令从概念上分为两部分：**设置命令**（用于加载文件和初始化设置），以及**模拟命令**（用于引导模拟器执行实际的测试）。

（1）设置命令

- **load** *Xxx*.hdl：将存储在 *Xxx*.hdl 中的 HDL 程序加载到模拟器中。文件名必须包括 .hdl 扩展名，不能包含路径。模拟器将试着从当前文件夹加载该文件，如果失败，则尝试从 tools/builtInChips 文件夹加载该文件。
- **output-file** *Xxx*.out：指示模拟器将 output 命令的结果写入指定的文件，该文件必须以 .out 为扩展名。会在当前文件夹中创建输出文件。
- **output-list** *v1*, *v2*, …：指定在脚本中遇到 output 命令时（直到遇到下一个 output-list 命令（如果有的话）为止），要写入输出文件的内容。列表中的每个值都是一个变量名，后面是格式描述。该命令还生成一个单独的标题行，由变量名组成，该标题行会被写入输出文件。output-list 中的每个表项 *v* 的语法为 *varName format padL.len.padR*（不包含任何空格）。此指令指示模拟器写入 *padL* 个空格字符，然后使用指定的 format 和 len 列写入变量 *varName* 的当前值，然后写入 *padR* 个空格，最后是分隔符 |。*format* 可以是 **%B**（二进制）、**%X**（十六进制）、**%D**（十进制）或 **%S**（字符串）。默认格式为 **%B1.1.1**。

例如，Hack 平台的 CPU.hdl 芯片有名为 reset 的输入引脚、名为 pc 的输出引脚以及名为 DRegister 的芯片部件。如果我们想在模拟期间跟踪这些引脚的值，可以使用如下命令：

```
output-list time%S1.5.1 //  系统变量 time
            reset%B2.1.2 //  芯片的一个输入引脚
            pc%D2.3.1 //  芯片的一个输出引脚
            DRegister[]%X3.4.4 //  此芯片部件的内部状态
```

（内置芯片的状态变量会在后面介绍。）这条 output-list 命令会让两条 output 命令产生如下输出：

```
| time |reset| pc |DRegister[]|
| 20+  |  0  | 21 |   FFFF    |
|  21  |  0  | 22 |   FFFF    |
```

- **compare-to** *Xxx*.cmp：指定每条后续的 output 命令产生的输出行应与指定的比较文件中的相应行进行比较（必须包括 .cmp 扩展名）。如果任何两行不相同，模拟器将显示错误消息并停止脚本的执行。假定比较文件位于当前文件夹中。

(2) 模拟命令
- set *varName value*：给变量赋值。变量可以是模拟芯片或其芯片组件的引脚或内部变量。值和变量的位宽必须兼容。
- eval：指示模拟器对输入引脚的当前值应用芯片逻辑，并计算得到的输出值。
- output：导致模拟器执行以下逻辑：
  1）获取上一条 output-list 命令中列出的所有变量的当前值。
  2）使用上一条 output-list 命令中指定的格式创建一个输出行。
  3）将输出行写入输出文件。
  4）如果之前用 compare-to 命令声明了比较文件，那么在输出行与比较文件的当前行不同时，显示错误消息并停止脚本的执行。
  5）输出文件和比较文件的行光标向后走一行。
- tick：结束当前时间单元（时钟周期）的第一阶段。
- tock：结束当前时间单元的第二阶段，并进入下一个时间单元的第一阶段。
- repeat *n* {*commands*}：指示模拟器重复大括号中的命令 *n* 次。如果省略 *n*，则模拟器将重复命令，直到由于某种原因停止模拟（例如，用户单击 Stop 图标）。
- while *booleanCondition* {*commands*}：指示模拟器只要 *booleanCondition* 为真，就重复大括号中的命令。条件的形式为 *x op y*，其中 *x* 和 *y* 要么是常数，要么是变量名，*op* 是 =、>、<、>=、<= 或 <>。如果 *x* 和 *y* 是字符串，则 *op* 是 = 或 <>。
- echo *text*：在模拟器状态行中显示 *text*。*text* 文本必须用双引号括起来。
- clear-echo：清除模拟器的状态行。
- breakpoint *varName value*：每次执行后续脚本命令后，比较指定变量的当前值与指定值 *value*。如果变量包含指定的 *value*，则执行停止并显示消息。否则，执行正常进行。用于调试目的。
- clear-breakpoints：清除所有先前定义的断点。
- builtInChipName method argument(s)：使用提供的参数执行指定内置芯片组件的某个方法。内置芯片的设计者可以提供方法，允许用户（或测试脚本）操作被模拟的芯片。参见图 C.2。

4. 内置芯片的变量

芯片可以通过 HDL 程序或外部提供的可执行模块实现。在后一种情况下，该芯片被称为**内置芯片**。内置芯片可以使用语法 *chipName*[*varName*] 方便地访问芯片的状态，其中 *varName* 是一个与实现相关的变量，应该在芯片 API 中记录。参见图 C.2。

例如，考虑脚本命令 set RAM16K[1017] 15。如果 RAM16K 是当前模拟的芯片或当前模拟芯片的一个芯片组件，那么该命令将其编号为 1017 的内存位置设置为 15。由于内置的 RAM16K 芯片具有 GUI 功能，新值也将反映在芯片的可视化图像中。

如果内置芯片维护单一值的内部状态，则可以通过符号 *chipName*[] 访问该状态的当前值。如果内部状态是一个向量，则使用符号 *chipName*[*i*]。例如，在模拟内置的 Register 芯片时，可以编写脚本命令，如 set Register[] 135。此命令将芯片的内部状态设置为 135，在下一个时间单位，Register 芯片将提交这个值，并在其输出引脚上输出这个值。

芯片名称	暴露的变量	数据类型/范围	方法
Register	Register[]	16位（-32 768～32 767）	无
ARegister	ARegister[]	16位	无
DRegister	DRegister[]	16位	无
PC（程序计数器）	PC[]	15位（0…32767）	无
RAM8	RAM8[0…7]	每个表项为16位	无
RAM64	RAM64[0…63]	每个表项为16位	无
RAM512	RAM512[0…511]	每个表项为16位	无
RAM4K	RAM4K[0…4095]	每个表项为16位	无
RAM16K	RAM16K[0…16383]	每个表项为16位	无
ROM32K	ROM32K[0…32767]	每个表项为16位	加载*Xxx*.hack/*Xxx*.asm
Screen	Screen[0…16383]	每个表项为16位	无
Keyboard	Keyboard[]	16位，只读	无

图 C.2　Nand to Tetris 中关键内置芯片的变量和方法

5. 内置芯片的方法

内置芯片还可以公开可由脚本命令使用的方法。例如，在 Hack 计算机中，程序存储在由内置芯片 ROM32K 实现的指令存储器单元中。在 Hack 计算机上运行机器语言程序之前，必须将程序加载到该芯片中。为了方便这项服务，ROM32K 的内置实现有一个 load 方法，该方法可用于加载包含机器语言指令的文本文件。可以使用脚本命令访问此方法，如 ROM32K load *fileName*.hack。

6. 结束示例

我们以一个相对复杂的测试脚本结束本节，该脚本旨在测试 Hack 计算机的顶层 Computer 芯片。

测试 Computer 芯片的一种方法是将机器语言程序加载到其中，并在计算机逐条执行程序时监控选定的值。例如，我们编写了一个机器语言程序，用于计算 RAM[0] 和 RAM[1] 的最大值，并将结果写入 RAM[2]。该程序存储在名为 Max.hack 的文件中。

请注意，在我们操作的低级别上，如果此类程序无法正常运行，可能是因为程序有错误，也可能是因为硬件有错误（还可能是测试脚本有错误，或者硬件模拟器有错误）。为简单起见，我们假设除了被模拟的 Computer 芯片外，其他一切都没有错误。

为了使用 Max.hack 程序测试 Computer 芯片，我们编写了一个名为 ComputerMax.tst 的测试脚本。该脚本将 Computer.hdl 加载到硬件模拟器中，然后将 Max.hack 程序加载到其 ROM32K 芯片部件中。检查该芯片是否正常工作的一种合理方法如下：在 RAM[0] 和 RAM[1] 中放入一些值，重置计算机，运行足够多的时钟周期，再检查 RAM[2]。简而言之，图 C.3 中的脚本就是用来这样做的。

我们如何分辨 14 个时钟周期是否足以执行此程序呢？这可以通过反复试验来确定，可以从一个较大的值开始，观察计算机的输出在一段时间后趋于稳定，或者通过分析加载的程序的运行时行为来确定。

```
/* ComputerMax.tst 脚本
使用 Max.hack 程序，它将 RAM[2] 设置为
max(RAM[0], RAM[1]) */
// 加载 Computer 并为模拟进行设置
load Computer.hdl,
output-file ComputerMax.out,
compare-to ComputerMax.cmp,
output-list RAM16K[0] RAM16K[1] RAM16K[2];
// 将 Max.hack 加载到 ROM32K 芯片部件
ROM32K loadMax.hack,
// 将 RAM16K 芯片部件的前两个单元设置为测试值
set RAM16K[0] 3,
set RAM16K[1] 5,
output;
// 运行足够的时钟周期以完成程序的执行
repeat 14 {
    tick, tock,
    output;
}
// （脚本在右侧继续）
```

```
// 设置进行另一个测试，使用其他值
// 重置 Computer：通过将 reset 设置为 1 来实现
// 运行时钟以向程序计数器（PC，一个时序芯片）
// 提交新的 reset 值
set reset 1,
tick,
tock,
output;
// 将 reset 设置为 0，加载新的测试值
// 运行足够多的时钟周期以完成程序的执行
set reset 0,
set RAM16K[0] 23456,
set RAM16K[1] 12345,
output;
repeat 14 {
    tick, tock,
    output;
}
```

图 C.3　测试顶层 Computer 芯片

7. 默认的测试脚本

本书每个模拟器都配备了一个默认的测试脚本。如果用户没有在模拟器中加载测试脚本，则使用默认测试脚本。硬件模拟器的默认测试脚本定义如下：

```
// 硬件模拟器的默认测试脚本
repeat {
    tick,
    tock;
}
```

C.3　在 CPU 模拟器上测试机器语言程序

与具有通用性的**硬件模拟器**不同，本书提供的 CPU 模拟器是一个专用工具，用于模拟在特定平台（Hack 计算机）上执行机器语言程序。这些程序可以用第 4 章描述的符号或二进制 Hack 机器语言编写。

和前面一样，模拟涉及四个文件：被测试的程序（*Xxx*.asm 或 *Xxx*.hack），一个测试脚本（*Xxx*.tst），一个可选的输出文件（*Xxx*.out）和一个可选的比较文件（*Xxx*.cmp）。所有这些文件都位于同一文件夹中，通常命名为 *Xxx*。

1. 示例

考虑乘法程序 Mult.hack，它用于实现 RAM[2] = RAM[0] * RAM[1]。假设想要在 CPU 模拟器中测试这个程序。一个合理的方式是在 RAM[0] 和 RAM[1] 中放入一些值，运行程序，然后检查 RAM[2]。图 C.4 中给出的测试脚本采用的就是这个思路。

2. 变量

在 CPU 模拟器上运行的脚本命令可以访问 Hack 计算机的以下元件：

- A：地址寄存器的当前值（无符号 15 位数）。
- D：数据寄存器的当前值（16 位数）。
- PC：程序计数器的当前值（无符号 15 位数）。
- RAM[*i*]：RAM 位置 *i* 的当前值（16 位数）。
- time：自模拟开始以来经过的时间单位数（时间单位也称为时钟周期或 ticktock），它是一个只读系统变量。

3. 命令

CPU 模拟器支持 C.2 节中描述的所有命令，除了以下变化：

- load *progName*：其中，*progName* 可以是 *Xxx*.asm 或 *Xxx*.hack。此命令将（待测试的）机器语言程序加载到模拟指令存储器中。如果程序是用汇编语言编写的，那么模拟器将在执行 load *programName* 命令的过程中即时将其转换为二进制。
- eval：在 CPU 模拟器中不适用。
- *builtInChipName method argument (s)*：在 CPU 模拟器中不适用。
- tickTock：该命令代替 tick 和 tock。每个 ticktock 将时钟推进一个时间单位（周期）。

4. 默认的测试脚本

```
// CPU 模拟器默认的测试脚本
repeat {
    ticktock;
}
```

```
// 加载程序并为模拟进行设置
load Mult.hack,
output-file Mult.out,
compare-to Mult.cmp,
output-list RAM[2]%D2.6.2;
// 将RAM的前两个单元设置为测试值
set RAM[0] 2,
set RAM[1] 5;
// 运行足够多的时钟周期以完成程序的执行
repeat 20 {
  ticktock;
}
output;
// 使用不同的测试值，重新运行程序
set PC 0,
set RAM[0] 8,
set RAM[1] 7;
// Mult.hack 基于简单的重复加法算法,
// 因此较大的乘数需要更多的时钟周期
repeat 50 {
  ticktock;
}
output;
```

图 C.4 在 CPU 模拟器上测试机器语言程序

C.4 在虚拟机模拟器上测试虚拟机程序

本书提供的虚拟机模拟器是第 7 章和第 8 章描述的虚拟机的 Java 实现。它可以用于模拟虚拟机程序的执行，可视化其操作，并显示受影响的虚拟内存段的状态。

虚拟机程序由一个或多个 .vm 文件组成。因此，虚拟机程序的模拟涉及被测试程序（单个的 Xxx.vm 文件或包含一个或多个 .vm 文件的 Xxx 文件夹）和可选的测试脚本（Xxx.tst）、比较文件（Xxx.cmp）以及输出文件（Xxx.out）。这些文件都位于同一个文件夹中，通常命名为 Xxx。

1. 虚拟内存段

虚拟机命令 push 和 pop 旨在操作虚拟内存段（argument、local 等）。这些段必须分配到主机 RAM，这是虚拟机模拟器在模拟虚拟机命令 call、function 和 return 执行时产生的副作用。

2. 启动代码

当虚拟机翻译器翻译一个虚拟机程序时，它生成的机器语言代码会将栈指针设置为 256，然后调用 Sys.init 函数，该函数会初始化 OS 类并调用 Main.main。类似地，当虚拟机模拟器被指示执行一个虚拟机程序（一个或多个虚拟机函数的集合）时，它被设置为开始运行函数 Sys.init。如果在加载的虚拟机代码中找不到这样的函数，模拟器被设置为开始执行加载的虚拟机代码中的第一条命令。

后一种约定是为了支持虚拟机翻译器的单元测试而添加到虚拟机模拟器中的，该单元测试包含在两章和两个项目中。在实验 7 中，我们构建了一个基本的虚拟机翻译器，仅处理 push、pop 和算术命令，而不处理函数调用命令。如果想要执行这样的程序，必须以某种方式将虚拟内存段固定到主机的 RAM 中——至少是在模拟的虚拟机代码中提到的那些段。可以通过脚本命令方便地执行此初始化，这些脚本命令操纵控制虚拟段的基本 RAM 地址的指针。使用这些脚本命令，可以将虚拟段锚定在主机 RAM 中的任何位置。

3. 示例

FibonacciSeries.vm 文件包含 VM 命令序列，用于计算斐波那契数列的前 n 个元素。该代码用于对两个参数进行操作：n 和计算后的元素应存储的内存起始地址。图 C.5 中列出的测试脚本使用参数 6 和 4000 来测试此程序。

4. 变量

在虚拟机模拟器上运行的脚本命令可以访问虚拟机的以下基本部分：

- 虚拟机段的内容

local[i]：local 段的第 i 个元素的值。

argument[i]：argument 段的第 i 个元素的值。

this[i]：this 段的第 i 个元素的值。

that[i]：that 段的第 i 个元素的值。

temp[i]：temp 段的第 i 个元素的值。

- 虚拟机段的指针

local：local 段在 RAM 中的基地址。

argument：argument 段在 RAM 中的基地址。

this：this 段在 RAM 中的基地址。

that：that 段在 RAM 中的基地址。

- 与实现相关的变量

RAM[i]：主机 RAM 的第 i 个位置的值。

```
/* FibonacciSeries.vm 程序计算前 n 个 Fibonacci 数
   在这个测试中，n = 6，用到的数字将被写入 RAM 地址 4000 ~ 4005*/
load FibonacciSeries.vm,
output-file FibonacciSeries.out,
compare-to FibonacciSeries.cmp,
output-list RAM[4000]%D1.6.2 RAM[4001]%D1.6.2 RAM[4002]%D1.6.2
            RAM[4003]%D1.6.2 RAM[4004]%D1.6.2 RAM[4005]%D1.6.2;
// 该程序的代码不包含任何 function/call/return 命令
// 因此，脚本显式地初始化栈、local 和 argument 段
set SP 256,
set local 300,
set argument 400;
// 将第一个参数设置为 n = 6，将第二个参数设置为数列将被写入的地址
// 运行足够多的虚拟机步骤以完成程序的执行
set argument[0] 6,
set argument[1] 4000;
repeat 140 {
  vmstep;
}
output;
```

图 C.5　在虚拟机模拟器上测试虚拟机程序

SP：栈指针的值。

currentFunction：当前正在执行的函数的名称（只读）。

line：包含一个形式为 *currentFunctionName.lineIndexInFunction* 的字符串（只读）。

例如，当执行到 Sys.init 函数的第 3 行时，line 变量包含值 Sys.init.3。可用于在加载的虚拟机程序中选定的位置设置断点。

5. 命令

虚拟机模拟器支持 C.2 节中描述的所有命令，只是有以下变化：

- **load** *source*：其中，可选的 *source* 参数为 *Xxx*.vm、一个包含虚拟机代码的文件，或 *Xxx*（一个包含一个或多个 .vm 文件的文件夹的名称。在这种情况下，所有文件将一个接一个地加载）。如果 .vm 文件位于当前文件夹中，可以省略 *source* 参数。
- **tick / tock**：不适用。
- **vmstep**：模拟单条虚拟机命令的执行，并前进到代码中的下一条命令。

6. 默认的脚本

```
// 虚拟机模拟器默认的脚本：
repeat {
    vmStep;
}
```

附录 D

The Elements Of Computing Systems

Hack 芯片集合

芯片按名称的字母顺序排序。可在 www.nand2tetris.org 上找到本文档的在线版本，其中的 API 格式非常方便：要使用某个芯片组件，可以将该芯片的特征声明复制、粘贴到你的 HDL 程序中，然后填写缺失的绑定（也称为连接）。

```
Add16(a= ,b= ,out= ) /* 将两个 16 位补码值相加 */
ALU(x= ,y= ,zx= ,nx= ,zy= ,ny= ,f= ,no= ,out= ,zr= ,ng= ) /* Hack ALU */
And(a= ,b= ,out= ) /* 与门 */
And16(a= ,b= ,out= ) /* 16 位与 */
ARegister(in= ,load= ,out= ) /* 地址寄存器（内置）*/
Bit(in= ,load= ,out= ) /* 1 位寄存器 */
CPU(inM= ,instruction= ,reset= ,outM= ,writeM= ,addressM= ,pc= ) /* Hack CPU */
DFF(in= ,out= ) /* 数据触发器门（内置）*/
DMux(in= ,sel= ,a= ,b= ) /* 将输入路由到 2 个输出之一 */
DMux4Way(in= ,sel= ,a= ,b= ,c= ,d= ) /* 将输入路由到 4 个输出之一 */
DMux8Way(in= ,sel= ,a= ,b= ,c= ,d= ,e= ,f= ,g= ,h= ) /* 将输入路由到 8 个输出之一 */
DRegister(in= ,load= ,out= ) /* 数据寄存器（内置）*/
HalfAdder(a= ,b= ,sum= , carry= ) /* 将 2 位相加 */
FullAdder(a= ,b= ,c= ,sum= ,carry= ) /* 将 3 位相加 */
Inc16(in= ,out= ) /* 将 out 设置为 in+1 */
Keyboard(out= ) /* 键盘内存映射（内置）*/
Memory(in= ,load= ,address= ,out= ) /* Hack 平台的数据存储器（RAM）*/
Mux(a= ,b= ,sel= ,out= ) /* 在两个输入中选择 */
Mux16(a= ,b= ,sel= ,out= ) /* 在两个 16 位输入中选择 */
Mux4Way16(a= ,b= ,c= ,d= ,sel= ,out= ) /* 在 4 个 16 位输入中选择 */
Mux8Way16(a= ,b= ,c= ,d= ,e= ,f= ,g= ,h= ,sel= ,out= ) /* 在 8 个 16 位输入中选择 */
Nand(a= ,b= ,out= ) /* 与非门（内置）*/
Not16(in= ,out= ) /* 16 位非门 */
Not(in= ,out= ) /* 非门 */
Or(a= ,b= ,out= ) /* 或门 */
Or16(a= ,b= ,out= ) /* 16 位或 */
Or8Way(in= ,out= ) /* 8 路或 */
PC(in= ,load= ,inc= ,reset= ,out= ) /* 程序计数器 */
RAM8(in= ,load= ,address= ,out= ) /* 8 字 RAM */
RAM64(in= ,load= ,address= ,out= ) /* 64 字 RAM */
RAM512(in= ,load= ,address= ,out= ) /* 512 字 RAM */
RAM4K(in= ,load= ,address= ,out= ) /* 4K RAM */
RAM16K(in= ,load= ,address= ,out= ) /* 16K RAM */
Register(in= ,load= ,out= ) /* 16 位寄存器 */
ROM32K(address= ,out= ) /* Hack 平台的指令存储器（ROM，内置）*/
Screen(in= ,load= ,address= ,out= ) /* 屏幕内存映射（内置）*/
Xor(a= ,b= ,out= ) /* 异或门 */
```

附录 E
The Elements Of Computing Systems

Hack 中的字符集

32:	空格键	56:	8	80:	P	104:	h	127:	DEL 键
33:	!	57:	9	81:	Q	105:	i	128:	换行符
34:	"	58:	:	82:	R	106:	j	129:	回退键
35:	#	59:	;	83:	S	107:	k	130:	左箭头
36:	$	60:	<	84:	T	108:	l	131:	上箭头
37:	%	61:	=	85:	U	109:	m	132:	右箭头
38:	&	62:	>	86:	V	110:	n	133:	下箭头
39:	'	63:	?	87:	W	111:	o	134:	home 键
40:	(	64:	@	88:	X	112:	p	135:	end 键
41:	)	65:	A	89:	Y	113:	q	136:	上翻页
42:	*	66:	B	90:	Z	114:	r	137:	下翻页
43:	+	67:	C	91:	[	115:	s	138:	insert 键
44:	,	68:	D	92:	/	116:	t	139:	delete 键
45:	-	69:	E	93:	]	117:	u	140:	esc 键
46:	.	70:	F	94:	^	118:	v	141:	f1
47:	/	71:	G	95:	_	119:	w	142:	f2
48:	0	72:	H	96:	`	120:	x	143:	f3
49:	1	73:	I	97:	a	121:	y	144:	f4
50:	2	74:	J	98:	b	122:	z	145:	f5
51:	3	75:	K	99:	c	123:	{	146:	f6
52:	4	76:	L	100:	d	124:	|	147:	f7
53:	5	77:	M	101:	e	125:	}	148:	f8
54:	6	78:	N	102:	f	126:	~	149:	f9
55:	7	79:	O	103:	g			150:	f10
								151:	f11
								152:	f12

附录 F
Jack 操作系统的 API

Jack 语言由 8 个标准类支持，这些类提供基本的操作系统服务，如内存分配、数学函数、输入捕获和输出渲染。本附录描述了这些类的 API。

1. Math 类

Math 类提供一些常用的数学函数。

- `function int multiply(int x, int y)`：返回 x 和 y 的乘积。当 Jack 编译器在程序代码中检测到乘法运算符 * 时，它通过调用这个函数来进行处理。因此，Jack 表达式 x*y 和函数调用 Math.multiply(x, y) 返回相同的值。
- `function int divide(int x, int y)`：返回 x/y 的整数部分。当 Jack 编译器在程序代码中检测到除法运算符 / 时，它通过调用这个函数来进行处理。因此，Jack 表达式 x/y 和函数调用 Math.divide(x, y) 返回相同的值。
- `function int min(int x, int y)`：返回 x 和 y 的最小值。
- `function int max(int x, int y)`：返回 x 和 y 的最大值。
- `function int sqrt(int x)`：返回 x 的平方根的整数部分。

2. String 类

String 类用来表示 char 值组成的字符串，并提供常用的字符串处理服务。

- `constructor String new(int maxLength)`：构造一个新的空字符串，最大长度为 maxLength，初始长度为 0。
- `method void dispose()`：清除这个字符串。
- `method int length()`：返回这个字符串中字符的数量。
- `method char charAt(int i)`：返回这个字符串中第 i 个位置的字符。
- `method void setCharAt(int i, char c)`：将这个字符串中第 i 个位置的字符设置为 c。
- `method String appendChar(char c)`：将字符 c 追加到这个字符串的末尾并返回这个字符串。
- `method void eraseLastChar()`：从这个字符串中删除最后一个字符。
- `method int intValue()`：返回这个字符串的整数值，直到检测到非数字字符为止。
- `method void setInt(int val)`：将这个字符串设置为表示给定的整数值。
- `function char backSpace()`：返回退格字符。
- `function char doubleQuote()`：返回双引号字符。
- `function char newLine()`：返回换行符字符。

3. Array 类

在 Jack 语言中，数组是作为操作系统类 Array 的实例来实现的。一旦声明为 Array

类，就可以使用语法 `arr[i]` 来访问数组元素。Jack 数组没有类型：每个数组元素可以保存基本数据类型或对象类型，同一数组中的不同元素可以具有不同的类型。

- `function Array new(int size)`：构造一个给定大小的新数组。
- `method void dispose()`：清除这个数组。

4. Output 类

这个类提供了用于显示字符的函数。它假设一个面向字符的屏幕包含 23 行（从上到下索引为 0 ~ 22），每行有 64 个字符（从左到右索引为 0 ~ 63）。屏幕左上角的字符位置的索引为 (0,0)。每个字符通过在屏幕上呈现一个矩形图像来显示，高为 11 像素，宽为 8 像素（包括字符间距和行间距的边距）。如果需要，可以通过查看给定的 `Output` 类的代码来找到所有字符的位图图像（即字体）。使用一个可见的光标（实现为一个小的填充方块）来指示下一个字符将被显示的位置。

- `function void moveCursor(int i, int j)`：将光标移动到第 i 行的第 j 列，并覆盖在那里显示的字符。
- `function void printChar(char c)`：在光标位置显示一个字符，并将光标向前移动一列。
- `function void printString(String s)`：从光标位置开始显示一个字符串，并适当地向前移动光标。
- `function void printInt(int i)`：在光标位置显示一个整数，并适当地推进光标。
- `function void println()`：将光标移动到下一行的开头。
- `function void backSpace()`：将光标向后移动一列。

5. Screen 类

`Screen` 类提供了在屏幕上显示图形形状的函数。Hack 计算机的物理屏幕包括 256 行（从上到下索引为 0 ~ 255），每行 512 个像素（从左到右索引为 0 ~ 511）。屏幕左上角的像素位置的索引为 (0, 0)。

- `function void clearScreen()`：擦除整个屏幕。
- `function void setColor(boolean b)`：设置当前颜色。此颜色将用于所有后续的 draw*Xxx* 函数调用。黑色用 `true` 表示，白色用 `false` 表示。
- `function void drawPixel(int x, int y)`：使用当前颜色绘制 (x, y) 像素。
- `function void drawLine(int x1, int y1, int x2, int y2)`：使用当前颜色绘制从像素 (x1, y1) 到像素 (x2, y2) 的线。
- `function void drawRectangle(int x1, int y1, int x2, int y2)`：使用当前颜色绘制一个填充的矩形，其左上角是 (x1, y1)，右下角是 (x2, y2)。
- `function void drawCircle(int x, int y, int r)`：使用当前颜色绘制一个半径为 r（r ≤ 181）的填充的圆，圆心是 (x, y)。

6. Keyboard 类

`Keyboard` 类提供了从标准键盘读取输入的函数。

- `function char keyPressed()`：返回当前按下的键盘上的键的字符。如果当前没有键按下，则返回 0。可以识别 Hack 字符集（见附录 E）中的所有值。包括如下键：newLine（128，`String.newLine()` 的返回值）、backSpace（129，`String.`

backSpace() 的返回值)、leftArrow（130）、upArrow（131）、rightArrow（132）、downArrow（133）、home（134）、end（135）、pageUp（136）、pageDown（137）、insert（138）、delete（139）、esc（140）和 f1 ~ f12（141 ~ 152）。

- function char readChar()：等待，直到检测到一个键先按下再释放。然后，在屏幕上显示相应的字符并返回该字符。
- function String readLine(String message)：显示字符串 message，然后从键盘读取输入的字符串，直到检测到 newLine 字符为止。显示该字符串，并返回该字符串。允许用户在输入过程中使用退格键。
- function int readInt(String message)：显示字符串 message，然后从键盘读取输入的字符串，直到检测到 newLine 字符。显示该字符串并返回该字符串中第一个非数字字符之前的整数值。允许用户在输入过程中使用退格键。

7. Memory 类

Memory 类提供内存管理服务。Hack 的 RAM 包含 32 768 个字，每个字可以存储一个 16 位的二进制数。

- function int peek(int address)：返回 RAM[address] 处的值。
- function void poke(int address, int value)：将 RAM[address] 设置为给定的值。
- function Array alloc(int size)：查找给定大小的可用 RAM 内存块，并返回其基地址。
- function void deAlloc(Array o)：释放给定的对象，该对象被强制转换为数组。换言之，从此地址开始的 RAM 内存块可供将来的内存分配使用。

8. Sys 类

Sys 类提供基本的程序执行服务。

- function void halt()：停止程序执行。
- function void error(int errorCode)：以 ERR<errorCode> 的格式显示错误代码，并停止程序的执行。
- function void wait(int duration)：等待大约 duration 毫秒并返回。

推荐阅读

深入理解计算机系统（原书第3版）

作者：[美] 兰德尔 E. 布莱恩特 等　译者：龚奕利 等　书号：978-7-111-54493-7　定价：139.00元

理解计算机系统首选书目，10余万程序员的共同选择

卡内基-梅隆大学、北京大学、清华大学、上海交通大学等国内外众多知名高校选用指定教材

从程序员视角全面剖析的实现细节，使读者深刻理解程序的行为，将所有计算机系统的相关知识融会贯通

新版本全面基于X86-64位处理器

基于该教材的北大"计算机系统导论"课程实施已有五年，得到了学生的广泛赞誉，学生们通过这门课程的学习建立了完整的计算机系统的知识体系和整体知识框架，养成了良好的编程习惯并获得了编写高性能、可移植和健壮的程序的能力，奠定了后续学习操作系统、编译、计算机体系结构等专业课程的基础。北大的教学实践表明，这是一本值得推荐采用的好教材。本书第3版采用最新x86-64架构来贯穿各部分知识。我相信，该书的出版将有助于国内计算机系统教学的进一步改进，为培养从事系统级创新的计算机人才奠定很好的基础。

——梅宏　中国科学院院士/发展中国家科学院院士

以低年级开设"深入理解计算机系统"课程为基础，我先后在复旦大学和上海交通大学软件学院主导了激进的教学改革……现在我课题组的青年教师全部是首批经历此教学改革的学生。本科的扎实基础为他们从事系统软件的研究打下了良好的基础……师资力量的补充又为推进更加激进的教学改革创造了条件。

——臧斌宇　上海交通大学软件学院院长

推荐阅读

数字逻辑与计算机组成

作者：袁春风 主编　武港山 吴海军 余子濠 编著　ISBN：978-7-111-66555-7

本书涵盖计算机系统层次结构中从数字逻辑电路到指令集体系结构（ISA）之间的抽象层，重点是数字逻辑电路设计、ISA设计和微体系结构设计，包括数字逻辑电路、整数和浮点数运算、指令系统、中央处理器、存储器和输入/输出等方面的设计思路和具体结构。本书选择开放的RISC-V指令集架构作为模型机，顺应计算机组成相关课程教学与CPU实验设计方面的发展趋势，丰富了国内教材在指令集架构方面的多样性，有助于读者进行对比学习。

现代操作系统：原理与实现

作者：陈海波 夏虞斌 等　ISBN：978-7-111-66607-3

本书面向经典基础理论与方法、面向国际前沿研究、面向先进的工业界实践，深入浅出地介绍操作系统的理论、架构、设计方法与具体实现。本书结合作者在工业界带领团队研发操作系统的经验，介绍了操作系统在典型场景下的实践，试图将实践中遇到的一些问题以多种形式展现给读者。同时，本书介绍了常见操作系统问题的前沿研究，从而为使用本书的实践人员解决一些真实场景问题提供参考。

智能计算系统

作者：陈云霁 李玲 李威 郭崎 杜子东　ISBN：978-7-111-64623-5

本书全面贯穿人工智能整个软硬件技术栈，以应用驱动，有助于形成智能领域的系统思维。同时，将前沿研究与产业实践结合，快速提升智能计算系统能力。通过学习本书，学生能深入理解智能计算完整软硬件技术栈（包括基础智能算法、智能计算编程框架、智能计算编程语言、智能芯片体系结构等），成为智能计算系统（子系统）的设计者和开发者。

推荐阅读

计算机体系结构基础 第3版

作者：胡伟武 等 书号：978-7-111-69162-4 定价：79.00元

  我国学者在如何用计算机的某些领域的研究已走到世界前列，例如最近很红火的机器学习领域，中国学者发表的论文数和引用数都已超过美国，位居世界第一。但在如何造计算机的领域，参与研究的科研人员较少，科研水平与国际上还有较大差距。

  摆在读者面前的这本《计算机体系结构基础》就是为满足本科教育而编著的……希望经过几年的完善修改，本书能真正成为受到众多大学普遍欢迎的精品教材。

—— 李国杰 中国工程院院士

- 采用龙芯团队推出的LoongArch指令系统，全面展现指令系统设计的发展趋势。
- 从硬件工程师的角度理解软件，从软件工程师的角度理解硬件。
- 优化篇章结构与教学体验，全书开源且配有丰富的教学资源。